C语言程序设计教程
（第3版）

易云飞　主编

万励　唐鹏　唐凤仙　副主编

清华大学出版社

北京

内 容 简 介

本书主要讲授 C 语言程序设计的基本思想、方法和解决实际问题的技巧,力求把概念、知识点与案例相结合,进行案例教学;精心设计了习题与上机实验,突出实用性、可操作性;做到从简单到复杂,结合任务驱动法和建构主义理论教学法组织各个知识点。

全书共 13 章,主要内容包括 C 语言程序设计概述,数据类型、运算符和表达式,顺序结构,选择结构,循环结构,数组,函数,指针,复合数据类型,文件,位运算,编译预处理,以及 C 语言的实际应用等。

本书可作为高等学校各专业 C 语言程序设计课程的教材,也可以作为计算机等级考试的辅导教材,还可以作为计算机爱好者的自学用书和各类工程技术人员的参考书。

图书在版编目(CIP)数据

C 语言程序设计教程 / 易云飞主编. -- 3 版. -- 北京:清华大学出版社,2025.9.
ISBN 978-7-302-70180-4

Ⅰ. TP312.8

中国国家版本馆 CIP 数据核字第 20255NZ181 号

责任编辑:汪汉友
封面设计:何凤霞
责任校对:刘惠林
责任印制:宋 林

出版发行:清华大学出版社
　　　　网　　　址:https://www.tup.com.cn,https://www.wqxuetang.com
　　　　地　　　址:北京清华大学学研大厦 A 座　　　　　　邮　　编:100084
　　　　社 总 机:010-83470000　　　　　　　　　　　　邮　　购:010-62786544
　　　　投稿与读者服务:010-62776969,c-service@tup.tsinghua.edu.cn
　　　　质量反馈:010-62772015,zhiliang@tup.tsinghua.edu.cn
　　　　课件下载:https://www.tup.com.cn,010-83470236
印 装 者:三河市人民印务有限公司
经　　销:全国新华书店
开　　本:185mm×260mm　　　　**印　　张**:21.75　　　　**字　　数**:528 千字
版　　次:2008 年 5 月第 1 版　2025 年 9 月第 3 版　　**印　　次**:2025 年 9 月第 1 次印刷
定　　价:69.00 元

产品编号:112879-01

前　言

C 语言是一种优秀的程序设计语言,在世界范围内被普遍使用,是现代最流行的通用程序设计语言之一。它功能丰富,使用灵活,可移植性好,深受广大用户欢迎。C 语言的数据类型丰富,既具有高级程序设计语言的优点,又具有低级程序设计语言的特点;既可以用来编写系统程序,又可以用来编写应用程序。

本书通过大量实例系统地介绍了 C 语言的语法结构。全书共 13 章。第 1 章为 C 语言程序设计概述,主要内容包括 C 语言的发展历程、C 语言的特点、C 语言程序的结构及在Visual C++ 集成环境下运行 C 程序的步骤与方法。第 2 章为数据类型、运算符和表达式,主要内容包括 C 语言的基本数据类型的表示形式、存储格式、相关的运算以及各种表达式。第 3 章为顺序结构,主要内容包括 C 语句、数据的输入输出及顺序程序设计。第 4 章为选择结构,主要内容包括选择结构语句及选择结构程序设计举例。第 5 章为循环结构,主要内容包括 while 循环、do…while 循环、for 循环、循环的嵌套、其他控制语句及循环结构综合实例。第 6 章为数组,主要内容包括一维数组、二维数组、多维数组介绍、字符数组及数组综合实例。第 7 章为函数,主要内容包括函数的定义、函数参数和函数的返回值、函数的调用、函数的嵌套调用、函数的递归调用、数组作为函数参数、变量的作用域、变量的存储类别、内部函数和外部函数。第 8 章为指针,主要内容包括指针的定义、指针变量、指针与函数、指针与数组、指针与字符串、指针数组与多重指针、指针的内存动态分配,以及指针综合实例。第 9章为复合数据类型,主要内容包括结构体、用结构指针操作链表、共用体、枚举类型及类型定义。第 10 章为文件,主要内容包括 C 文件的概述、文件的打开与关闭、文件的读写及文件的定位与出错检测。第 11 章为位运算,主要内容包括二进制位运算概述、位运算符及位段。第 12 章为编译预处理,主要内容包括宏声明、文件包含及条件编译。第 13 章为 C 语言的实际应用,主要讲解 C 语言的程序设计步骤、实际应用中常见模块设计和综合实践实例。

本书文字精练,例题简单,容易理解,配备了各种类型的练习,部分章节结合了任务驱动教学法和建构主义理论组织各知识点,便于学习掌握。对于 C 语言中重要和较难理解、容易出错的内容,书中均特别加以强调和说明。此外,在介绍 C 语言的语法结构的同时,也强调了计算机算法和结构化设计方法的概念和作用。本书可作为高等学校 C 语言程序设计课程的教材,也可作为计算机等级考试的辅导教材。

本书以 ANSI 标准 C 语言为背景,有关内容不依赖任何具体的 C 系统。本书所有的程序实例都在 Visual C++ 6.0 中调试过,读者也可以自由选用其他符合 ANSI 标准的 C 系统编程环境作为学习工具。

本书由易云飞担任主编,万励、唐鹏和唐凤仙任副主编。全书由易云飞策划、确定框架结构,并统编定稿。本书第 1 章和第 7 章由唐凤仙编写,第 2 章由姜林和马楚奇编写,第 3章由黄华、何传波和张彦博编写,第 4 章和第 12 章由万励和龚平编写,第 5 章和第 6 章由罗富贵、唐鹏和易云飞编写,第 8 章由杨凤和李海英编写,第 9 章由黄华和马楚奇编写,第 10章由喻飞和唐鹏编写,第 11 章、第 13 章由喻飞、何传波和张彦博编写。另外,本书在编写过程中,得到兄弟高校从事计算机教育的老师的关心和帮助,教研室的同事也提出了许多宝贵意见,并得到广西高等教育本科教学改革工程项目(编号 2024JGB335)的支持,在此一并表示衷心的感谢。

　　本书配有电子教案,并提供程序源代码,以方便读者自学,请扫描下载。

　　限于作者水平,书中难免存在不当之处,恳请广大读者批评指正。

编　者

2025 年 7 月

学习资源

目　　录

第 1 章　C 语言程序设计概述 ……………………………………………………………… 1

1.1　程序设计的基本概念 …………………………………………………………… 1

　　1.1.1　程序 ………………………………………………………………………… 1

　　1.1.2　程序设计 …………………………………………………………………… 1

　　1.1.3　程序设计语言 ……………………………………………………………… 2

1.2　C 语言的发展及其特点 ………………………………………………………… 3

　　1.2.1　C 语言的发展历程 ………………………………………………………… 3

　　1.2.2　C 语言的特点 ……………………………………………………………… 4

　　1.2.3　C 语言与 C++ 语言交融发展 …………………………………………… 5

1.3　C 程序的组成与结构 …………………………………………………………… 5

1.4　C 程序的上机步骤与方法 ……………………………………………………… 8

　　1.4.1　有关概念 …………………………………………………………………… 9

　　1.4.2　运行 C 程序的一般步骤 ………………………………………………… 9

　　1.4.3　Visual C++ 6.0 环境运行 C 程序的步骤 ……………………………… 10

1.5　如何学好 C 语言 ………………………………………………………………… 13

本章小结 ………………………………………………………………………………… 14

习题 1 …………………………………………………………………………………… 14

第 2 章　数据类型、运算符和表达式 …………………………………………………… 16

2.1　C 语言字符集与标识符 ………………………………………………………… 17

　　2.1.1　C 语言字符集 ……………………………………………………………… 17

　　2.1.2　标识符 ……………………………………………………………………… 18

2.2　变量和常量 ……………………………………………………………………… 19

　　2.2.1　变量 ………………………………………………………………………… 19

　　2.2.2　常量 ………………………………………………………………………… 19

2.3　基本数据类型 …………………………………………………………………… 20

　　2.3.1　C 语言的数据类型 ………………………………………………………… 20

　　2.3.2　整型数据 …………………………………………………………………… 21

　　2.3.3　实型数据 …………………………………………………………………… 24

　　2.3.4　字符型数据 ………………………………………………………………… 25

　　2.3.5　变量赋初值 ………………………………………………………………… 27

2.4　运算符和表达式 ………………………………………………………………… 28

　　2.4.1　运算符和表达式概述 ……………………………………………………… 28

　　2.4.2　算术运算符及算术表达式 ………………………………………………… 30

2.4.3　关系运算符及关系表达式 ……………………………………………… 33

2.4.4　逻辑运算符及逻辑表达式 ……………………………………………… 34

2.4.5　条件运算符及条件表达式 ……………………………………………… 36

2.4.6　赋值运算符及赋值表达式 ……………………………………………… 38

2.4.7　逗号运算符及逗号表达式 ……………………………………………… 40

2.4.8　位运算符 ………………………………………………………………… 41

2.4.9　求字节运算符 …………………………………………………………… 42

2.4.10　类型转换 ……………………………………………………………… 43

本章小结 ……………………………………………………………………………… 44

习题 2 ………………………………………………………………………………… 44

第 3 章　顺序结构 ……………………………………………………………………… 47

3.1　简单顺序语句 …………………………………………………………………… 47

3.1.1　表达式语句 ……………………………………………………………… 47

3.1.2　空语句 …………………………………………………………………… 48

3.1.3　复合语句 ………………………………………………………………… 48

3.2　C 语言数据的输入输出 ………………………………………………………… 48

3.2.1　字符输入输出函数 ……………………………………………………… 49

3.2.2　格式输入输出 …………………………………………………………… 51

3.3　综合实例 ………………………………………………………………………… 59

本章小结 ……………………………………………………………………………… 62

习题 3 ………………………………………………………………………………… 62

第 4 章　选择结构 ……………………………………………………………………… 65

4.1　if 语句 …………………………………………………………………………… 65

4.1.1　if 语句的基本形式 ……………………………………………………… 66

4.1.2　if 语句嵌套 ……………………………………………………………… 70

4.2　switch 语句 ……………………………………………………………………… 72

4.3　程序应用 ………………………………………………………………………… 75

本章小结 ……………………………………………………………………………… 81

习题 4 ………………………………………………………………………………… 82

第 5 章　循环结构 ……………………………………………………………………… 84

5.1　while 循环结构 ………………………………………………………………… 85

5.1.1　while 语句的基本形式 ………………………………………………… 85

5.1.2　while 语句的应用 ……………………………………………………… 86

5.2　do…while 循环结构 …………………………………………………………… 89

5.2.1　do…while 语句的基本形式 …………………………………………… 89

5.2.2　do…while 语句的应用 ………………………………………………… 89

5.3 for 循环结构 ·· 91

    5.3.1 for 语句的基本形式 ·· 91

    5.3.2 for 语句的应用 ··· 92

5.4 循环的嵌套 ·· 96

5.5 转向语句 ··· 100

    5.5.1 break 语句 ·· 100

    5.5.2 continue 语句 ··· 102

    5.5.3 goto 语句 ··· 103

5.6 程序应用 ··· 104

本章小结 ·· 107

习题 5 ··· 107

第 6 章 数组 ·· 109

6.1 数组的基本概念 ·· 110

6.2 一维数组 ··· 110

    6.2.1 一维数组的声明 ·· 110

    6.2.2 一维数组的引用 ·· 111

    6.2.3 一维数组的初始化 ·· 112

    6.2.4 一维数组的应用 ·· 113

6.3 二维数组 ··· 118

    6.3.1 二维数组的声明 ·· 118

    6.3.2 二维数组的引用 ·· 119

    6.3.3 二维数组的初始化 ·· 120

    6.3.4 多维数组 ··· 122

    6.3.5 二维数组的应用 ·· 122

6.4 字符数组 ··· 127

    6.4.1 字符数组的声明 ·· 127

    6.4.2 字符数组的引用 ·· 127

    6.4.3 字符数组的初始化 ·· 127

    6.4.4 字符串变量 ··· 128

    6.4.5 字符串变量的输入输出 ······································· 129

    6.4.6 字符串函数 ··· 131

    6.4.7 字符数组的应用 ·· 133

本章小结 ·· 136

习题 6 ··· 136

第 7 章 函数 ·· 139

7.1 函数的定义 ·· 140

    7.1.1 有参函数的定义 ·· 140

      7.1.2　无参函数的定义 ……………………………………………………… 140

      7.1.3　空函数的定义 ………………………………………………………… 141

  7.2　函数参数和函数的返回值 …………………………………………………… 141

      7.2.1　形式参数和实际参数 ………………………………………………… 141

      7.2.2　函数的返回值 ………………………………………………………… 143

  7.3　函数的调用 …………………………………………………………………… 144

      7.3.1　函数调用的一般形式 ………………………………………………… 144

      7.3.2　函数调用的方式 ……………………………………………………… 145

      7.3.3　对被调函数的声明和函数原型 ……………………………………… 145

  7.4　函数的嵌套调用 ……………………………………………………………… 147

  7.5　函数的递归调用 ……………………………………………………………… 149

  7.6　数组作为函数参数 …………………………………………………………… 152

      7.6.1　数组元素作为函数实参 ……………………………………………… 152

      7.6.2　一维数组名作为函数参数 …………………………………………… 152

      7.6.3　二维数组名作为函数参数 …………………………………………… 154

  7.7　变量的作用域 ………………………………………………………………… 155

      7.7.1　局部变量 ……………………………………………………………… 155

      7.7.2　全局变量 ……………………………………………………………… 156

      7.7.3　变量的优先级 ………………………………………………………… 158

  7.8　变量的存储类别 ……………………………………………………………… 159

      7.8.1　auto 变量 ……………………………………………………………… 160

      7.8.2　用 static 声明局部变量 ……………………………………………… 160

      7.8.3　register 变量 ………………………………………………………… 162

      7.8.4　用 extern 声明外部变量 ……………………………………………… 163

      7.8.5　用 static 声明外部变量 ……………………………………………… 165

  7.9　内部函数和外部函数 ………………………………………………………… 166

      7.9.1　内部函数 ……………………………………………………………… 166

      7.9.2　外部函数 ……………………………………………………………… 167

  本章小结 …………………………………………………………………………… 168

  习题 7 ……………………………………………………………………………… 169

第 8 章　指针 …………………………………………………………………………… 171

  8.1　指针是什么 …………………………………………………………………… 171

  8.2　指针变量 ……………………………………………………………………… 173

      8.2.1　指针变量的声明 ……………………………………………………… 173

      8.2.2　指针变量的赋值 ……………………………………………………… 174

      8.2.3　通过指针访问变量 …………………………………………………… 175

  8.3　指针与函数 …………………………………………………………………… 177

      8.3.1　指针变量作为函数的参数 …………………………………………… 177

　　　　8.3.2　指针函数 ·· 178

　　　　8.3.3　函数指针 ·· 179

　　8.4　指针与数组 ·· 181

　　　　8.4.1　数组名与数组首地址 ··· 181

　　　　8.4.2　指针的运算 ·· 182

　　　　8.4.3　通过指针访问一维数组 ···································· 184

　　　　8.4.4　通过指针访问多维数组 ···································· 187

　　8.5　指针与字符串 ··· 190

　　　　8.5.1　通过指针访问字符数组 ···································· 190

　　　　8.5.2　字符指针作为函数参数传递 ····························· 192

　　8.6　指针数组和多重指针 ·· 194

　　　　8.6.1　指针数组 ·· 194

　　　　8.6.2　多级指针 ·· 196

　　　　8.6.3　带参数的主函数 ··· 198

　　8.7　指针的内存动态分配 ·· 200

　　　　8.7.1　内存的动态分配 ··· 200

　　　　8.7.2　void 指针类型 ··· 202

　　8.8　指针的应用举例 ·· 204

　　本章小结 ·· 207

　　习题 8 ·· 207

第 9 章　复合数据类型 ··· 212

　　9.1　结构体数据类型 ·· 213

　　　　9.1.1　结构体类型的定义 ·· 213

　　　　9.1.2　结构体变量的使用 ·· 214

　　　　9.1.3　结构体数组 ·· 220

　　　　9.1.4　结构体指针 ·· 223

　　　　9.1.5　结构体及指向结构体的指针作为函数的参数 ········· 225

　　　　9.1.6　结构体综合举例 ··· 226

　　9.2　C 语言动态存储分配 ·· 228

　　9.3　链表 ··· 230

　　　　9.3.1　链表与数组的主要区别 ···································· 230

　　　　9.3.2　链表的操作 ·· 231

　　　　9.3.3　链表应用举例 ··· 233

　　9.4　共用体的定义和共用体变量的声明 ······························· 234

　　　　9.4.1　共用体的定义 ··· 234

　　　　9.4.2　共用体类型变量 ··· 234

　　　　9.4.3　共用体类型变量的引用 ···································· 235

　　9.5　枚举数据类型 ·· 236

9.5.1 枚举类型的定义和枚举变量的声明 ……………………………………… 237

9.5.2 枚举类型变量的赋值和使用 …………………………………………… 237

9.6 位域 ……………………………………………………………………………… 239

9.7 类型声明 ………………………………………………………………………… 240

本章小结 …………………………………………………………………………… 241

习题 9 ……………………………………………………………………………… 242

第 10 章 文件 ……………………………………………………………………… 247

10.1 FILE 结构类型 ………………………………………………………………… 248

10.2 文件的操作 …………………………………………………………………… 248

10.2.1 文件的打开 ……………………………………………………………… 249

10.2.2 文件的关闭 ……………………………………………………………… 250

10.2.3 文件的读写 ……………………………………………………………… 251

10.2.4 文件缓冲区操作 ………………………………………………………… 258

10.2.5 文件的随机读写 ………………………………………………………… 260

10.2.6 文件的检测 ……………………………………………………………… 264

10.3 库文件 ………………………………………………………………………… 265

本章小结 …………………………………………………………………………… 266

习题 10 …………………………………………………………………………… 266

第 11 章 位运算 …………………………………………………………………… 268

11.1 整数的计算机表示 …………………………………………………………… 268

11.2 位运算符 ……………………………………………………………………… 270

11.2.1 取反运算符～ …………………………………………………………… 270

11.2.2 按位与运算符 & ………………………………………………………… 271

11.2.3 按位或运算符 | …………………………………………………………… 272

11.2.4 按位异或运算符∧ ……………………………………………………… 272

11.2.5 左移运算符<< …………………………………………………………… 273

11.2.6 右移运算符>> …………………………………………………………… 274

11.2.7 位运算与赋值运算的结合 ……………………………………………… 274

11.2.8 位运算举例 ……………………………………………………………… 274

本章小结 …………………………………………………………………………… 275

习题 11 …………………………………………………………………………… 275

第 12 章 编译预处理 ……………………………………………………………… 277

12.1 宏声明 ………………………………………………………………………… 277

12.1.1 不带参数的宏声明 ……………………………………………………… 277

12.1.2 带参数的宏声明 ………………………………………………………… 280

12.2 文件包含 ……………………………………………………………………… 286

12.3　条件编译 ·· 289

本章小结 ··· 293

习题 12 ·· 293

第 13 章　C 语言的实际应用 ·· 296

13.1　C 语言的程序设计步骤 ·· 296

13.2　实际应用中常见的模块设计 ·· 297

13.2.1　数据结构的设计 ·· 297

13.2.2　选择菜单的设计 ·· 298

13.2.3　数据输入模块的设计 ·· 300

13.2.4　功能模块的设计 ·· 303

13.3　综合实践实例：企业员工工资管理系统 ······································ 306

本章小结 ··· 326

附录 A　ASCII 编码表 ·· 327

附录 B　ctype.h 文件中包含的字符函数 ····································· 329

附录 C　math.h 文件中包含的数学函数 ······································ 330

附录 D　C 语言运算符优先级详细列表 ······································· 332

第1章 C语言程序设计概述

本章首先介绍程序、程序设计语言以及语言的分类等程序设计的相关概念,接着介绍C语言的特点,以及C语言程序的结构和在Visual C++集成环境下运行C语言程序的步骤与方法,为读者了解和使用C语言编程、进一步学习后面的章节打下了很好的基础。

本章知识体系如图1-0所示。

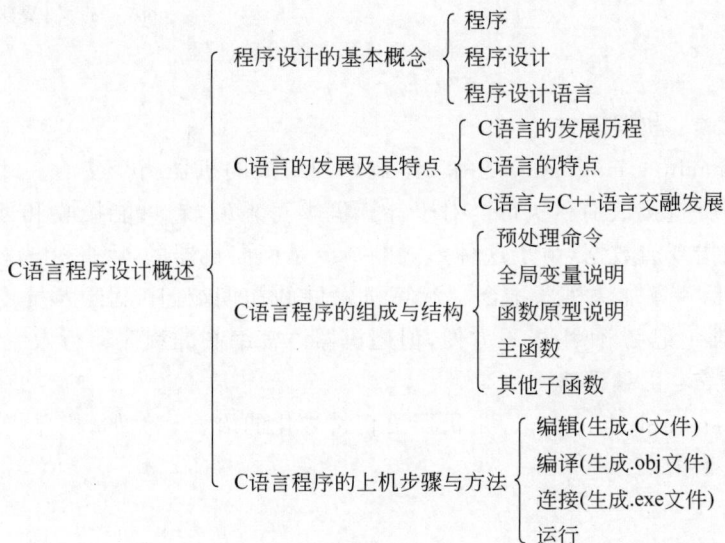

图 1-0　本章知识体系

1.1　程序设计的基本概念

1.1.1　程序

程序是由一组计算机可以识别和执行的指令构成的,每条指令都可使计算机执行特定的操作。计算机程序是软件开发人员根据用户需求开发的、用程序设计语言描述的、适合计算机执行的指令序列。

1.1.2　程序设计

程序设计是给出解决特定问题程序的过程,是软件构造活动中的重要组成部分。

目前,不能用自然语言编写计算机程序,只能用专门的程序设计语言来编写。人们借助计算机能够处理的语言,告诉计算机要处理哪些数据,以及按什么步骤处理,其过程包括分析、设计、编码、测试、排错等不同阶段。专业的程序设计人员常被称为程序员。

1.1.3 程序设计语言

程序设计语言是计算机能够识别和执行的语言。它是由一套语法规则和语义组成的系统,用于对要解决的问题进行描述。程序设计语言按级别分为机器语言、汇编语言和高级语言,语言的发展经历了由低级向高级的发展过程。图 1-1 展示了两数加法操作的例子在不同级别语言上的代码表示。

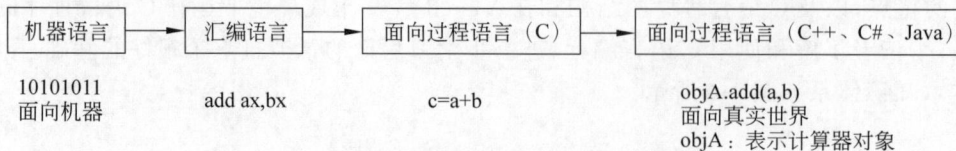

```
机器语言  →  汇编语言  →  面向过程语言（C）  →  面向过程语言（C++、C#、Java）

10101011      add ax,bx      c=a+b               objA.add(a,b)
面向机器                                          面向真实世界
                                                  objA：表示计算器对象
```

图 1-1 程序设计语言的发展过程

1. 第一代语言：机器语言

机器语言(machine language)是由二进制序列组成的机器指令集合。用机器语言编制的程序可被计算机直接识别和执行。对于计算机本身来说,它只能接收和处理由 0 和 1 代码构成的二进制指令或数据,由于这种形式的指令是面向机器的,因此称为"机器语言"。例如,10101011 表示一条加法机器指令。计算机发展的初期,程序设计人员使用机器语言编制程序,它非常难于记忆,使用极不方便,但用机器语言编制的程序运行效率高。

2. 第二代语言：汇编语言

汇编语言(assembly language)是机器语言符号化的语言。例如,机器指令 10101011 符号化后对应的汇编指令为

```
add ax,bx
```

一台机器的所有汇编指令集合就组成了汇编语言。汇编指令与机器指令一一对应,汇编语言和机器语言都属于低级语言。

用汇编语言编制的程序,并不能被计算机直接识别和执行,必须经过汇编程序的翻译才能运行。汇编程序的任务是将用汇编语言写的源程序(source)转换为用机器语言写的目标程序(object)。使用汇编语言编程比用机器语言编程前进了一步,但使用起来仍然不方便。

3. 第三代语言：高级语言

相对于机器语言而言,高级语言(high-level language)是一种更接近人类自然语言和数学表达式的编程语言。高级语言容易学习、通用性强、程序比较短、便于推广和交流,是一种理想的程序设计语言。目前常用的高级语言有 C、C++、Java、.Net、Python、COBOL、BASIC、Fortran、Pascal 等,其中 C、COBOL、BASIC、Fortran 和 Pascal 是面向过程的语言,而 C++、Java、.Net 和 Python 是面向对象的语言。图 1-1 中两数相加的例子,用面向过程的C 语言表示为

```
c=a+b;
```

用面向对象的语言表示为

```
objA.add(a,b)
```

其中,objA 代表计算器对象。

高级语言编写的源程序不能被计算机直接识别和执行,必须经过翻译程序转换才能被执行。编译程序是一种翻译程序,它将高级语言编写的源程序翻译成能等价用机器语言写的目标代码。图 1-2 是用高级语言 C 编写的程序在实现过程中的 4 个步骤。

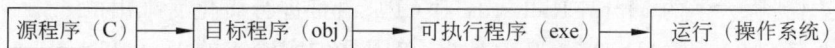

源程序(C) → 目标程序(obj) → 可执行程序(exe) → 运行(操作系统)

图 1-2　C 语言程序的实现过程

(1) 编辑源程序,生成源文件(后缀名为.c)。

(2) 对源程序进行编译,生成目标文件(后缀名为.obj)。

(3) 进行连接处理,将一个或多个目标文件连接生成可执行文件(后缀名为.exe)。

(4) 运行可执行程序,得到运行结果。

1.4 节将介绍使用集成开发环境对 C 语言程序进行编辑、编译、连接和执行的方法和步骤。

高级语言程序的执行方式有两种:编译执行方式和解释执行方式。编译执行方式是,先把源程序整个翻译成可执行文件,这个过程称为翻译阶段;然后运行可执行文件,这个过程称为运行阶段。程序第一次执行时,需要翻译和运行两个阶段,以后程序的多次执行,不需要翻译阶段,只需要运行阶段,即直接运行可执行文件,所以程序的执行效率高。C、C++程序的执行,采用编译执行方式。

解释执行方式是对源程序采取边翻译边运行的过程,这个过程由解释器完成,过程中并不生成可执行文件。解释方式下,程序每次执行需要翻译、执行,其执行效率比编译方式要低。BASIC、Java 等程序的执行,采用解释执行方式。

目前,最流行的 C 语言编译器有以下几种。

(1) GCC:GNU 组织开发的开源免费的编译器。

(2) MinGW:Windows 操作系统下的 GCC。

(3) Clang:开源的 BSD 协议的基于 LLVM 的编译器。

(4) Visual C++ (cl.exe):Microsoft Visual C++ (MSVC)集成的编译器。

1.2　C 语言的发展及其特点

1.2.1　C 语言的发展历程

C 语言于 1983 年开始了标准化进程,美国国家标准协会(ANSI)为此专门组建委员会。1989 年,ANSI 发布了 C 语言的第一份标准草案,即 ANSI C(C89),随后国际标准化组织(ISO)在 1990 年采用此标准,将其称为 ISO C90。自标准化之后,C 语言凭借其高效、灵活、可移植等特性,在系统编程、嵌入式开发等众多领域长期保持着极为重要的地位。

C 语言的发展过程经历了 ALGOL 60→CPL→BCPL→B→C→标准 C→ANSI C→ISO C 这几个阶段。

(1) ALGOL 60:它是 1960 年出现的一种面向问题的高级语言。ALGOL 60 离硬件较远,不适合用来编写系统程序。

（2）CPL（combined programming language，组合编程语言）：它是在 1963 年于英国的剑桥大学推出的，CPL 是在 ALGOL 60 基础上更接近硬件的一种语言。但 CPL 规模大，实现困难。

（3）BCPL（basic combined programming language，基本的组合编程语言）：它是在 1967 年由英国剑桥大学的 Matin Richards 对 CPL 语言进行简化后推出的。

（4）B 语言：1970 年，UNIX 的开山鼻祖、美国贝尔实验室的 Ken Thompson 设计出了既简单又很接近硬件的 B 语言（取 BCPL 的第一个字母），B 语言诞生后，UNIX 开始用 B 语言改写（原来的 UNIX 操作系统是 1969 年由贝尔实验室的 K.Thompson 和 D.M.Ritchie 开发成功的，是用汇编语言写的）。

（5）C 语言：1972 年，D.M.Ritchie 在 B 语言的基础上设计出了 C 语言（取 BCPL 的第二个字母）。C 语言既保持了 BCPL 和 B 语言的优点（精练、接近硬件），又克服了过于简单、数据无类型等缺点。最初的 C 语言只是为描述和实现 UNIX 操作系统提供一种工作语言而设计的。

（6）C89：1989 年，ANSI 发布了第一个完整的 C 语言标准——ANSI X3.159-1989，简称"C89"。

（7）C99：1999 年，在做了一些必要的修正和完善后，ISO 发布了新的 C 语言标准，命名为 ISO/IEC 9899：1999，简称"C99"。

（8）C11：2011 年 12 月 8 日，ISO 又正式发布了新的标准，称为 ISO/IEC 9899：2011，简称"C11"。

C11 与 C99 保持向上兼容，C99 又与 C89 保持向上兼容，因此符合 ANSI C(C89)标准的代码通常能在更高版本的 C 语言中正常运行。然而，由于新版本可能引入新特性或语法，编写向下兼容（例如让 C11 代码兼容 C99 或 C89）的代码往往较为困难。若无特殊说明，本书内容以 ANSI C(C89)标准为基础进行阐述。

1.2.2　C 语言的特点

C 语言发展迅速，成为最受欢迎的高级语言之一，主要因为它功能强大，与其他早期语言相比，具有一系列优点。

1. 简洁易用

C 语言只有 32 个关键字，9 种控制语句，书写形式直观、精练。

2. 运算符丰富

除了最基本的加（＋）、减（－）、乘（＊）、除（/）、取模（％）等运算外，C 语言把括号、赋值、强制类型转换等都作为运算符处理，共有 34 种运算符。从而使 C 语言的运算类型极其丰富，表达式类型多样化。

3. 数据类型丰富

C 语言的数据类型有整型、实型、字符型、数组类型、指针类型、结构体类型、共用体类型等，可用于实现各种复杂的数据结构（如链表、树、栈等）的运算。尤其是指针类型数据，使程序效率更高。

4. 结构化语言

具有结构化的流程控制语句（如 if…else 语句、while 语句、do…while 语句、switch 语句、for 语句)。用函数作为程序的模块单位,便于实现程序的模块化。

5. 可直接访问内存地址

C 语言允许直接访问内存地址,能进行位操作,能实现汇编语言的大部分功能,兼有高级语言和低级语言的特点。C 语言的这种双重性,使它既是成功的系统描述语言(如编写 UNIX 操作系统),又是通用的程序设计语言。

6. 程序执行效率高

用 C 语言编写的程序经编译生成的目标代码效率接近汇编语言程序,与用汇编语言编写的程序生成的目标代码相比,效率只低 10%～20%,可以开发出执行速度很快的程序。

7. 可移植性好

C 编译程序 80% 以上的代码是公共的,因此稍加修改就能移植到各种不同型号的计算机上。

当然,C 语言也有自身的不足,和其他高级语言相比,其语法限制不太严格。例如,对变量的类型约束不严格,影响程序的安全性;对数组下标越界不作检查;编程自由度大,编译程序查错能力有限,给不熟练的程序员带来一定困难。

1.2.3　C 语言与 C++ 语言交融发展

由于 C 语言是面向过程的结构化和模块化的程序设计语言,当处理的问题比较复杂、规模庞大时,就显现出一些不足,由此面向对象的程序设计语言 C++ 应运而生。C++ 的基础是 C,它保留了 C 的所有优点,增加了面向对象机制,并且与之完全兼容。绝大多数 C 语言程序设计可以不加修改直接在 C++ 环境中运行。

1.3　C 程序的组成与结构

用 C 语言语句编写的程序称为 C 程序或 C 源程序。下面通过介绍 3 个简单的 C 语言程序例子来介绍 C 程序的基本组成与结构。

例 1-1 一个简单的输出程序。

程序代码如下:

```
#include<stdio.h>                    /* 文件包含,标准输入输出头文件 */
int main()                           /* 主函数 */
{                                    /* 函数体开始 */
  printf("===================\n");   /* 输出语句 */
  printf("Hello,world! \n");         /* 输出语句 */
  printf("===================\n");   /* 输出语句 */
  return 0;
}
```

运行结果:

```
===================
Hello,world!
===================
```

说明：

（1）main 是主函数的函数名，每一个 C 程序都必须有且仅有一个 main()函数。

（2）int 是函数的返回值类型，该例有整型的返回值。

（3）"{}"是函数开始和结束的标志，不可省略，"{"和"}"之间为函数体部分。函数体有
4 行代码。

（4）printf()函数是 C 语言中的输出函数，"" ""内的字符串原样输出，\n 是换行符。

（5）每个 C 语句以";"结束。

（6）使用标准库函数时，程序的第一行为

```
#include<stdio.h>
```

（7）/*……*/表示注释(注释部分也可以用"//"标注)。注释存在的意义主要是为了
方便他人理解代码逻辑，它并不会对程序的编译与运行产生任何作用。所以可以用汉字或
英文字符，可以出现在一行中的最右侧，也可以单独成为一行。

例 1-2 已知 3 个整型数 4、8、10，按公式 $s=(a+b)*c$，求 s 的值。

程序代码如下：

```
#include<stdio.h>          /* 标准输入输出头文件 */
int main()
{
    int a,b,c,s;           /* 声明 4 个整型变量 */
    a=4;
    b=8;
    c=10;                  /* 变量赋初值 */
    s=(a+b) * c;           /* 算术运算并赋值 */
    printf("s=%d\n",s);    /* 输出结果 s 的值 */
    return 0;
}
```

运行结果：

```
s=120
```

例 1-3 包含自定义函数的 C 程序，输入圆的半径，求圆的面积。

程序代码如下：

```
#include<stdio.h>         /* 编译预处理 */
#define PI 3.1416         /* 声明符号常量 PI */
int main()                /* 主函数 */
{
    float area(float r);  /* 对被调用函数 area()的声明 */
    float s,r;            /* 声明实型变量 s,r */
    printf("r=");         /* 输出提示信息 r= */
    scanf("%f",&r);       /* 输入变量 r 的值 */
    s=area(r);            /* 调用 area()函数，将得到的返回值赋给 s */
    printf("面积 s=%f\n",s);   /* 输出 s 的值 */
    return 0;
```

```
    }
float area(float a)        /* 定义 area()函数,函数返回值为实型,形式参数 a 为实型 */
{
    float f;               /* area()函数中的声明部分,声明本函数中用到的变量 f 为实型 */
    f=PI*a*a;              /* 计算圆的面积,结果赋给 f 变量 */
    return (f);            /* 将 f 的值返回给主调用函数 */
}
```

运行结果:

```
r=10↙
面积 s=314.160000
```

说明：本程序包括主函数 main()和被调用函数 area()。area()函数的作用是求圆的面积并赋给 f。return 语句将 f 的值返回给主函数 main()。area()函数是用户自定义的函数,在主函数中对被调用函数 area()进行声明(称为函数原型声明)。

1. 结构

程序中,scanf()函数的作用是输入 r 的值。&r 中 & 的含义是"取地址",此 scanf()函数的作用是将数值输入变量 r 的地址所标志的单元中。

通过分析以上 3 个例子,概括出 C 语言源程序可以由以下 5 部分组成。

(1) 预处理命令。

(2) 全局变量说明。

(3) 函数原型说明。

(4) 主函数。

(5) 其他子函数。

一个简单的 C 源程序只需要以上(1)和(4)两部分,其中"预处理命令"一般是一系列文件包含命令,即 include 命令。

2. 特点

C 语言程序结构特点如下所述。

1) C 程序是由函数构成的

一个 C 源程序可由一个 main()函数和若干其他函数组成,其中必须有且仅有一个 main()函数(主函数)。C 程序总是从 main()函数开始执行,与 main()函数的位置无关。其他函数可被主函数调用或相互调用。其他函数可为 C 函数库中的函数(要用时用 #include 文件包含),也可为用户自己定义的函数。

2) 函数由函数首部和函数体组成

函数的一般结构如下：

```
[函数返回值类型] 函数名(函数参数表)        /* 函数首部 */
{
    说明语句部分;                        /* 函数体部分 */
    执行语句部分;

}
```

函数首部包括函数返回值类型(可省略)、函数名、函数的形式参数(形参)名、形式参数类型。

函数体即函数首部下面的用"{}"括起来的部分{…}。

函数体包括两部分。

(1) 声明部分：int a,b,c;可省略。

(2) 执行部分：由若干语句组成,可省略,例如：

```
void dump()
{
}
```

这是一个空函数,什么也不做,但是合法的函数。

3) 每个语句和数据声明的最后必须有一个";"

C语言中,";"是程序语句的结束标志,也是C语句的必要组成部分。但预处理命令、函数首部和最后一个"}"之后不能有";"。

4) C语言数据输入和输出是由库函数实现的

C语言本身没有输入输出语句。输入和输出的操作是由scanf()和printf()等库函数来完成的。

5) C语言严格区分大小写字母

需要留心大小写差异。

6) C语言用/*注释内容*/的形式进行程序注释

在/*和*/之间的所有字符都为注释符,C系统不对注释符进行编译。适当加上必要的注释,以增加程序的可读性,使用注释是编程人员的良好习惯。

7) C程序书写格式自由

一行内可以写几个语句,一个语句可以分写在多行上,C程序没有行号。但需要注意,分行时不能将一个单词分开,也不能将""""内的字符串分开。

但从便于阅读和维护的角度出发,应提倡一行一条语句的风格,并根据语句的从属关系,程序书写时采用缩进格式,使程序语句的层次结构清晰,提高程序的可读性。同一层次语句要左对齐,不同层次的语句要缩进若干字符,这样程序层次清楚,便于阅读和理解。

通过分析发现,C程序的组织与构造与人们日常的文章结构很类似,如表1-1所示。

表1-1 文章和C程序对应的层次结构

文章的层次结构	对应C程序的层次结构	文章的层次结构	对应C程序的层次结构
文章	程序	句子	语句
章节	文件	词组	表达式
段落	函数	字	常量、变量、关键字、运算符等
开头第一段	主函数		

1.4 C程序的上机步骤与方法

集成开发环境(integrated development environment,IDE)一般都提供可视化界面用于程序的编辑、编译、调试、运行、项目管理等一体化功能。C语言的集成开发环境有很多种类,常用的有 CodeBlocks、Dev-C++、Visual C++、Turbo C、Borland C++ 等,还有在 UNIX/Linux 系统中的 GCC 编译器等。其中 Turbo C 是早期 DOS 环境下使用的 IDE。Visual C++ 是微软公司推出的 Windows 平台上的一款 C/C++ 开发环境,它被包含在 Visual Studio 集成开发包中,但随着 Visual Studio 版本的不断更新,下载和安装它对于初学者比较麻烦。而 Visual C++ 6.0 是微软公司在 1997 年推出的一款经典的 C/C++ 编译器,它界面友好,调试功能强大,安装便捷,是全国计算机二级等级考试 C 语言的机考环境。CodeBlocks 和 Dev-C++ 是两款免费开放源代码的软件,是中国计算机学会组织的计算机软件能力认证 CCF、CSP 的机考环境。

本书以 Visual C++ 6.0 作为 C 程序的开发工具。

1.4.1　有关概念

（1）源程序。用高级语言或汇编语言编写的程序称为源程序。C 语言源程序文件的扩展名为.c,在 Visual C++ 环境下的 C 源程序文件的扩展名为.cpp。源程序不能直接在计算机上执行,需要用"编译程序"或"解析程序"将源程序翻译为二进制形式的机器代码。

（2）目标程序。源程序经过"编译程序"翻译所得到的二进制代码称为目标程序。目标程序文件的扩展名为.obj。目标代码尽管已经是机器指令,但是还不能运行,因为目标程序还没有解决函数调用问题,需要将各个目标程序与库函数连接,才能形成完整的可执行的程序。

（3）可执行程序。目标程序与库函数连接,形成的完整的可在操作系统下独立执行的程序称为可执行程序。可执行程序文件的扩展名为.exe。

1.4.2　运行 C 程序的一般步骤

一般情况下,C 程序开发的步骤如下：上机输入与编辑源程序→对源程序进行编译→与库函数连接→运行目标程序,如图 1-3 所示。

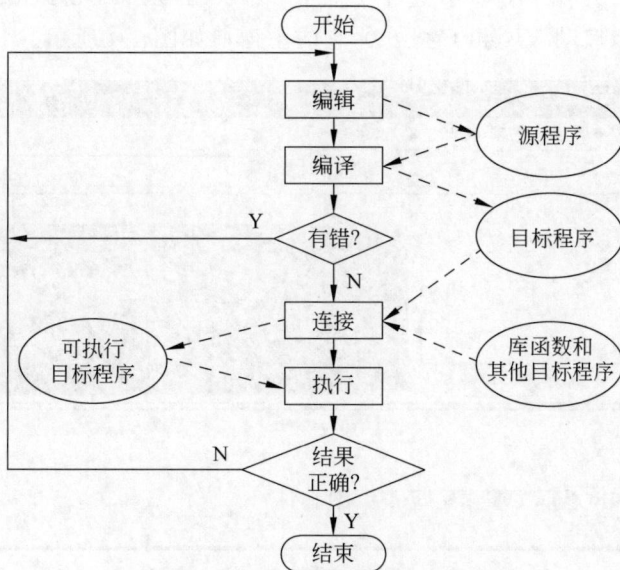

图 1-3　C 程序开发的一般步骤

1. 编辑源程序

（1）编辑指编辑创建源程序，是将编写好的 C 语言源程序代码录入计算机中，形成源程序文件。

（2）本书用 Visual C++ 6.0 环境提供的全屏幕编辑器。

（3）在 Visual C++ 6.0 环境中的源程序文件，其扩展名为.cpp，而在 Turbo C 2.0 环境中的源程序文件的扩展名为.c。

2. 编译

（1）编译源程序就是由 C 系统提供的编译器将源程序文件的源代码转换为目标代码的过程。

（2）编译过程主要进行词法分析和语法分析，在分析过程中如果发现错误，将错误信息显示在屏幕上通知用户。经过编译后的目标文件的扩展名为.obj。

3. 连接

（1）连接过程是将编译过程中生成的目标代码进行连接处理，生成可执行程序文件的过程。

（2）在连接过程中，时常还要加入一些系统提供的库文件代码。经过连接后生成的可执行文件的扩展名为.exe。

4. 运行

运行可执行文件的方法很多，可在 C 系统下执行"运行"命令。也可以在操作系统下直接执行可执行文件。

1.4.3　Visual C++ 6.0 环境运行 C 程序的步骤

以本章例 1-1 为例，进行说明。

1. 启动 Visual C++ 6.0 环境

在 Windows 的"开始"菜单中选中"程序"｜Microsoft Visual studio 6.0｜Microsoft Visual C++ 6.0 选项，启动 Visual C++ 6.0，它的主窗口如图 1-4 所示。

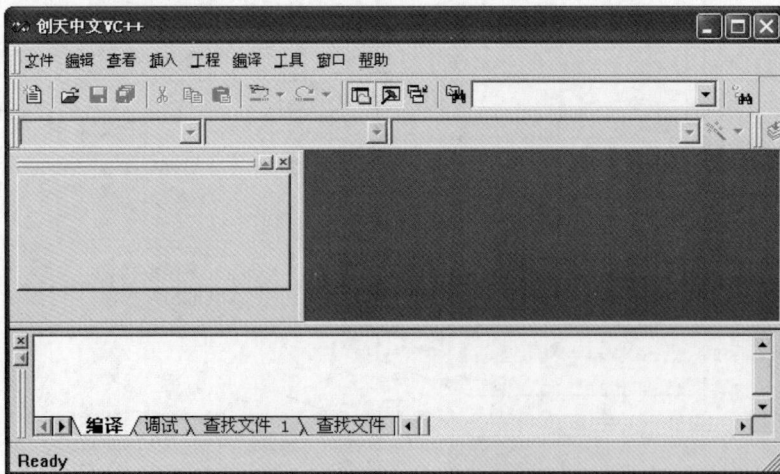

图 1-4　Visual C++ 6.0 的主窗口

2. 新建工程和编辑 C 源程序文件

（1）选中"文件"|"新建"|"工程"菜单选项，在弹出的"新建"对话框中选中 Win32 Console Application 选项，选择存盘的位置，输入工程名，单击"确定"按钮，如图 1-5 所示。

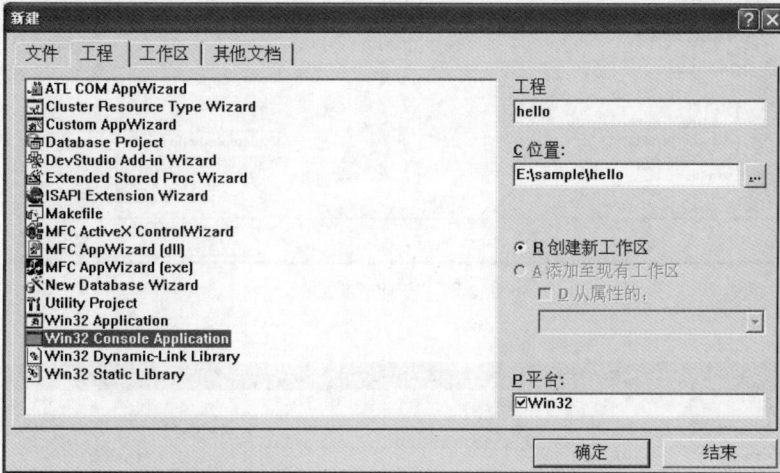

图 1-5　新建 Win32 Console Application 控制台应用程序

（2）在"Win32 Console Application-step 1 of 1"对话框中选中 An empty project 单选按钮，单击"完成"按钮进行确定即可完成创建空工程的工作，如图 1-6 所示。

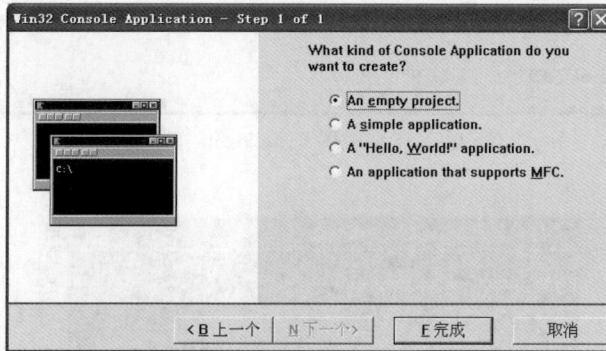

图 1-6　应用程序类型选择图示

（3）选中"文件"|"新建"|"文件"菜单选项，在弹出的"新建"对话框中选中"文件"选项卡，选中 C++ Source File 选项，输入源程序文件名"hello"，如图 1-7 所示。单击"确定"按钮，进入源程序编辑环境器，在其中可输入源程序。

（4）在 ClassView 页中展开 Globals，双击 main()，或在 FileView 页中展开 hello files|Source Files 结点后双击 hello.cpp，都可打开源程序文件 hello.cpp，进行编辑和修改，如图 1-8 所示。

3. 编译、连接和运行

选中"编译"|"执行 TEST.exe"菜单选项或按 Ctrl＋F5 组合键可一次进行完成编译、连接和运行工作，会在输出区显示有关的信息，若有错误，则进行修改。

程序的运行结果如图 1-9 所示。

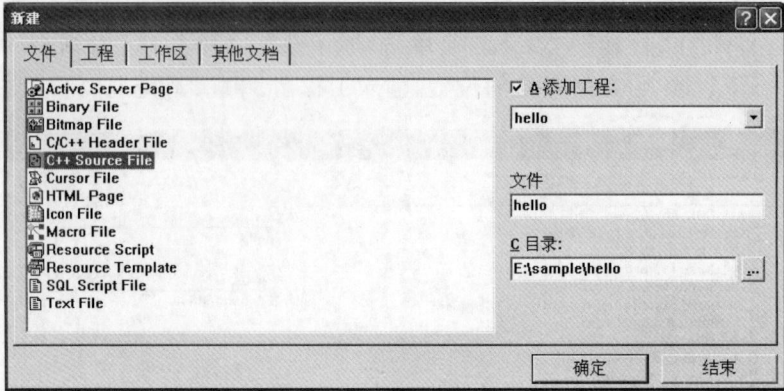

图 1-7 "文件"选项卡

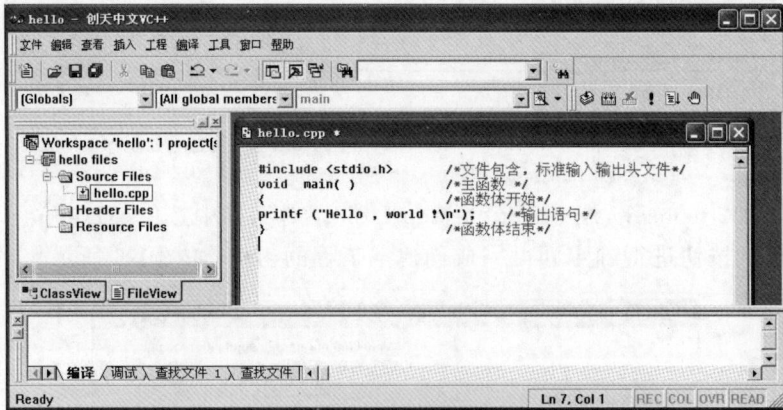

图 1-8 FileView 页中展开 hello files|Source Files

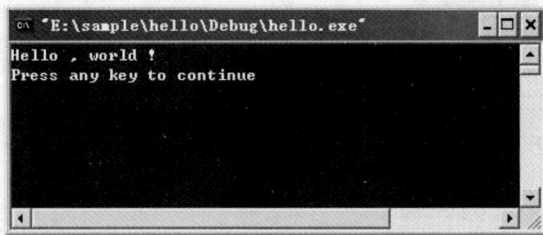

图 1-9 程序的运行结果

编译、连接和运行也可以用下面方式。

（1）编译：选中"编译"|"编译 TEST.cpp"菜单选项或按 Ctrl＋F7 组合键。

（2）连接：选中"编译"|"构建 TEST.exe"菜单选项或按 F7 键。

（3）执行：选中"编译"|"执行 TEST.exe"菜单选项或按 Ctrl＋F5 组合键。

除了上述方法，也可以在工具栏上按相应的按钮，如图 1-10 所示。

经过以上操作，Visual C++ 在 E:\sample\hello 为该工程生成了许多文件。下面对主要的文件作简要的说明。

图 1-10　快捷工具栏上编译、连接和运行等按钮图标

hello 工程的主要文件如图 1-11 所示。

图 1-11　hello 工程的主要文件

hello.cpp 源程序文件最为重要，其他文件一般是 Visual C++ 自动生成的。但是在 Visual C++ 中仅有.cpp 文件是不能直接编译、连接的，系统必须创建一个工程并将.cpp 的文件加入工程中，才能执行各种操作。

1.5　如何学好 C 语言

如何学好 C 语言，这是所有初学者共同面对的问题。其实每种语言的学习方法都大同小异，需要注意的主要有以下几点。

（1）明确自己的学习目标和大的方向。选择并锁定一门语言，按照自己的学习方向努力学习和认真研究。

（2）初学者先找本基础书籍系统地学习。很多程序开发人员工作了很久也只熟悉部分基础而已，没有系统地学习 C 语言。

（3）不要死记语法。在刚接触 C 语言时，掌握好基本语法，并大概了解一些功能即可。借助开发工具的代码辅助功能，完成代码的录入，这样可以快速地进入学习状态。

（4）多实践，多思考，多请教。仅读懂书本中的内容和技术是不行的，必须动手编写程序代码，并运行程序、分析运行结构，从而对学习内容有个整体的认识和肯定。用自己的方式去思考问题，编写代码来提高编程思想。平时多请教老师，和其他人多沟通技术问题，提高自己的技术和见识。

（5）不要急躁。遇到技术问题，必须冷静对待，不要让自己的大脑思绪混乱，保持清醒的头脑才能分析和解决各种问题，可以尝试适合自己的活动放松自己。

（6）遇到问题，要尝试独立解决，这样可以提高自己的程序调试能力，并对常见问题有一定的了解，明白出错的原因，甚至举一反三，解决其他关联的错误问题。

（7）多查阅资料。可以经常到 Internet 上搜索相关资料或者解决问题的办法，网络上已经摘录了很多人遇到的问题和不同的解决办法，分析这些解决问题的方法，找出最好、最适合自己的。

（8）多阅读别人的源代码。不但要看懂别人的程序代码，还要分析编程者的编程思想和设计模式，并融为己用。

本 章 小 结

本章主要学习要点如下。

(1) 程序设计基础概念。

(2) C 语言的发展及其特点。

(3) C 语言程序的组成与结构。

(4) C 语言程序的运行过程：编辑、编译、连接和执行。

(5) C 语言程序的开发环境和 Visual C++ 6.0 的使用步骤。

习　题　1

一、选择题

1. 一个 C 程序的执行是从（　　）。

　　A. 本程序的 main() 函数开始，到 main() 函数结束

　　B. 本程序的第一个函数开始，到本程序的最后一个函数结束

　　C. 本程序的第一个函数开始，到本程序 main() 函数结束

　　D. 本程序的 main() 函数开始，到本程序的最后一个函数结束

2. 在 C 程序中，main()（　　）。

　　A. 必须作为第一个函数　　　　　　　B. 必须作为最后一个函数

　　C. 位置可以任意　　　　　　　　　　D. 必须放在它所调用的函数之后

3. 以下叙述不正确的是（　　）。

　　A. 一个 C 源程序必须包含一个 main() 函数

　　B. 一个 C 源程序可由一个或多个函数组成

　　C. C 程序的基本组成单位是函数

　　D. 在 C 程序中，注释说明只能位于一条语句的后面

4. 以下叙述正确的是（　　）。

　　A. 在对一个 C 程序进行编译的过程中，可发现注释中的拼写错误

　　B. 在 C 程序中，main() 函数必须位于程序的最前面

　　C. C 语言本身没有输入输出语句

　　D. C 程序的每行中只能写一条语句

5. 一个 C 语言程序是由（　　）。

　　A. 一个主程序和若干子程序组成　　　　B. 函数组成

　　C. 若干过程组成　　　　　　　　　　　D. 若干子程序组成

二、填空题

1. C 语言源程序的语句分隔符是_____。

2. C 语言开发工具直接输入的程序代码是_____文件，后缀名是_____。经过编译后生成的是_____文件，后缀名是_____。经过连接后生成的是_____文件，后缀名是_____。

三、简答题

1. C语言有哪些主要特点?

2. C语言开发的4个步骤是什么?

3. 简述C编译和运行的基本方法。

4. 常用的集成开发工具有哪些? 各有什么特点?

四、编程题

1. 编写一个程序,在屏幕上输出以下内容:

```
*****************************
*   You  are welcome!   *
*****************************
```

2. 编写一个C程序,输入a、b、c这3个值,输出其中最小者。

第 2 章　数据类型、运算符和表达式

C语言的数据类型十分丰富,分为基本数据类型、构造类型、指针类型、空类型等。基本数据类型最大的特点是其值不可以再分解为其他类型,即基本数据类型是自我说明的。基本数据类型包括整型、字符型、实型(单精度型,双精度型)、枚举类型。构造类型是根据已定义的一个或多个数据类型用构造的方法来定义的,即一个构造类型的值可以分解成若干成员或元素,每个成员都是一个基本数据类型或又是一个构造类型。构造类型包括数组、结构体、共用体(联合)。指针类型是一种特殊的,同时又具有重要作用的数据类型,其值用来表示某个变量在内存储器中的地址。空类型也是一种特殊的数据类型,它在函数调用和指针中使用。本章只介绍基本数据类型,其他数据类型将在后续章节中陆续介绍。

数据仅有丰富的数据类型还不够,还需要对数据进行相关的操作,例如加、减、乘、除等运算。C语言有34个运算符,运算符是一种让编译器执行特定的数学或逻辑操作的符号,使用运算符可以构成形式多样的表达式,如算术表达式、关系表达式、逻辑表达式、赋值表达式等。表达式是编程语言中用于计算并返回一个值的语法结构。它由操作数(如常量、变量)和操作符(如加、减、乘、除)组成,通过特定的规则组合在一起,最终计算出一个确定的结果。

本章从C程序实例分析着手,使读者理解C语言基本数据类型的表示形式、存储格式及相关的运算,掌握常量、变量声明的方法,能够灵活运用各种表达式。重点掌握:基本的数据类型、常量和变量的使用,C语言各种运算符和表达式的应用。

本章知识体系如图 2-0 所示。

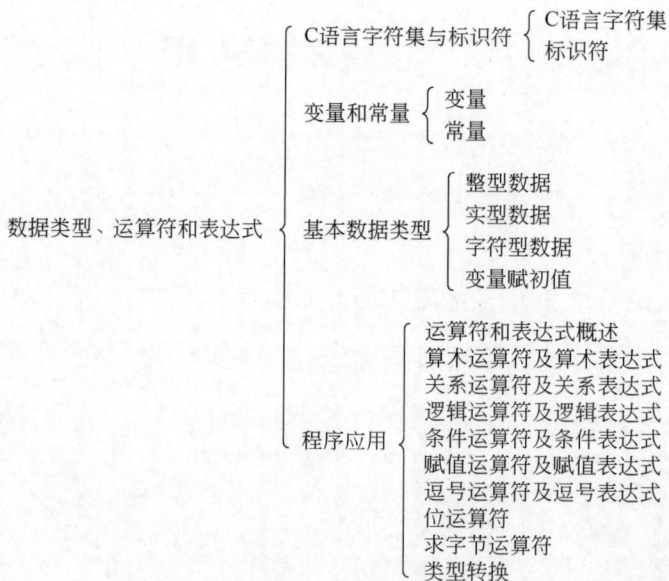

图 2-0　本章知识体系

2.1　C 语言字符集与标识符

字符(character)是各种文字和符号的总称,包括各国家文字、标点符号、图形符号、数字等。字符集(character set)是多个字符的集合,字符集种类较多,每个字符集包含的字符个数不同,常见字符集有:ASCII 字符集、GB2312 字符集、BIG5 字符集、GB18030 字符集、Unicode 字符集等。

2.1.1　C 语言字符集

C 语言字符集由字母、数字、下画线、空白符、标点符号和特殊字符组成。字符集分为自定义和系统定义,自定义的以标识符(用来标识某个实体的一个符号)形式出现,系统定义的以关键字、运算符、特殊符号形式出现。

(1) 数字:0、1、…、9。

(2) 字母:大、小写英文字母各 26 个:a、b、…、z 和 A、B、…、Z。C 语言中大、小写英文字母是有区别的,表示不同的字符。

(3) 空白符:空格符、制表符(跳格)、换行符(空行)的总称。空白符除了在字符、字符串中有意义外,编译系统忽略其他位置的空白。空白符在程序中只是起到间隔作用。在程序的恰当位置使用空白将使程序更加清晰,增强程序的可读性。

(4) 下画线"_"。

(5) 标点符和特殊字符:+、-、*、/、%、++、--、<、>、=、>=、<=、==、!=、!、||、&&、∧、~、|、&、<<、>>、()、[]、{}、\、"、'、?、:、,、.、;。

(6) 转义字符。转义字符及含义如表 2-1 所示。

表 2-1　转义字符及含义

字符形式	字符名	含　　义
\n	换行	把打印(显示)位置移到下一行的起始位置
\t	水平制表	把打印位置移到当前的下一个制表点(通常移动 8 个字符的间隔),间隔的字符个数与实现有关
\v	垂直制表	把打印位置移到下一行制表点起始位置
\b	退格	把打印位置在当前行上向后退一个字符位置
\r	回车	不换行,光标移到行首
\f	换页	把打印位置移到下一个逻辑页开头的起始位置
\?	问号	问号字符
\\	反斜杠	反斜杠字符"\"
\'	单引号	单引号字符"'"
\ "	双引号	双引号字符"""
\a	报警	产生可听或可见的报警(嘀声),位置不变

字符形式	字符名	含　义
\0	空字符	空值
\ddd	八进制	1～3 位八进制数对应的 ASCII 值代表的字符
\xhh	十六进制	1～2 位十六进制数对应的 ASCII 值代表的字符

2.1.2　标识符

标识符(identifier)是指用来标识某个实体的一个符号,在不同的应用环境下有不同的含义。在计算机编程语言中,标识符是用户编程时使用的名字,用于给变量、常量、函数、语句块等命名,以建立起名称与使用之间的关系。标识符通常由字母和数字以及其他字符构成。

1. 预定义标识符

预定义标识符也叫保留标识符,其含义固定,用途可变,该类标识符由系统预先定义好,虽然标识符可以定义为其他用途,但强烈建议不要修改,以免造成混淆。预定义标识符主要有库函数名(如 main、printf、scanf、sin、abs 等)、预编译命令(如 define)。

2. 关键字标识符

关键字(keywords)是由 C 语言规定的具有特定意义的字符串,通常又称保留字,含义固定,用途固定,不能改变。它是 C 语言中规定的具有特定含义的标识符,都是用小写字母构成,标准 C 语言使用的 32 个关键字如下：auto、break、case、char、const、continue、default、do、double、else、enum、extern、float、for、goto、if、int、long、register、return、short、signed、sizeof、static、struct、switch、typedef、union、unsigned、void、volatile、while。

3. 自定义标识符

用户可根据自己的需要定义。C 语言标识符具有严格的声明规则,具体如下。

(1) 标识符只能由字母、数字、下画线组成,且第一个字符必须是字母或下画线。例如,int 34A 是非法的,而 int a_s 是合法的。

(2) 大小写敏感。例如:

int A;

和

int a;

中的 A 和 a 分别代表不同的变量。

(3) 不能与 C 语言中的关键字(如 int、if、else 等)、预定义标识符(如 printf、define 等)重名。例如:

int printf;

是非法的。

注意：标识的命名应做到"见名知义",即选有含义的英文单词(或缩写)作为标识符,例如 student、count、total、month、year,除了数值计算程序外,一般不要用代数符号(如 a、b、c、x、y、z)作变量名,以增加程序的可读性。

4. 命名约定

命名约定中最重要的是命名管理。尽可能使用描述性的命名,让代码易于理解更重要。在命名时不要用只有项目开发者能理解的缩写,也不要通过删除几个字母来缩写单词。

函数命名、变量命名、文件命名要有描述性,少用缩写。

(1)文件命名:文件名要全部小写,可以包含"_"或"-",例如 my_useful_class.cc、my-useful-class.cc。如果没有约定,那么"_"更好,方便阅读和识别。

(2)类型命名:类型名称的每个单词首字母均大写,不包含"_":MyExcitingClass,MyExcitingEnum。

(3)变量命名:变量(包括函数参数)和数据成员名一律小写,单词之间用"_"连接,例如,a_local_variable, a_struct_data_member, a_class_data_member。

2.2 变量和常量

2.2.1 变量

变量是编程语言中用于存储数据的标识符。它代表内存中的一块存储空间,用于保存程序运行过程中需要使用的数据。

在 C 语言中,变量必须遵循"先定义,后使用"的原则。关于变量的定义、使用及赋初值将在 2.3 节中结合数据类型介绍。

2.2.2 常量

常量是固定值,在程序执行期间不会改变。常量可理解为常规的变量,只不过常量的值在定义后不能进行修改。常量分为不同的类型,如 1、-6、0 为整型常量,1.3、-2.6 为实型常量,'a'、's'为字符常量。在 C 语言中,有两种简单的定义常量的方式。

(1)用预处理命令 #define 来声明,预处理命令是指在编译之前进行的处理。

一般形式如下:

#define 符号常量名 常量值

例如:

#define PI 3.1416   / * 结尾处没有分号 * /

(2)用 const 声明,此种声明方式是在预处理完成之后,计算机程序运行到此行代码时进行执行。

一般形式如下:

const 类型 符号常量名=常量值;

例如,程序中多处用到 π 的值,可以声明符号 PI 来表示。

const float PI=3.1416;   / * 结尾处有分号 * /

常量与宏的主要区别如下：define 是宏定义，程序在预处理阶段用 define 定义的内容进行替换，程序运行时，常量表中并没有用 define 定义的常量，因此系统不为它分配内存。const 定义的常量，在程序运行时在常量表中，系统为它分配内存。const 常量有数据类型，而宏没有数据类型。

例 2-1 符号常量的使用。

程序代码如下：

```
#include<stdio.h>
#include<math.h>                    /* 程序需要调用 pow(x,y) 函数,需要引用 math 库 */
#define ALPHA 0.01                  /* 声明符号常量 ALPHA 为进步因子 */
int main()
{
    const double NOW =1.0;          /* 声明符号常量 NOW,表示现在的水平为 1,后面有分号 */
    double n_1, n_30, n_90, n_180, n_365;
     /* 声明变量 n_1,n_30,n_90,n_180,n_365,表示为进步 1 天,30 天,90 天,180 天,365 天 */
    n_1=pow((NOW +ALPHA),1);        /* pow(x,y),表示为求 x 的 y 次方 */
    n_30=pow((NOW +ALPHA), 30);
    n_90=pow((NOW +ALPHA), 90);
    n_180=pow((NOW +ALPHA), 180);
    n_365=pow((NOW +ALPHA), 365);
    printf("n_1=%lf,n_30=%lf,n_90=%lf,n_180=%lf,n_365=%lf\n",
      n_1, n_30, n_90, n_180, n_365 ); /* 输出 n_1,n_30,n_90,n_180,n_365 的值, */
    return 0;
}
```

运行结果如下：

```
n_1=1.010000,n_30=1.347849,n_90=2.448633,n_180=5.995802,n_365=37.783434
```

思考：如何将程序变为每天退步 0.01？如果要计算 3 天打鱼两天晒网（即前 3 天进步 0.01，后两天退步 0.01）工作 1 年的效果呢？如果要计算工作 5 天休息两天（即前 5 天进步 0.01，后两天退步 0.01）工作 1 年的效果呢？

各种类型的常量将在 2.3 节中详述。

2.3 基本数据类型

2.3.1 C 语言的数据类型

数据是程序的必要组成部分，也是程序的处理对象。C 语言提供了丰富的数据类型，如图 2-1 所示。

C 语言中数据分为常量与变量，它们分别属于以上这些类型。由以上这些数据类型还可以构成更复杂的数据结构。例如利用指针和结构体类型可以构成表、树、栈等复杂的数据结构。

下面介绍整型、实型、字符型 3 种基本的数据类型。

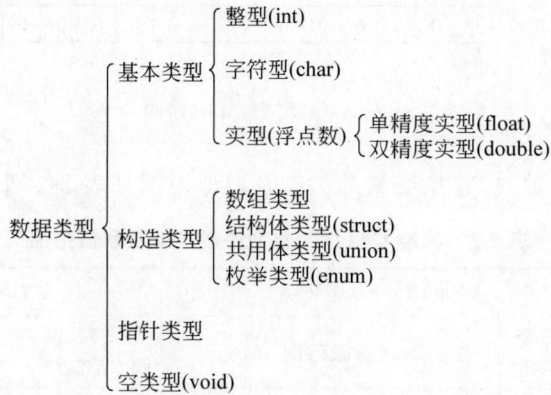

数据类型
- 基本类型
  - 整型(int)
  - 字符型(char)
  - 实型(浮点数)
    - 单精度实型(float)
    - 双精度实型(double)
- 构造类型
  - 数组类型
  - 结构体类型(struct)
  - 共用体类型(union)
  - 枚举类型(enum)
- 指针类型
- 空类型(void)

图 2-1　C 语言的数据类型

2.3.2　整型数据

1. 整型常量

在 C 语言中，整型常量有十进制、八进制、十六进制 3 种进制表示方法，有正（＋）和负（一）之分，"＋"可省略。

（1）十进制整型常量：以数字 1～9 开头，其他位由数字 0～9 构成。

例如 123、一99 等。

（2）八进制整型常量：以数字 0 开头，其他位由数字 0～7 构成。

例如，0200 表示八进制数 200，即 $(200)_8$，其值为 $2\times8^2+0\times8^1+0\times8^0$，等于十进制数 128；一064 表示八进制数一64，其值为一$(6\times8^1+4\times8^0)$，等于十进制数一52。

（3）十六进制整型常量：以 0X 或 0x 开头（数字 0 和大写或小写字母 x），其他位由数字 0～9 或字母 a～f 或 A～F 构成，其中 a（或 A）表示 10，b（或 B）表示 11，以此类推，f（或 F）表示 15。如 0xa1 表示十六进制数 a1，其值为 $10\times16^1+1\times16^0$，即十进制数 161；一0X3d 表示十六进制数一3d，其值为一$(3\times16^1+13\times16^0)$，即十进制数一61。

如果在整型常量加上后缀 L 或 l，表示该常量为长整型常量，加上后缀 U 或 u 表示无符号整型常量。例如 123L、045l、0x321U、345u 均为有效示例。

2. 整型变量

整型变量使用前必须先定义，定义后系统为整型变量开辟存储空间，用于存储变量值。整型数据在内存中是以二进制补码形式存放的。

例如，定义一个整型变量 i：

```
int i;                    /* 定义整型变量 */
i=6;                      /* 给 i 赋以整数 6 */
```

不同编译系统对于整型数据在内存中分配的字节数是不同的，如 Turbo C 中分配 2 字节（16 位），Visual C++ 中分配 4 字节（32 位），如果分配 2 字节，则十进制数 6（二进制补码为 110）的数据存放如图 2-2(a)所示，在内存中的存放如图 2-2(b)所示。

整型变量的基本类型符为 int，也可根据数值范围将变量定义为基本整型、短整型或长整型。在 int 之前加上修饰符：short（短型）或 long（长型），也可在前面加上 signed（有符号

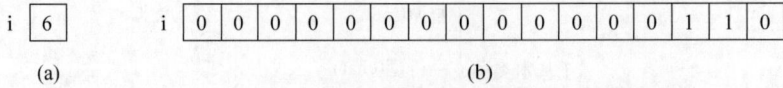

|i| 6 | |i|0|0|0|0|0|0|0|0|0|0|0|0|0|1|1|0|

(a)   (b)

图 2-2 整型变量 i 的存储

数)和 unsigned(无符号数)。整型变量的类型及取值范围如表 2-2 所示。

表 2-2 标准 C 语言的整型变量类型及取值范围

关 键 字	Visual C++ 6.0 环境		Turbo C 2.0 环境	
	所占空间/字节	取值范围	所占空间/字节	取值范围
int	4	−2 147 483 648～2 147 483 647	2	−32 768～32 767
unsigned [int]	4	0～4 294 967 295	2	0～65 535
short [int]	2	−32 768～32 767	2	−32 768～32 767
signed[int]	4	−2 147 483 648～2 147 483 647	2	−32 768～32 767
unsigned short [int]	2	0～65 535	2	0～65 535
signed short [int]	2	−32 768～32 767	2	−32 768～32 767
long [int]	4	−2 147 483 648～2 147 483 647	4	−2 147 483 648～2 147 483 647
unsigned long [int]	4	0～4 294 967 295	4	0～4 294 967 295

注意：表中"[]"表示其中的内容是可选的(可以省略的内容)。

在 C 语言中,所有使用的变量必须在程序中进行定义。通常情况下,变量定义放在函数开头部分的声明部分(即全局变量)。虽然也可以将变量定义放在函数的某个分程序中,但此时该变量的作用域仅限于所在的分程序(即局部变量)。

例 2-2 整型变量的定义与使用。

程序代码如下：

```
#include<stdio.h>
int main()
{
    int a1, a2, a3, a4;          /* 指定 a1,a2,a3,a4 为整型变量,支持多个变量的连续定义 */
    unsigned int unsign_num;                    /* 指定 unsign_num 为无符号整型变量 */
    a1=20; a2=-30; unsign_num=20;
    a3=a1+unsign_num;
    a4=a2+unsign_num;
    printf("a1+unsign_num=%d, a2+unsign_num=%d\n", a3, a4);
                                    /* 整型在 Visual C++ 中占内存的字节数 */
    printf("%d, %d, %d\n", sizeof(short), sizeof(int), sizeof(long));
    return 0;
}
```

运行结果如下：

```
a1+unsign_num=40, a2+unsign_num=-10
2,4,8
```

可以看到,整型数据可以进行算术运算,各种类型的整型数据以字节为单位进行存储,其中 sizeof 的作用是求字节数。

3. 整型数据的溢出

当整型变量的值超出其表示范围时,就会发生"溢出",导致得到不正确的结果。虽然运行时并不会报错,但溢出可能会对程序的运行产生严重的影响。

例 2-3 整型数据的溢出问题示例。

程序代码如下:

```
#include<stdio.h>
int main()
{
    short int a1;
    short int a2;
    a1=32767;                              /* 最大值赋给 a */
    a2=a1+2;                               /* a+2 并不等于 32 769,而是-32 767 */
    printf("a1=%d,a1+2=%d\n",a1,a2);
    return 0;
}
```

运行结果如下:

```
a=32767,a+2=-32767
```

说明: a1+2 为什么等于-32 767 而不是 32 769? 这是由于整型数据在溢出时会"循环"取值,即当变量达到整型数据的最大值(或最小值)时,会从最小值(或最大值)一端移动取值,如图 2-3 所示。

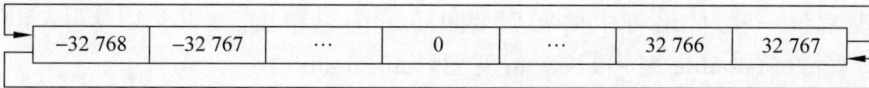

-32 768	-32 767	…	0	…	32 766	32 767

图 2-3 整型数据的溢出

如何解决数据溢出问题呢? 只需操作数执行运算之前,先进行类型转换,而不是执行运算后再执行类型转换。

例 2-4 整型数据溢出问题的解决示例。

程序代码如下:

```
#include<stdio.h>
int main()
{
    short int a1;
    long int a2;
```

```
a1=32767;                              /* 最大值赋给 a1 */
a2=(long)a1+2;                         /* a1+2 并不等于 32769,而是 -32767 */
printf("a=%d, a1+2=%d \n",a1,a2);
return 0;
}
```

运行结果如下:

```
a1=32767, a1+2=32769
```

2.3.3 实型数据

1. 实型常量

实型常量又称浮点数。有两种表示方式:小数形式和指数形式。

(1) 小数形式:它是由数的符号(+或-)、数字和小数点组成(注意:必须有小数点)。例如-1.385、4.0、3.36。

(2) 指数形式:它是由尾数(整数或小数)、阶码标示(E 或 e)和阶码组成。尾数不可省略(是一个整数或小数),阶码必须为整数。例如,1.25E-3、1e-5、-3E2 等都是合法的指数形式,分别表示 1.23×10^{-3}、1×10^{-5}、-3×10^{2}。

实型常量分为单精度、双精度和长双精度 3 种类型。实型常量如果没有任何说明,则表示为双精度常量,实型常量后加上 F 或 f 则表示单精度常量,实型常量后加上 L 或 l 则表示长双精度常量。

2. 实型变量

与整型数据的存储方式不同,实型数据是按照指数形式存储的。系统把一个实型数据分成小数部分和指数部分,分别存放。指数部分采用规范化的指数形式。实数 1.414 57 在内存中的存放形式如图 2-4 所示。图中是用十进制数来示意的,实际上在计算机中是用二进制数来表示小数部分以及用 2 的幂次来表示指数部分的。

与实型常量一样,C 语言中的实型变量也分为单精度(float 型)、双精度(double 型)和长双精度型(long double)3 类,这 3 种类型的取值范围在不同的编译系统下也有的不同,如表 2-3 所示。

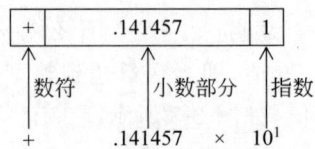

图 2-4 实型数据的存放

表 2-3 标准 C 语言的实型类型及取值范围

关键字	Visual C++ 6.0 环境		Turbo C 2.0 环境	
	所占空间/字节	取值范围	所占空间/字节	取值范围
float	4	$-3.4\times10^{-38}\sim3.4\times10^{38}$	4	$-3.4\times10^{-38}\sim3.4\times10^{38}$
double	8	$-1.7\times10^{-308}\sim3.4\times10^{308}$	8	$-1.7\times10^{-308}\sim3.4\times10^{308}$
long double	16	$-1.2\times10^{-4932}\sim3.4\times10^{4932}$	16	$-1.2\times10^{-4932}\sim1.2\times10^{4932}$

例 2-5 实型数据的误差。

程序代码如下：

```c
#include<stdio.h>
int main()
{
    float a1,a2;
    a1=123456.789e5;        /* 只有 7 位有效数字,后面的被舍去 */
    a2=a1+999;              /* 很大的数与一个很小的实数相加,"丢失"了小的数 */
    printf("a1=%e,a1+999=%e\n",a1,a2);    /* 按浮点数输出 a1、a2 的值 */
    return 0;
}
```

运行结果如下：

```
a1=1.234568e+10,a1+999=1.234568e+10
```

由于实型变量使用有限的存储单元进行存储,因此它们提供的有效数字也是有限的。具体而言,float 型变量提供 7 位有效数字,double 型变量提供 16 位有效数字,long double 型变量提供 19 位有效数字。在有效数字范围以外的数字将被截断,这可能会导致一些误差。例 2-4 中实型变量 f 的值为 $123\,456.789 \times 10^5$(即 12 345 678 900),但通过 printf 输出后的值却为 1.234 568e+10(即 12 345 680 000),这是因为 float 型只保证 7 位有效数字。同样地,当 f 加上 999 后,结果应该明显大于 f 的值,但实际结果没有发生变化。因此,在使用实型变量时,应该根据需要选择单精度或双精度类型,并且在比较实数时,通常不进行精确的"相等"比较,而是判断它们是否接近或近似。此外,应避免直接将一个非常大的实数与一个非常小的实数相加或相减,否则会导致较小的数"丢失"。

思考：如果要得到 f 和 f+999 的精确值,应该怎样修改?

2.3.4 字符型数据

1. 字符常量

字符型常量是由"' '"引起来的单个字符,在计算机存储时占据 1 字节。字符型常量分为一般字符常量和转义字符常量两种。

(1)一般字符常量。一般字符常量是用单引号括起来的一个普通字符,其值为该字符的 ASCII 码值。

例如,'a'、'A'、'0'、'?'等都是字符常量,'a'的值为 97,'A'的值为 65,'0'的值为 48,'?'的值为 63。由于字符数据在内存中是以 ASCII 码存储(各字符对应的 ASCII 值见附录 A),它的存储形式与整数的存储形式类似。

(2)转义字符常量。C 语言允许用一种特殊形式的字符常量,它是以"\"开头的特定字符序列,表示 ASCII 字符集中控制字符(如\n 表示换行)、某些用于功能声明的字符和其他字符。C 语言中常见的转义字符如表 2-1 所示。

2. 字符串常量

用"" ""括起来的字符序列称为字符串常量也称字符串。如"c"、""(不含任何字符的空串)、"12345"、"A teacher"等都是合法的字符串常量。

字符串常量在内存中按顺序逐个存储字符串中的字符的 ASCII 码,并在最后自动加上一个字符'\0'(空字符,该字符的 ASCII 码值为 0,也称 NULL 字符),作为字符串结束标志,所以字符串实际占用字节数要比字符串中字符的个数(长度)多 1 个。字符串与字符的存储形式如表 2-4 所示。

表 2-4　字符串与字符的存储形式比较

字符或字符串	在内存中存储的字符形式								
"A teacher"	A		t	e	a	c	h	e	r	\0
"c"	c	\0							
'c'	c								
""	\0								

3. 字符变量

字符变量用来存放字符常量。注意,只能存放一个字符,不能存放一个字符串。字符变量的定义如下:

```
char c1,c2;
```

它表示 c1 和 c2 为字符变量,各存放一个字符。

字符变量赋值是通过将单个字符用"' '"括起来实现的,例如,c1='a';c2='b'。除了可以为字符变量赋字符常量之外,还可以直接赋予一个整数,例如:

```
c1=97;                    //'a'的 ASCII 码值为 97
c2=98;                    //'b'的 ASCII 码值为 98
```

这样,c1 的值就是字符'a',c2 的值就是字符'b'。

例 2-6　向字符赋值。

程序代码如下:

```
#include<stdio.h>
int main()
{
    char char_1, char_2;
    char_1='a';
    char_2='b';
    printf("char_1=%d, char_2=%d, char_1=%c, char_2=%c \n", char_1, char_2,
        char_1, char_2);
    char_1=65;
    char_2=66;
    printf("char_1=%d, char_2=%d, char_1=%c, char_2=%c \n", char_1, char_2,
        char_1, char_2);
    return 0;
}
```

运行结果如下:

```
char_1=97, char_2=98, char_1=a, char_2=b
char_1=65, char_2=66, char_1=A, char_2=B
```

　　char_1 和 char_2 首先分别被赋值为字符常量'a'和'b',然后以"%d"格式输出,结果分别为 97 和 98。接着,它们被分别赋值为整数 65 和 66,并以"%c"格式输出,结果为 A 和 B。这是因为'a'、'b'、'A'、'B'在 ASCII 编码中分别对应着 97、98、65、66。可以看出,字符型数据和整型数据是相互兼容的。它们既可以使用字符形式输出(%c),也可以使用整数形式输出(%d)。

　　注意：字符数据只占用 1 字节,因此只能存放 0～255 范围内的整数。由于字符数据的这种特性,C 语言允许字符数据与整数值直接进行算术运算,对字符作各种转换非常方便。

　　例 2-7　字符与整数算术运算。

　　程序代码如下:

```c
#include<stdio.h>
int main()
{
    int trans_char_int_1, trans_char_int_2, trans_char_int_3;
    trans_char_int_1='A';
    trans_char_int_2='B';
    trans_char_int_3=trans_char_int_1+2;
    trans_char_int_1=trans_char_int_1+32;
    trans_char_int_2=trans_char_int_2+32;
    printf("trans_char_int_1=%c, trans_char_int_2=%c, trans_char_int_3=%c\n",
        trans_char_int_1, trans_char_int_2, trans_char_int_3);
    return 0;
}
```

　　运行结果如下:

```
trans_char_int_1=a, trans_char_int_2=b, trans_char_int_3=C
```

　　trans_char_int_3 加 2 后实际是'A'的 ASCII 值 65+2=67,对应的字符为'C',而 trans_char_int_1 和 trans_char_int_2 分别加 32,相当于 65+32=97,66+32=98,对应的字符分别为'a'和'b',实际上实现了大写字母转换为小写字母。

　　思考：如何将小写字母转换为大写字母?

2.3.5　变量赋初值

　　在程序中常常需要对变量赋初值,以便使用变量。C 语言程序中在定义时赋以初值的方法称为初始化。在变量说明中赋初值的一般形式如下:

　　类型说明符 变量 1=值 1,变量 2=值 2,…;

　　例如:

　　int a=1,b=2,c=3;

表示定义了 3 个变量 a,b,c,并分别赋值1,2,3。但要注意不能写成

```
int a=b=c=3;
```

也可使被定义的变量的一部分赋初值。例如：

```
int a,b,c=3;
```

表示定义了变量 a,b,c,只对 c 初始化,c 的值为 3。

  注意：初始化并不是在编译阶段完成的,而是在程序运行时执行本函数时赋予初值的,相当于一个赋值语句。例如：

```
int a=5;
```

相当于

```
int a;                    /*指定 a 为整型变量*/
a=5;                      /*赋值语句,将 5 赋给 a*/
```

2.4　运算符和表达式

2.4.1　运算符和表达式概述

  C 语言提供了丰富的运算符,可以实现各种基本和复杂的操作。

  运算符是表示实现某种运算的符号,C 语言几乎所有基本操作(除了控制语句和输入输出)都作为运算符处理。

  表达式是由运算符、常量、变量、函数、圆括号等按一定的规则组成的式子。每个表达式都具有一定的值。

  表达式可分为基本表达式和复杂表达式。基本表达式是由标识符、常量、字符串字面量和用圆括号括起来的表达式。一个标识符是一个表达式,如 i、j、a、f1 等,标识符可以表示变量名、数组名、函数名等。常量是基本表达式,如 20、2.4、'a'、0xFF 等。

  将基本表达式通过运算符连接起来就构成复杂表达式。例如 a+b、100+200、(a−b)*(c+d)等。由表达式还可组成更加复杂的表达式,例如 z＝(x+y)％5 *(a＞b)。

  C 语言提供了 13 类,共 34 种运算符。

  (1) 算术运算符：＋、−、*、/、％、++、−−。

  (2) 关系运算符：＞、＜、==、＞=、＜=、!=。

  (3) 逻辑运算符：!、&&、||。

  (4) 位运算符：<<、>>、~、|、∧、&。

  (5) 赋值运算符：＝　及其扩展赋值运算符。

  (6) 条件运算符：?:。

  (7) 逗号运算符：,。

  (8) 指针运算符：*、&。

  (9) 求字节数运算符：sizeof。

  (10) 强制类型转换运算符：(类型)。

（11）分量运算符：. 和—>。

（12）下标运算符：[]。

（13）其他：函数运算符()。

说明：

C 语言运算符需要从运算符的功能、运算对象的数据类型及个数、运算符的优先级、运算的结合性等方面掌握。

（1）根据运算符的运算对象的个数，C 语言的运算符又分为单目运算符、双目运算符和三目运算符。例如单目运算符＋＋，双目运算符(＋、－、＊、/等)，三目运算符？：。

（2）运算符的优先级。运算符的优先级是指不同的运算符在表达式中进行运算的先后次序，如表 2-5 所示。

表 2-5　运算符的优先级与结合性

优 先 级	运 算 符	结 合 性
1	()、[]、—>、.	自左至右
2	!、~、＋＋、－－、－、(类型)、＊、&、sizeof	自右至左
3	＊、/、%	自左至右
4	＋、－	自左至右
5	<<、>>	自左至右
6	<、<=、>、>=	自左至右
7	==、!=	自左至右
8	&	自左至右
9	∧	自左至右
10	|	自左至右
11	&&	自左至右
12	||	自左至右
13	?:	自右至左
14	＝ 及其扩展赋值运算符	自右至左
15	,	自左至右

例如，算术运算符 ＊、/的优先级高于＋、－的优先级。

（3）运算符的结合性。当一个运算对象两侧的运算符的优先级相同时，运算的结合方向称为结合性。运算符的结合性分为左结合和右结合两种。在 C 语言中，运算对象先与左面的运算符结合称左结合，例如＋、－、＊、/的结合方向为自左向右；运算对象先与右面的运算符结合称右结合，如单目运算符＋＋、－－的结合方向是自右向左。实际上，只有单目运算符、三目运算符和赋值运算符的是右结合的，其他都是左结合。

注意：部分教材中的优先级排序与表 2-5 刚好相反，但不影响理解。

2.4.2 算术运算符及算术表达式

算术运算符分基本算术运算符和自增、自减运算符。

1. 基本算术运算符

基本算术运算符包括＋、－、＊、/、％。

（1）＋：加法运算符或正值运算符。例如 a＋b、1＋2、＋5。

（2）－：减法运算符或负值运算符。例如 a－b、1－2、－5。

（3）＊：乘法运算符。例如 1＊2、a＊b。

（4）/：除法运算符。例如 5/2 其值取整数 2,5.0/2 其值取浮点数 2.5。

（5）％：模运算符或求余运算符。％要求两侧均为整型数据。例如 5％2 的值为 1。

说明：

（1）若参与除法运算的是两个整型数据,则结果为其商的整数部分,舍去小数部分。例如 10/3 的结果为 3,若需得到 3.333 333,则必须将除数或被除数中至少一个改为实型数据类型,例如 10.0/3。若运算对象中有一个为负值,则舍入的方向是不固定的。例如,－17/9 在有的计算机上得到结果是－1,有的计算机上得到结果是－2,但多数采取"向零取整"方法,即 17/9＝1,－17/9＝－1,取整后向零靠拢。

（2）求余运算符(％)的运算对象必须是整型数据,运算结果的符号与被除数的符号相同,例如－17％9 运算结果为－8,17％－9 运算结果为 8,－17％－9 运算结果为－8。

（3）如果参加＋、－、＊、/运算的两个数中有一个为实型,则结果为 double 型,因为所有实型都按 double 型进行计算。

2. 自增、自减运算符

自增（＋＋）和自减（－－）运算符是单目运算符,它们可以使变量的值增加 1 或减少 1。运算符既可以作为前缀运算符,例如＋＋i,－－i,也可以作为后缀运算符,例如 i＋＋、i－－。

例 2-8 自增运算符的使用。

程序代码如下：

```
#include<stdio.h>
int main()
{
    int i=5,j=5;
    int x,y;
    x=++i;
    printf("x=%d, i=%d\n", x, i);
    y=j++;
    printf("y=%d, j=%d\n", y, j);
    return 0;
}
```

运行结果如下：

```
x=6, i=6
y=5, j=6
```

前缀和后缀运算符的使用方法存在以下不同之处。

＋＋i、－－i 会在使用 i 之前使 i 的值加上(或减去)1。例如,如果 i 的值为 5,那么执行 x＝＋＋i 后,x 的值为 6,i 的值也为 6。

j＋＋、j－－会在使用 j 之后使 j 的值加上(或减去)1。例如,如果 i 的值为 5,那么执行 y＝j＋＋后,x 的值为 5,i 的值为 6。

注意:使用自增或自减运算符时,运算符只能作用于变量,不能用于常量或表达式。这些运算符的优先级高于基本算术运算符,并且是右结合性的。例如,－i＋＋相当于－(i＋＋), a＋＋＋b 相当于(a＋＋)＋b。

3. 算术表达式

用算术运算符和括号将运算对象连接起来的、符合 C 语法规则的式子,称为算术表达式。运算对象可以是常量、变量、函数等,示例如表 2-6 所示。

表 2-6　C 语言算术表达式的书写形式示例

数学表达式	C 语言算术表达式
πr^2	PI＊r＊r
$\dfrac{-b+\sqrt{b^2-4ac}}{2a}$	(－b＋sqrt(b＊b－4＊a＊c))/(2＊a)
$\dfrac{1}{2}(\sin a-\cos b)$	(sin(a)－cos(b))/2

说明:

(1) C 语言算术表达式的"＊"不能省略。例如,数学表达式 xy,相应的 C 语言算术表达式应该写成 x＊y。

(2) C 语言算术表达式中只能出现字符集允许的字符。例如,数学表达式 πr^2 相应的 C 语言算术表达式应该写成 PI＊r＊r(其中 PI 是已经声明的符号常量)。

(3) C 语言算术表达式只使用"()"改变运算的优先顺序(不能用"{}"和"[]")。可以使用多层"()",此时"("和")"必须配对,运算时从内层开始,由内向外依次计算表达式的值。

例 2-9　算术表达式的使用。

程序代码如下:

```
#include<stdio.h>
int main()
{
    int a,b,c,x1,x2,x3,x4;
    float d,e,y1,y2;
    d=3.2;
    e=9.6;
    y1=d+e/d-e;
    y2=(d+e)/(d-e);
    printf("y1=%f,y2=%f\n",y1,y2);
    a=4;
    b=5;
```

```
    c=6;
    x1=a+b*c-a/b+b%c*a;
    x2=(a+b)*c-(a/b)+(b%c)*a;
    x3=a%b;
    x4=a/b;
    printf("x1=%d,x2=%d,x3=%d,x4=%d\n",x1,x2,x3,x4);
    return 0;
}
```

运行结果如下：

```
y1=-3.400001,y2=-2.000000
x1=54,x2=74,x3=4,x4=0
```

在上述例子中，变量 y1 和 y2，以及变量 x1 和 x2 使用了相同的运算符和变量，但是 y2 和 x2 的表达式比 y1 和 x1 更容易阅读和理解。因此，在编写代码时应该尽可能避免使用复杂的表达式。如果确实需要使用，可以通过添加括号来使表达式更加易于阅读和理解。

注意：添加"()"可能会改变表达式的计算顺序，从而改变表达式的结果。此外，当使用运算符"/"时，如果其两侧的操作数都是整型，则其结果也将是整型。

例 2-10　自增自减的作用。

程序代码如下：

```
#include<stdio.h>
int main()
{
    int i,j;
    float x,y,y1,y2,y3;
    i=5;
    x=3.6;
    j=++i;                                          /*前缀*/
    y=++x;                                          /*前缀*/
    printf("i=%d,j=%d,x=%f,y=%f\n",i,j,x,y);
    j=i++;                                          /*后缀*/
    y=x++;                                          /*后缀*/
    printf("i=%d,j=%d,x=%f,y=%f\n",i,j,x,y);
    i=5,x=3.5;
    y1=++i+x*i+++i;                                 /*复杂表达式1*/
    printf("y1=%f\n",y1);
    i=5,x=3.5;
    y2=(++i)+x*i+(++i);                             /*复杂表达式2*/
    printf("y2=%f\n",y2);
    i=5,x=3.5;
    y3=(++i)+x*(i++)+i;                             /*复杂表达式3*/
    printf("y3=%f\n",y3);
    retun 0;
```

```
}
```

运行结果如下：

```
i=6,j=6,x=4.600000,y=4.600000
i=7,j=6,x=5.600000,y=4.600000
y1=33.000000
y2=34.000000
y3=33.000000
```

在上述例子中，可以通过观察变量 j 和 y 的值了解自增自减运算符前缀和后缀的区别。前缀运算符会先进行加减操作，再将结果赋值给变量；后缀运算符会先将变量的值赋给另一个变量，再进行加减操作。"y1 和 y2 值不同"跟"y1 和 y3 计算顺序相同"没有任何关系。y1 和 y3 的计算顺序是相同的，从运行结果看，y1 和 y3 值也是相同的，即 x*i+++i 的结合顺序是 x*(i++)+i 而不是 x*i+(++i)，这是因为++、--运算符的优先级高于+运算符，因此前面两个"+"结合在一起，成为"(++)+"的形式。需要说明的是，这种形式在实际应用中尽量不要使用，因为程序的可读性不好。

2.4.3 关系运算符及关系表达式

1. 关系运算符

关系运算是逻辑运算中相对简单的一种。它实际上是一种比较运算，通过关系运算符对两个值进行比较，以判定这两个数据是否符合给定的关系。如果符合给定的关系，则关系成立，取真值 1；否则取假值 0。

C 语言中的关系运算符有 6 种，按优先级分为两组。

(1) 优先级 6：>（大于）、<（小于）、>=（大于或等于）、<=（小于或等于）。

(2) 优先级 7：==（等于）、!=（不等于）。

2. 关系表达式

用关系运算符将两个表达式连接起来的符合 C 语法规则的表达式称为关系表达式。

关系表达式的运算结果是一个逻辑值，即"真"或"假"。在 C 语言中，若关系表达式的结果为真，则用整数 1 表示；结果为假，则用整数 0 表示。例如：若

```
int x=2,y=3;
```

则表达式 x==y 的值为 0，x+y>5 的值为 0，x!=5 的值为 1。

关系运算符的优先级低于算术运算符的优先级，且等于（==）和不等于（!=）的优先级低于另外 4 种运算符的优先级。关系运算符的结合性是左结合性。

例 2-11 关系运算表达式。

程序代码如下：

```
#include<stdio.h>
int main()
{
    int a,b,c,d,x,y;
```

```
a=3,b=2,c=1,d=0;
x=(a>b);
y=(a>b>c);
printf("a=%d,b=%d,c=%d,d=%d\n",a,b,c,d);
printf("a>b 的值为%d\na>b>c 的值为%d\n",x,y);
x=(d==c);
y=(d=c);
printf("d==c 的值为%d\nd=c 的值为%d\n",x,y);
return 0;
}
```

运行结果如下：

```
a=3,b=2,c=1,d=0
a>b 的值为 1
a>b>c 的值为 0
d==c 的值为 0
d=c 的值为 1
```

上例中，a＞b 即 3＞2 结果为真，其值为 1。a＞b＞c，即 3＞2＞1 的值却为 0，因为"＞"运算符的结合方向是自左向右，先执行"a＞b"得 1，再执行"1＞c"得 0。"d＝＝c"的值为 0，而"d＝c"的值为 1，因为判断是否等于要用"＝＝"运算符，而"＝"是赋值运算符，表示将 d 的值赋值给 c，得到 1，赋给 y。

2.4.4 逻辑运算符及逻辑表达式

1. 逻辑运算符

C 语言中提供 3 种逻辑运算符。

(1) &&：逻辑与(相当于其他语言的 AND)。

(2) ||：逻辑或(相当于其他语言的 OR)。

(3) !：逻辑非(相当于其他语言的 NOT)。

它们的运算法则如表 2-7 所示。

表 2-7　逻辑运算符及运算法则

运算符	运算名称	运 算 法 则	结合性
&&	逻辑与	当两个操作对象都为"真"时，运算结果为"真"，其他情况运算结果都为"假"	左结合
||	逻辑或	只有当两个操作对象都为"假"，运算结果才为"假"，其他情况运算结果都为"真"	左结合
!	逻辑非	当操作对象为"真"时，运算结果为"假"；当操作对象为"假"时，运算结果为"真"	右结合

2. 逻辑表达式

用逻辑运算符将表达式连接起来的符合 C 语法规则的式子称为逻辑表达式。

逻辑表达式的运算结果只有两个值 1 和 0(1 表示"真"，0 表示"假")。

逻辑表达式中如果包含多个逻辑运算符，例如：

! a&&b || x>y&&c

按以下优先次序。

(1) !(非)→&&(与)→||(或),即"!"为三者中最高的。

(2) 逻辑运算符中的 && 和||低于关系运算符,"!"高于算术运算符。例如:

(a<b)&&(x>y)可写成 a<b&&x>y。

(a==b)||(x==y)可写成 a==b&&x==y。

(!a)||(a<b)可写成!a||a<b。

说明:

(1) 在进行逻辑运算时,逻辑表达式运算到其值完全确定时为止。例如,运算表达式 (a=1)&&(!a)&&(a=3),表达式自左向右扫描求解。由于运算 a=1 之后运算!a 的值为 0,所以就不再进行 a=3 的运算了,因此 a 的值仍为 1,而整个逻辑表达式的值为 0。此现象也叫"短路特性",即当表达式在运算前面部分就能确定整个表达式的值时,表达式后面的部分不再进行运算。

(2) C 语言没有逻辑类型数据,运算符两侧的表达式(又称运算对象)不但可以是 0 和 1,或者是非 0 和非 1 的整数,也可以是任何类型的数据。可以是字符型、实型或指针型等。进行逻辑判断时,表达式的值采用"非 0 即 1"的原则判断属于"真"或"假"。例如,'a'&&'b' 的值为 1,因为'a'和'b'的 ASCII 值都不为 0,按"真"处理。逻辑运算符的真值表可表示成表 2-8 的形式。

表 2-8　逻辑运算的真值表

a	b	!a	!b	a&&b	a||b
0	0	1	1	0	0
0	非 0	1	0	0	1
非 0	0	0	1	0	1
非 0	非 0	0	0	1	1

逻辑运算符和关系运算符结合可以表示一个复杂的条件。例如,要判断某一年 year 是否为闰年。闰年的条件是符合两个条件之一。

① 能被 4 整除,但不能被 100 整除。

② 能被 400 整除。

可用下面的表达式来表示:

(year%4==0&&year%100!=0)||year%400==0

当 year 为一整数值时,表达式值为真,则 year 为闰年,否则为非闰年。

思考:怎样修改上述表达式用来判断非闰年。

例 2-12　逻辑运算表达式。

程序代码如下:

```
#include<stdio.h>
int main()
```

```
    {
        int a,b,c,x,y;
        char c1,c2;
        a=2,b=4,c=6;
        printf("a=%d,b=%d,c=%d\n",a,b,c);
        x=(a>b)||(++a==3)||(c>b--);                  /* 表达式 1 */
        printf("a=%d,b=%d,c=%d,x=%d\n",a,b,c,x);
        y=(a>b)&&(++a)&&(b++);                        /* 表达式 2 */
        printf("a=%d,b=%d,c=%d,y=%d\n",a,b,c,y);
        c1='a',c2='b';
        x=c1&&c2;                                     /* 表达式 3 */
        printf("x=%d\n",x);
        return 0;
    }
```

运行结果如下：

```
a=2,b=4,c=6
a=3,b=4,c=6,x=1
a=3,b=4,c=6,y=0
x=1
```

上例中，表达式 1 和表达式 2 可以看出"短路特性"，表达式 1 中，计算 a>b 的值为 0，后面是"||"运算符，整个表达式的值还不能确定，需要继续计算"||"后面表达式＋＋a＝＝3 的值，＋＋a＝＝3 的值为 1，而后面是"||"运算符，此时前面两项得到值为 1，因此第二个"||"后面表达式的值不再计算，即 b－－不会被运算，因此整个逻辑表达式的值为 1。同理，表达式 2 在第一项 a>b 时得知其值为 0，后面是"＆＆"运算符，因此后面的表达式不用再计算，此时整个表达式的值为 0。表达式 3 中，"＆＆"运算符两侧为字符型，而字符型的值为非 0，因此表达式 3 的值为 1。

2.4.5　条件运算符及条件表达式

1. 条件运算符

条件运算符是"？:"，是 C 语言中唯一的三目运算符。可以代替 if…else 语句完成简单的条件求值。

2. 条件表达式

由条件运算符将两个表达式连接起来的符合 C 语法规则的式子称为条件表达式。

条件表达式的一般构成形式如下：

表达式 1？表达式 2：表达式 3

条件表达式的运算过程是，先计算表达式 1 的值，若为"真"，则计算表达式 2 的值，整个条件表达式的值就是表达式 2 的值；若表达式 1 的值为"假"，则计算表达式 3 的值，整个条件表达式的值就是表达式 3 的值。

例如，要求出 x 和 y 中较大的一个，并赋予变量 max，可使用如下语句：

```
max=(x>y)?x:y;
```

说明：

（1）条件运算符优先级高于赋值运算符，但比其他运算符的优先级都低，因此上式中 x＞y 可不用"（）"。

（2）条件运算符结合性是右结合。如

```
x>0?1:x<0?-1:0;
```

相当于

```
x>0?1:(x<0?-1:0);
```

（3）条件表达式中 3 个运算分量不限于简单的算术表达式，可以是任意表达式，甚至可以是函数调用。

（4）分析条件表达式时，关键是先找出"？"和"："，把 3 个运算分量区分开，然后按一般方法进行计算。

例 2-13　大小写字母转换。输入一个字符，如果是大写字母，则转换为小写字母，如果是小写字母，则转换为大写字母，其他字符不变。

程序代码如下：

```
#include<stdio.h>
int main()
{
    char ch,c1,c2,c3;
    scanf("%c",&ch);
    c1=(ch>='A'&&ch<='Z')?ch+32:ch;      /*只做大写转小写*/
    c2=(ch>='a'&&ch<='z')?ch-32:ch;      /*只做小写转大写*/
    c3=(ch>='A'&&ch<='Z')?ch+32:((ch>='a'&&ch<='z')?ch-32:ch);  /*大写转小写*/
                                                                /*小写转大写*/
    printf("%c,%c,%c\n",c1,c2,c3);
    return;
}
```

运行结果 1：

a↙
a,A,A

运行结果 2：

A↙
a,A,a

运行结果 3：

4↙
4,4,4

上例中，c1 只处理大写转换为小写，c2 只处理小写转换为大写，c3 处理大写转换为小写和小写转换为大写。其中 c3 在计算中，首先判断是否为大写，若为大写则转换为小写(ch+32)，若不是大写，再判断是否为小写；若为小写则转换为大写(ch-32)，否则不进行转换。在上述结果中，结果 1 为处理小写，结果 2 为处理大写，结果 3 为非大小写，不进行转换。

2.4.6　赋值运算符及赋值表达式

赋值运算符包括简单赋值运算符和复合赋值运算符。

1. 赋值运算符

C 语言的赋值运算符"="的作用是将赋值运算符右侧的表达式的值赋给其左侧的变量。

例如：

x=4;   /* 将 4 赋给变量 x */
y=2*x*x+4*a;   /* 将表达式之值赋给变量 y */

2. 赋值表达式

由赋值运算符将一个变量和一个表达式连接起来的式子称作赋值表达式。

它的一般形式为：

变量=表达式

赋值表达式的运算过程是，先计算赋值运算符右侧的"表达式"的值，将赋值运算符右侧"表达式"的值赋值给左侧的变量，整个赋值表达式的值就是被赋值变量的值。

赋值运算符优先级为 14，极低，仅次于逗号运算符，是自右至左结合的。

例如：

a=b=c=5 相当于 a=(b=(c=5))，先计算 c=5 结果为 5，将 5 赋值给 b 结果也是 5，将 5 赋值给 a 结果也是 5，最后整个赋值表达式之值为 5，而变量 a,b,c 值均为 5。

说明：

(1) 赋值运算符左边必须是变量，不能是常量或表达式，右边可是任意的表达式。例如，若有

int a,b,c;

则

b=8;a=b;

是合法的赋值形式，而

4=a;a+b=20;

不是合法形式。

(2) 赋值符号"="不同于数学的等号，它没有相等的含义。表示相等用"=="。

(3) 赋值运算时，当赋值运算符两边数据类型不同时，将由系统自动进行类型转换。

转换原则是，先将赋值号右边表达式类型转换为左边变量的类型，然后赋值。

将实型数据赋给整型变量时，舍弃实数的小数部分，如 i 为整型变量，执行 i=1.25 的结

果是使 i 的值为 1,在内存中以整数形式存放。

将整型数据赋给单、双精度变量时,数据不变,但以浮点数形式存储到变量中,如将 12 赋给 float 变量 f,即 f=12,先将 12 转换成 12.000000,再存储到 f 中。

因此,进行类型转换时可能发生存储单元的扩展和截断,造成数据的"精度损失"或内存扩充。比如不同类型的整型数据间的赋值:按照存储单元的存储形式直接传送。由长型整数赋值给短型整数,截断直接传送,可能造成数据损失;由短型整数赋值给长型整数,低位直接传送,高位根据低位整数的符号进行符号扩展,如果是负数则高位全部补 1,如果是正数高位则补 0,以保证得到的值不变。

(4) C 语言的赋值符号"="除了表示一个赋值操作外,还是一个运算符,也就是说赋值运算符完成赋值操作后,整个赋值表达式还会产生一个所赋的值,这个值还可以利用。

例如:

```
x=5+(y=7)            /* 整个表达式值为 12,x 值为 12,y 值为 7 */
a=(b=8)/(c=4)        /* 整个表达式值为 2,a 值为 2,b 值为 8,c 值为 4 */
```

3. 复合赋值运算符及其表达式

C 语言允许在赋值运算符"="之前加上其他运算符,构成复合运算符。

C 语言可使用的复合赋值运算符有 10 种:

+=、−=、*=、/=、%=   (与算术运算符组合)

<<=、>>=   (与位移运算符组合)

&=、∧=、|=   (与位逻辑运算符组合)

复合赋值表达式的一般形式如下:

<变量> <双目运算符>=<表达式>

它相当于

<变量>=<变量> <双目运算符>(表达式)

例如:

a+=b−c 等价于 a=a+(b−c),a*=b−c 等价于 a=a*(b−c),而不是 a=a*b−c。

若 a 的初值为 12,则 a+=a−=a*a 的求解过程如下:

(a) 先进行 a−=a*a 的运算,它相当于 a=a−a*a=12−144=−132。

(b) 再进行 a+=−132 的运算,它相当于 a=a+(−132)=−132−132=−264。

例 2-14 赋值运算符实例。

程序代码如下:

```
#include<stdio.h>
int main()
{
    int a,i,j;
    char c=10;
    float f=100.0;
    double x,d=3.2;
    i=1.2;
```

```
j=(i+3.8)/5.0;
printf("%d\n",d*j);
a=f/=c*=x=6.5;
printf("%d,%d,%f,%f\n",a,c,f,x);
return 0;
}
```

运行结果如下：

```
0
1,65,1.538462,6.500000
```

本例中，i、j 为整型变量，d 是 double 型变量，赋值运算符不改变变量的类型，执行语句 i=1.2 后，i 仍为整型变量，值为 1。赋值语句 j=(i+3.8)/5.0 赋值运算符的右侧表达式的值为 1+3.8/5.0=0.96，故 j 的值为 0，因此第一个输出语句 d*j 的值也为 0。

第二个输出语句中，a 是 int 型，c 是 char 型，f 是 float 型，x 是 double 型。根据变量的数据类型，并且赋值运算符是右结合的，因此 a=f/=c*=x=6.5 的执行顺序是自右向左的，即 a=(f/=(c*=(x=6.5)))，先执行 x=6.5，再执行 c*=x，得 c=10*6.5=65，再执行 f/=c，得 f=100/65=1.5385，再执行 a=f，得 a=1。因此最后的值为 a=1，c=65，f=1.5385，x=6.5。

2.4.7 逗号运算符及逗号表达式

C 语言中，逗号(,)有两种用途：一是作为分隔符，二是作为运算符。

1. 逗号分隔符

","是 C 语言中的标点符号之一，用来分开相应的多个数据。如一行中定义多个变量时，其间以","隔开：

```
int a,b,c;
```

另外，函数的参数也以","分隔，例如：

```
printf("x=%d  y=%f\n",x,y);
a=pow(x,y);
```

在这种情况下，","只是一个标点符号，没有其他语法作用。

2. 逗号运算符

作为运算符，","的优先级最低，具有左结合性。

3. 逗号表达式

用逗号运算符将若干表达式连接成一个逗号表达式。

一般形式如下：

表达式 1,表达式 2,…,表达式 n

逗号表达式的运算过程：先计算表达式 1，再计算表达式 2，……，最后再计算表达式 n，而逗号表达式的值为最右边表达式 n 的值。

例如：

```
a=4.5,b=6.4,34.5-20.1,a-b
```

该逗号运算表达式由 4 个表达式结合而成，从左向右依次计算，逗号表达式的值为 a−b 的值，即−1.9。

注意：运算符"，"是 C 语言所有运算符中优先级最低的。例如：

```
a=10,20;
```

不同于

```
a=(10,20);
```

前者 a 的值为 10，表达式的值为 20，后者 a 的值为 20，表达式的值也为 20。

2.4.8　位运算符

C 语言提供了 6 种位运算符：&（按位与）、|（按位或）、∧（按位异或）、~（取反）、<<（左移）、>>（右移）。

1. 按位与运算

按位与运算符"&"是双目运算符。其功能是参与运算的两数各对应的二进制位相与。只有对应的两个二进制位均为 1 时，结果位才为 1，否则为 0。参与运算的数以补码方式出现。例如，9&5 可写算式如下：

```
     00001001            (9 的二进制补码)
  &  00000101            (5 的二进制补码)
     00000001            (1 的二进制补码)
```

可见 9&5=1。

按位与运算通常用来对某些位清 0 或保留某些位。例如把 a 的高八位清 0，保留低八位，可作 a&255 运算（255 的二进制数为 0000000011111111）。

2. 按位或运算

按位或运算符"|"是双目运算符。其功能是参与运算的两数各对应的二进制位相或。只要对应的两个二进制位有一个为 1 时，结果位就为 1。参与运算的两个数均以补码出现。例如，9|5 可写算式如下：

```
     00001001
  |  00000101
     00001101            (十进制 13)
```

3. 按位异或运算

按位异或运算符"∧"是双目运算符。其功能是参与运算的两数各对应的二进制位相异或，当两对应的二进制位相异或时，结果为 1。参与运算数仍以补码出现。例如，9∧5 可写成算式如下：

```
     00001001
  ∧  00000101
     00001100            (十进制 12)
```

4. 求反运算

求反运算符"~"为单目运算符,具有右结合性。其功能是对参与运算的数的各二进制位按位求反。例如,~9 的运算为~(0000000000001001)结果为 1111111111110110。

5. 左移运算

左移运算符"<<"是双目运算符。其功能把"<< "左边的运算数的各个二进制位全部左移若干位,由"<<"右边的数指定移动的位数,高位丢弃,低位补 0。例如,a<<4 是指把 a 的各个二进制位向左移动 4 位。如 a=00000011(十进制 3),左移 4 位后为 00110000(十进制 48)。

6. 右移运算

右移运算符">>"是双目运算符。其功能是把">> "左边的运算数的各个二进制位全部右移若干位,">>"右边的数指定移动的位数。例如,若 a=15,则 a>>2 表示把 000001111 右移为 00000011(十进制 3)。

说明:对于有符号数,在右移时,符号位将随同移动。当为正数时,最高位补 0,而为负数时,符号位为 1,最高位是补 0 还是补 1 取决于编译系统的规定。Turbo C 规定为补 1。

例 2-15 位运算符实例。

```c
#include<stdio.h>
int main()
{
    unsigned int a=45,b=3;
    unsigned int c,d,e,f,g,h;
    c=a & b;
    d=a | b;
    e=a ^ b;
    f=~a;
    g=a <<b;
    h=a >>b;
    printf("c=%d\nd=%d\ne=%d\nf=%d\ng=%d\nh=%d\n",c,d,e,f,g,h);
    return 0;
}
```

运行结果如下:

```
c=1
d=47
e=46
f=-46
g=360
h=5
```

2.4.9 求字节运算符

C 语言求字节运算符是 sizeof,它用于计算变量或某种数据类型在计算机内部表示时所占用的字节数。用法有两种。

1. sizeof 表达式

这种用法的功能是计算出表达式的值所占用内存的字节数。例如，sizeof 3 的结果为整型数据 3 在内存中所占用的字节数。

2. sizeof（类型名）

这种用法的功能是计算出某种数据类型在计算机内部表示时所占用字节数。例如，sizeof(short int)计算短整型数据在内存中所占的字节数，结果为 2。

sizeof 的优先级非常高，位于第 2 级，自右向左结合。例如，在 Visual C++ 中 sizeof 2+1 的值为 5，而 sizeof（2+1）的值为 4，这是因为 sizeof 2+1 等价于（sizeof 2）+1，sizeof 2 表示整数 2 在内存中占 4 字节，后面再加 1 得 5，而 sizeof（2+1）先计算 2+1 得 3，再计算 sizeof 3 表示整数 3 在内存中占 4 字节，因此 sizeof（2+1）的值为 4。

2.4.10 类型转换

C 语言不同数据类型（整型、单精度、双精度及字符型）之间进行混合运算时，由于数据类型不一致，必须转换为同一类型后再进行运算。类型转换有自动类型转换和强制类型转换两种。

1. 自动类型转换

在进行表达式运算时，不同类型的数据要转换为同一类型。自动转换的规则如图 2-5 所示。

说明：

（1）横向箭头表示必须的转换。在表达式运算中，float 型必须转换为 double 型，char 和 short 必须转换为 int 型。

（2）纵向箭头表示当运算符两边的运算数为不同类型时的转换，当一个 long 型数据与一个 int 型数据一起运算时，需要先将 int 型数据转换为 long 型，然后两者再进行运算，结果为 long 型。所有这些转换都是由系统自动进行的，使用时只需从中了解结果的类型即可。

类型转换的主要原则是，短字节的数据向长字节数据转换。

```
高 float→double
        ↑
      long
        ↑
    unsigned
        ↑
低 char, short→int
```
图 2-5 数据类型自动
        转换规则

2. 强制类型转换

强制类型转换是指通过强制类型转换运算符，将表达式的类型强制转换为所指定的类型。强制类型转换的一般形式如下：

(数据类型)(表达式)

功能是将表达式的值强制转换成指定的数据类型。

强制类型转换运算符优先级为 2，是自右至左结合的。例如：

(int)(10.5 * 10);

是将 10.5 * 10 的值转换成 int 型数据，表达式的值为 105。而

(int)10.5 * 10;

表达式的取值为 100。

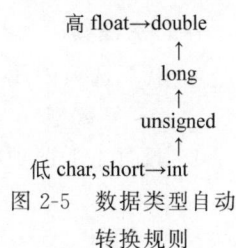

注意：数据类型转换是对操作数的值进行转换，并不改变操作数中变量本身的数据类型。例如：

```
int i;float x=10.5;i=int(x);   /*临时将变量 x 的值转换为整型,x 仍为实型 */
```

类型转换过程中，当数据类型由低向高转换时，数据精度不会受到损失；而数据类型由高向低的转换时，数据精度会受到损失。

本 章 小 结

本章主要学习要点如下。
(1) 熟悉关键字、标识符。
(2) 熟悉常用的命名约定。
(3) 掌握变量的使用遵循"先定义，后使用"原则。
(4) 熟悉基本数据类型，包括整型、实型、字符型等基本数据类型，并掌握如何进行数据类型间的转换，了解数据溢出的原因。
(5) 熟悉运算符和表达式。

习 题 2

一、选择题

1. 以下选项中属于 C 语言数据类型的是(　　)。

　　A. 复数型　　　　　　B. 逻辑型　　　　　　C. 双精度型　　　　　　D. 集合型

2. 下面 4 个选项中，均是合法整型常量的选项是(　　)。

A.	B.	C.	D.
160	−0xcdf	−01	−0x48a
−0xffff	01a	986,012	2e5
11	0xe	0668	0x

3. 下列标识符中，合法的标识符是(　　)。

　　A. −abc1　　　　　　B. 1abc　　　　　　C. _abc1　　　　　　D. for

4. 以下选项中合法的实型常数是(　　)。

　　A. 5E2.0　　　　　　B. E−3　　　　　　C. .2E0　　　　　　D. 1.3E

5. 已知大写字母 A 的 ASCII 码值是 65，小写字母 a 的 ASCII 码值是 97，则用八进制表示的字符常量'\101'是(　　)。

　　A. 字符 A　　　　　　B. 字符 a　　　　　　C. 字符 e　　　　　　D. 非法的常量

6. 设有如下定义：

```
int a=1,b=2,c=3,d=4,m=2,n=2;
```

则执行表达式(m=a>b)&&(n=c>d)后，n 的值为(　　)。

　　A. 1　　　　　　B. 2　　　　　　C. 3　　　　　　D. 0

7. 有以下程序

```
int main()
{
    int m=3,n=4,x;
    x=-m++;
    x=x+8/++n;
    printf("%d\n",x);
    return 0;
}
```

程序运行后的输出结果是(　　)。

　　A. 3　　　　　　　B. 5　　　　　　　C. −1　　　　　　D. −2

8. 若有定义

```
int a= 8,b= 5,c;
```

则执行语句

```
c=a/b+0.4;
```

后,c 的值为(　　)。

　　A. 1.4　　　　　　B. 1　　　　　　　C. 2.0　　　　　　D. 2

9. 若 a 为 int 类型,且值为 3,则执行完表达式 a+=a−=a*a 后,a 的值是(　　)。

　　A. −3　　　　　　B. 9　　　　　　　C. −12　　　　　　D. 6

10. 若已定义 x 和 y 为 double 类型,则表达式 x=1,y=x+3/2 的值是(　　)。

　　A. 1　　　　　　　B. 2　　　　　　　C. 2.0　　　　　　D. 2.5

11. 以下程序运行后的输出结果是(　　)。

```
int main()
{
    int p=30;
    printf("%d\n",(p/3>0?p/10:p%3));
    return 0;
}
```

　　A. 1　　　　　　　B. 2　　　　　　　C. 3　　　　　　　D. 0

12. 若变量 x、y、z 均为 double 类型且已正确赋值,不能正确表示数学表达式 $\dfrac{x}{yz}$ 的 C 语言表达式是(　　)。

　　A. x/y*z　　　　　　　　　　　　B. x*(1/(y*z))

　　C. x/y*1/z　　　　　　　　　　　D. x/y/z

13. 在 C 语言中,不同类型数据混合运算时,要先转换为同一类型后进行运算。若表达式中包含 int、long、unsigned 和 char 类型的变量和数据,则表达式最后的运算结果是(＿＿①＿＿)类型的数据。这 4 种类型数据的转换规律是(＿＿②＿＿)。

　　① A. int　　　　　　B. char　　　　　　C. unsigned　　　　D. long

　　② A. int−＞unsigned−＞long−＞char

B. char－＞int－＞long－＞unsigned

C. char－＞int－＞unsigned－＞long

D. char－＞unsigned－＞long－＞int

二、填空题

1. 若所有变量均为整型,则表达式(a＝2,b＝5,b＋＋,a＋b)的值是_____。

2. 若 x 是 int 型变量,则执行表达式 x＝(a＝4,6＊2)后,x 的值为_____。

3. 若 a＝3、b＝2、c＝1,则表达式 f＝a＞b＞c 的值是_____。

4. 若 a＝6、b＝4、c＝3,则表达式 a&&b||b－c 的值是_____。

三、简答题

1. 若 a＝1、b＝4、c＝3,求下列表达式的值。

① !(a＜b)||!c&&1

② (a&&b)＝＝(a||b)

③ a＜b?a:b＋1

④ !(a＋b)＋c－1&&b＋c/2

2. 设 a 的初值为 15,写出经过下列运算后变量 a 的值。

① a＋＝a;   ② a－＝2;

③ a＊＝2＋3;   ④ a/＝a＋a;

⑤ a％＝(a％2)   ⑥ a＋＝a－＝a＊＝a

3. 字符常量与字符串常量有什么区别?

4. 什么是表达式?什么是变量?变量名和变量值有什么本质区别?

5. C 语言有哪些基本数据类型?简述各类型所占的字节数。

第3章 顺序结构

从程序流程的角度来看,程序可以分为3种基本结构:顺序结构、分支结构、循环结构。这3种基本结构可以组成所有的各种复杂程序。C语言提供了多种语句来实现这些程序结构。本章介绍这些基本语句及其在顺序结构中的应用,使读者对C程序有一个初步的认识,为后面各章的学习打下基础。

本章知识体系如图3-0所示。

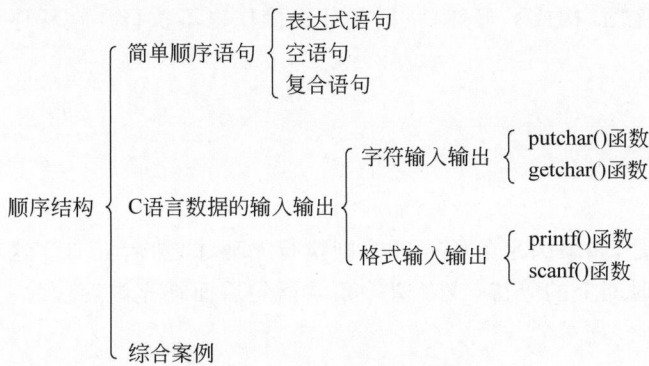

图3-0　本章知识体系

3.1　简单顺序语句

C程序的执行部分是由语句组成的。程序的功能也是由执行语句实现的。其中常用的执行语句就是简单顺序语句,简单顺序语句可分为以下3类。

(1)表达式语句。

(2)空语句。

(3)复合语句。

3.1.1　表达式语句

表达式语句由表达式后加一个";"构成。最典型的表达式语句是,在赋值表达式后加一个";"构成的赋值语句。

其一般形式如下:

表达式;

执行表达式语句就是计算表达式的值。

例如,num=5是一个赋值表达式,而

num=5;

却是一个赋值语句。

注意：在赋值符号"＝"的左边必须是一个变量,赋值符号"＝"的右边可以是变量、常量及各种表达式。

```
y+z;
```

是加法运算语句,但计算结果不能保留,无实际意义。

```
i++;
```

是自增 1 语句,i 值增 1。

3.1.2　空语句

空语句仅由一个";"构成。显然,空语句什么操作也不执行。在程序中空语句可用来作空循环体。

例如:

```
for (i=0;i<20;i++)
    ;
```

本语句的功能是,如果满足条件 i<20,则执行循环体,然后 i+1。这里的循环体为空语句。有时为了满足时间上的等待,或者留一条空语句后面补充内容。

3.1.3　复合语句

复合语句是由"{ }"括起来的一组语句构成,可以由一条或多条语句组成。例如:

```
if (x>y)
{
    x++;
    printf("x=%d\n",x);
}
```

是一条复合语句。如果不加"{ }",则 if 后只执行一条语句 x＋＋。

复合语句内的各条语句都必须以";"结尾,在"}"外不能加";"。

复合语句的性质如下:

(1) 在语法上和单一语句相同,即单一语句可以出现的地方,也可以使用复合语句。

(2) 复合语句可以嵌套,即复合语句中也可出现复合语句。

3.2　C 语言数据的输入输出

所谓输入输出是以计算机为主体而言的。本章介绍的是向标准输出设备显示器输出数据的语句。在 C 语言中,所有的数据输入输出都是由库函数完成的。因此都是函数语句。

在使用 C 语言库函数时,要用预编译命令 ♯include 将有关头文件 stdio.h 包括到源文件中。stdio 是 standard input & outupt 的意思,即标准的输入输出函数。

因此源文件开头应有以下预编译命令:

```
#include<stdio.h>
```

或

```
#include "stdio.h"
```

3.2.1 字符输入输出函数

1. putchar()函数

putchar()函数是字符输出函数，其功能是在显示器上输出单个字符。

其一般形式如下：

```
putchar(字符变量)
```

例如：

```
putchar('A');
```

用于输出大写字母 A。

```
putchar('x');
```

用于输出字符变量 x 的值。

```
putchar('\101');
```

也是输出字符 A。

```
putchar('\n');
```

用于换行。

对控制字符则执行控制功能，不在屏幕上显示。

例 3-1 putchar() 函数的格式和使用方法。

程序代码如下：

```
#include<stdio.h>                              /*编译预处理命令:文件包含*/
int main()
{
  char ch1='N', ch2='E',ch3='W';
  putchar(ch1);
  putchar(ch2);
  putchar(ch3);                                /*输出*/
  putchar('\n');
  putchar(ch1);                                /*输出 ch1 的值*/
  putchar('\n');                               /*换行*/
  putchar('E');                                /*输出字符'E'*/
  putchar('\n');                               /*换行*/
  putchar(ch3);
  putchar('\n');
  return 0;
```

```
}
```
运行结果如下：

```
NEW
N
E
W
```

使用 putchar() 函数还应注意几个问题。

（1）putchar() 函数只能用于单个字符的输出，且一次只能输出一个字符。另外，从功能角度来看，printf() 函数可以完全代替 putchar() 函数。

（2）在程序中使用 putchar() 函数，务必牢记：在程序（或文件）的开头加上编译预处理命令（又称包含命令），即

```
#include "stdio.h"
```

表示要使用的函数，包含在标准输入输出头文件（stdio.h）中。

例 3-2 分别用 printf() 函数和 putchar() 函数显示字符'A'和'a'。

程序代码如下：

```
#include<stdio.h>                         /*编译预处理命令：文件包含*/
int main()
{
    int ch1,ch2;
    ch1='A';
    ch2=ch1+32;                           /*大写字符转换为小写字符的方法*/
    printf("%c\n",ch1);
    putchar(ch2);
    return 0;
}
```

运行结果如下：

```
A
a
```

2. getchar() 函数（键盘输入函数）

getchar() 函数的功能是从键盘上输入一个字符。

其一般形式如下：

```
getchar();
```

通常把输入的字符赋予一个字符变量，构成赋值语句，例如：

```
char c;
c=getchar();
```

例 3-3 说明 getchar()函数的格式和作用。

程序代码如下:

```
#include "stdio.h"                              /* 文件包含 */
int main()
{
    char ch;
    printf("Please input two character: ");
    ch=getchar();                               /* 输入 1 个字符并赋给 ch */
    putchar(ch);
    putchar('\n');
    putchar(getchar());                         /* 输入一个字符并输出 */
    putchar('\n');
    return 0;
}
```

运行结果如下:

```
Please input two character: ab↙
a
b
```

使用 getchar()函数还应注意几个问题。

(1) getchar()函数只能接收单个字符,输入数字也按字符处理。输入多于一个字符时,只接收第一个字符。

(2) 使用本函数前必须包含文件 stdio.h。

(3) 在 Turbo C 屏幕下运行含本函数程序时,将退出 Turbo C 屏幕进入用户屏幕等待用户输入。输入完毕再返回 Turbo C 屏幕。

(4) 程序最后两行可用下面一行代替:

```
printf("%c",getchar());
```

3.2.2 格式输入输出

1. printf()函数

printf()函数称为格式输出函数,其关键字最末一个字母 f 的含义为格式(format)。其功能是按用户指定的格式,把指定的数据显示到显示器屏幕上。在前面的例题中已多次使用过这个函数。

1) printf()函数调用的一般形式

printf()函数是一个标准库函数,它的函数原型在头文件 stdio.h 中。但作为一个特例,要求在使用 printf()函数之前必须包含 stdio.h 文件。

printf()函数调用的一般形式如下:

```
printf("格式控制字符串",输出表列);
```

其中,格式控制字符串用于指定输出格式。格式控制字符串可由格式字符串和非格式字符串两种组成。格式字符串是以"％"开头的字符串,在"％"后面跟有各种格式字符,以说明输出数据的类型、形式、长度、小数位数等。例如:

"％d"表示按十进制整型输出。

"％ld"表示按十进制长整型输出。

"％c"表示按字符型输出等。

非格式字符串在输出时原样照印,在显示中起提示作用。

输出表列中给出了各个输出项,要求格式字符串和各输出项在数量和类型上应该一一对应。

例 3-4 printf()函数应用示例。

程序代码如下:

```
#include<stdio.h>
int main()
{
    int a=88,b=89;
    printf("%d %d\n",a,b);              //第 5 行
    printf("%d,%d\n",a,b);              //第 6 行
    printf("%c,%c\n",a,b);              //第 7 行
    printf("a=%d,b=%d\n",a,b);          //第 8 行
    return 0;
}
```

运行结果如下:

```
88 89
88,89
X,Y
a=88,b=89
```

本例中 4 次输出了 a、b 的值,但由于格式控制串不同,输出的结果也不相同。第 5 行的输出语句格式控制串中,两格式串％d 之间加了一个空格(非格式字符),所以输出的 a、b 值之间有一个空格。第 6 行的 printf()函数格式控制串中加入的是非格式字符",",因此输出的 a、b 值之间加了一个",”。第 7 行的格式串要求按字符型输出 a、b 值。第 8 行中为了提示输出结果又增加了非格式字符串"a="和"b="。

2) 格式字符串

格式字符串的一般形式如下:

[标志][输出最小宽度][.精度][长度]类型

其中,"[]"中的项为可选项。

各项的意义介绍如下。

(1) 类型: 类型字符用以表示输出数据的类型,其格式字符和意义如表 3-1 所示。

表 3-1　格式字符和意义

格 式 字 符	意　　义
d	以十进制形式输出带符号整数(正数不输出符号)
o	以八进制形式输出无符号整数(不输出前缀 O)
x、X	以十六进制形式输出无符号整数(不输出前缀 Ox)
u	以十进制形式输出无符号整数
f	以小数形式输出单、双精度实数
e、E	以指数形式输出单、双精度实数
g、G	以%f 或%e 中较短的输出宽度输出单、双精度实数
c	输出单个字符
s	输出字符串

(2) 标志:标志字符为一、+、♯、空格 4 种,其意义如表 3-2 所示。

表 3-2　标志和意义

标　志	意　　义
—	结果左对齐,右边填空格
+	输出符号(正号或负号)
空格	输出值为正时冠以空格,为负时冠以负号
♯	对 c、s、d、u 类无影响;对 o 类,在输出时,加前缀 o;对 x 类,在输出时,加前缀 Ox;对 e、g、f 类,当结果有小数时,才给出小数点

(3) 输出最小宽度:用十进制整数来表示输出的最少位数。若实际位数多于定义的宽度,则按实际位数输出,若实际位数少于定义的宽度则补以空格或 0。

(4) 精度:精度格式符以“.”开头,后跟十进制整数。本项的意义是,若输出数字,则表示小数的位数;若输出的是字符,则表示输出字符的个数;若实际位数大于所定义的精度数,则截去超过的部分。

(5) 长度:长度格式符为 h、l 两种,h 表示按短整型量输出,l 表示按长整型量输出。

例 3-5　%d、%ld、%md、%-md、%mld、%-mld 应用示例。

(1)

```
int a=100;
printf("%d\n",a);                    /* 直接以十进制输出 */
```

输出结果如下:

```
100
```

(2)

```
int b=200;
printf("%5d\n",b);                   /* 以最小宽度为 5 输出整数,不足左边补空格 */
```

输出结果如下：

```
  200
```

注意：2 的左边有 2 个空格。

（3）

```
int n=100;
printf("%8d\n%8d\n",n,n*100);          /*以最小宽度为8输出整数,不足左边补空格*/
```

输出结果如下：

```
     100
   10000
```

注意：第 1 行最左边有 5 个空格，第 2 行最左边有 3 个空格。

（4）

```
long l=65432;
printf("%8ld\n",l);                    /*以最小宽度为8输出长整型数,不足左边补空格*/
```

输出结果如下：

```
   65432
```

注意：5 的左边有 3 个空格。

例 3-6　%o、%x、%u 的应用示例。

（1）

```
int n=100;
printf("%o\n",n);                      /*以八进制输出*/
```

输出结果如下：

```
144
```

（2）

```
int n=100;
printf("%x,",n);                       /*以十六进制输出*/
printf("%X\n",n);
```

输出结果如下：

```
64,64
```

（3）

```
int n=100;
printf("%d,%u\n",n,n);                 /*前者以十进制整数输出,后者以十进制无符号整数输出*/
```

输出结果如下：

```
100,100
```

例 3-7 %c、%mc 的应用示例。

（1）

```
printf("%4c\n",'A');          /*以最小宽度为 4 输出字符型数,不足左边补空格*/
```

输出结果如下：

```
   A
```

注意：A 的左边有 3 个空格。

（2）

```
printf("%c\n",'A');
```

输出结果如下：

```
A
```

例 3-8 %s、%ms、%-ms、%m.ns、%-m.ns 的应用示例。

（1）

```
printf("%s\n","Name:");          /*以字符串形式输出*/
```

输出结果如下：

```
Name:
```

（2）

```
printf("%-10s\n","Name:");          /*以 10 位字符串左对齐形式输出,不足右边填空格*/
```

输出结果如下：

```
Name:
```

注意："："右边填充了 5 个空格。

（3）

```
printf("%8.2s\n","Name:");
```

输出结果如下：

```
      Na
```

注意：N 的左边有 6 个空格。

例 3-9 %f、%m.nf、%-m.nf 的应用示例。

（1）

```
printf("%f\n",1000.7654321);        /*以小数形式输出单精度实数*/
```

输出结果如下：

```
1000.765432
```

（2）

```
printf("%10.3f\n",1000.7654321); /*字符宽度为10位,小数位为3位,右对齐*/
```

输出结果如下：

```
  1000.765
```

注意：1 的左边有 2 个空格。

（3）

```
printf("%10.3f\n",1111000.7654321);
```

输出结果如下：

```
1111000.765
```

例 3-10 %e、"%m.ne"的应用示例。

以指数形式输出，标准共占 13 位，尾数的整数部分非零数字占 1 位，小数点 1 位，小数占 6 位，e 占 1 位，指数符号占 1 位，指数占 3 位。

（1）

```
printf("%e\n",1000.7654321);
```

输出结果如下：

```
输出 1.000765e+003
```

（2）

```
printf("%10.9e\n",1000.7654321);
```

输出结果如下：

```
1.000765432e+003
```

2. scanf()函数

scanf()函数称为格式输入函数，其功能是按用户指定的格式从键盘读入数据，输入指定的变量之中。当程序运行到这条语句时，会停下来等待用户输入数据，接收数据后才会往下执行。如果此时没有任何提示信息，用户可能不知道接下来要做什么。为了方便用户与计算机进行交互，一般在 scanf()函数之前加一条显示提示信息的语句。

1) scanf()函数的一般形式

scanf()函数是一个标准库函数,它的函数原型在头文件 stdio.h 中,与 printf()函数相同,C语言在使用 scanf()函数之前必须包含 stdio.h 文件。

scanf()函数的一般形式如下:

```
scanf("格式控制字符串",地址表列);
```

其中,格式控制字符串的作用与 printf()函数相同,但不能显示非格式字符串,也就是不能显示提示字符串。地址表列中给出各变量的地址。地址是由地址运算符"&"后跟变量名组成的。例如:

```
&a, &b
```

表示变量 a 和变量 b 的地址。

这个地址就是编译系统在内存中给 a、b 变量分配的地址。在 C语言中,使用了地址这个概念,这是与其他语言不同的。应该把变量的值和变量的地址这两个不同的概念区别开来。变量的地址是 C 编译系统分配的,用户不必关心具体的地址是多少。

变量的地址和变量值的关系如下。

在赋值表达式中给变量赋值,例如:

```
a=567
```

则 a 为变量名,567 是变量的值,&a 是变量 a 的地址。

但是在赋值号左边的是变量名,不能写地址,而 scanf()函数在本质上也是给变量赋值,但是要求写变量的地址,如 &a。这两者在形式上是不同的。"&"是一个取地址运算符,&a 是一个表达式,其功能是求变量的地址。

例 3-11 scanf()函数的应用示例。

程序代码如下:

```
#include<stdio.h>
int main()
{
    int a,b,c;
    printf("input a,b,c\n");
    scanf("%d%d%d",&a, &b, &c);
    printf("a=%d,b=%d,c=%d",a,b,c);
    return 0;
}
```

在本例中,由于 scanf()函数本身不能显示提示串,故先用 printf 语句在屏幕上输出提示,请用户输入 a、b、c 的值。执行 scanf()函数时,退出 Turbo C 屏幕进入用户屏幕等待用户输入。用户输入"7 8 9"后按 Enter 键,此时,系统又将返回 Turbo C 屏幕。在 scanf()函数的格式串中由于没有非格式字符在%d%d%d之间作输入时的间隔,因此在输入时要用一个以上的空格或 Enter 键作为每两个输入数之间的间隔。例如:

789↙

或

7 ↙

8 ↙

9 ↙

2）格式字符串

格式字符串的一般形式如下：

% [*] [输入数据宽度] [长度]类型

其中，"[ ]"中项为任选项。各项的意义如下。

（1）类型：表示输入数据的类型，其格式字符和意义如表 3-3 所示。

（2）＊：用以表示该输入项，读入后不赋予相应的变量，即跳过该输入值。

表 3-3　数据类型的格式字符和意义

格 式 字 符	意　　义
d	输入十进制整数
o	输入八进制整数
x	输入十六进制整数
u	输入无符号十进制整数
f 或 e	输入实型数（用小数形式或指数形式）
c	输入单个字符
s	输入字符串

例如：

```
scanf("%d%*d%d",&a,&b);
```

当输入为"1 2 3"时，把 1 赋予 a，2 被跳过，3 赋予 b。

（3）宽度：用十进制整数指定输入的宽度（即字符数）。

例如：

```
scanf("%5d",&a);
```

若输入

12345678 ↙

则只把 12345 赋予变量 a，其余部分被截去。

又如：

```
scanf("%4d%4d",&a,&b);
```

若输入

12345678 ↙

则把 1234 赋予 a,而把 5678 赋予 b。

（4）长度：长度格式符为 l 和 h,l 表示输入长整型数据（如%ld）和双精度浮点数（如% lf）,h 表示输入短整型数据。

使用 scanf() 函数还必须注意以下几点。

（1）输入数据分隔处理。例如：

```
scanf("%d%d",&a,&b);
```

可以是一个或多个空格,也可以用回车键。

100 10↙

或

100↙
10↙

（2）用 scanf() 函数输入实数,用"%f",但不允许规定精度。例如：

```
scanf("%10.4f",&a);
```

是错误的语句。

（3）如果输入类型不匹配,scanf() 函数将停止处理。例如：

```
int a,b;
char ch;
scanf("%d%c%3d",&a,&ch,&b);
```

在输入

12 a 23↙

后,scanf() 函数读取到 a 时将停止处理。

3.3 综合实例

例 3-12 输入任意 3 个整数,求它们的和及平均值。
程序代码如下：

```
/*功能:设计一个顺序结构程序,求 3 个整数的和及平均值*/
#include<stdio.h>
int main()
{
    int num1,num2,num3,sum;
    float aver;
    printf("Please input three numbers:");
    scanf("%d,%d,%d",&num1,&num2,&num3);      /*输入 3 个整数*/
    sum=num1+num2+num3;                        /*求累计和*/
    aver=sum/3.0;                              /*求平均值*/
```

```
        printf("num1=%d,num2=%d,num3=%d\n",num1,num2,num3);
        printf("sum=%d,aver=%7.2f\n",sum,aver);
        return 0;
}
```

运行结果如下：

```
Please input three numbers: 3,1,2↙
num1=3,num2=1,num3=2
sum=6,aver=   2.00
```

例 3-13　求方程 $ax^2+bx+c=0$ 的实数根。a、b、c 由键盘输入，$a\neq0$ 且 $b^2-4ac>0$。
程序代码如下：

```
/*功能：设计一个顺序结构程序，求方程的根*/
#include<stdio.h>
#include<math.h>                    /*为使用求平方根函数sqrt()，包含math.h头文件*/
int main()
{
    float a,b,c,disc,x1,x2;
    printf("Input  a, b, c: ");
    scanf("%f,%f,%f",&a,&b,&c);                /*输入方程的3个系数的值*/
    disc=b*b-4*a*c;                            /*求判别式的值赋给disc*/
    x1=(-b+sqrt(disc))/(2*a);
    x2=(-b-sqrt(disc))/(2*a);
    printf("x1=%6.2f\nx2=%6.2f\n",x1,x2);
    return 0;
}
```

运行结果如下：

```
Input a, b, c: 1,3,2↙
x1=  -1.00
x2=  -2.00
```

例 3-14　输入三角形的 3 条边长，求三角形面积。
已知三角形的 3 条边长 a、b、c，则该三角形的面积公式为

$$\text{area}=\sqrt{s(s-a)(s-b)(s-c)}$$

其中，$s=(a+b+c)/2$。
程序代码如下：

```
#include<stdio.h>
#include<math.h>
int main()
{
    float a,b,c,s,area;
```

```
    printf("Input  a, b, c: ");
    scanf("%f,%f,%f",&a,&b,&c);
    s=1.0/2*(a+b+c);
    area=sqrt(s*(s-a)*(s-b)*(s-c));
    printf("a=%7.2f,b=%7.2f,c=%7.2f,s=%7.2f\n",a,b,c,s);
    printf("area=%7.2f\n",area);
    return 0;
}
```

运行结果如下:

```
Input a, b, c: 3,4,5↙
a=   3.00,b=   4.00,c=   5.00,s=   6.00
area=   6.00
```

例 3-15 从键盘输入一个小写字母,要求用大写字母形式输出该字母及对应的 ASCII 码值。

程序代码如下:

```
#include<stdio.h>
int main()
{
    char c1,c2;
    printf("Input a lowercase letter: ");
    c1=getchar();
    putchar(c1);
    printf(",%d\n",c1);
    c2=c1-32;                        /*将小写字母转换为对应的大写字母*/
    printf("%c,%d\n",c2,c2);
    return 0;
}
```

运行结果如下:

```
Input a lowercase letter: a↙
a,97
A,65
```

在顺序结构程序中,一般包括以下几部分。

(1) 程序开头的编译预处理命令。在程序中要使用标准函数(又称库函数),除 printf() 函数和 scanf()函数外,其他的都必须使用编译预处理命令,将相应的头文件包含进来。

(2) 顺序结构程序的函数体中,是完成具体功能的各个语句和运算,主要包括以下部分。

① 变量类型的说明。

② 提供数据语句。

③ 运算部分。

④ 输出部分。

本 章 小 结

本章主要学习要点如下。

（1）了解标准输入与输出方法。

（2）熟练字符输入和字符输出的区别。

（3）掌握格式化输出函数的使用方法。

（4）掌握格式化输入函数的使用方法。

（5）掌握顺序结构程序的设计方法。

习 题 3

1. 写出下列程序的运行结果。

（1）

```
int main()
{
    char c='a';
    int i=97;
    printf("%d,%c\n",c,c);
    printf("%d,%c\n",i,i);
    return 0;
}
```

（2）

```
int main()
{
    printf("%3s,%7.2s,%.4s,%-5.3s\n","china","china","china","china");
    return 0;
}
```

（3）

```
int main()
{
    float x,y;
    x=111111.111;
    y=222222.222;
    printf("%f\n",x+y);
    return 0;
}
```

（4）

```
int main()
{
```

```
            int i=8;
            printf("%d\n%d\n%d\n%d\n%d\n%d\n",++i,--i,i++,i--,-i++,-i--);
            return 0;
        }
```

(5)

```
        int main()
        {
            int i=8;
            printf("%d\n",++i);
            printf("%d\n",--i);
            printf("%d\n",i++);
            printf("%d\n",i--);
            printf("%d\n",-i++);
            printf("%d\n",-i--);
            return 0;
        }
```

(6)

```
        int main()
        {
            int x=12;
            double y=3.141593;
            printf("%d%8.6f\n",x,y);
            return 0;
        }
```

2. 在屏幕上输出自己名字的拼音。

提示：中文名字叫"张三"，对应的拼音为 Zhang San，输出用 printf()函数。

3. 输入圆的半径，求圆的周长，并将结果保留两位小数输出到屏幕上。

提示：定义圆的半径 r，圆的周长 $C=2\pi r$，输出结果保留两位小数可以用%0.2f。

4. 从键盘输入几个字符，再输出这些字符和它们对应的 ASCII 码值。

5. 输入两个整数，将其值交换后输出。

6. 输入 3 个整数，输出其中的最小者。

提示：

```
min(min(a,b),c);
```

7. 把十六进制数 12a 以十进制形式输出。

8. 输入一个整型成绩 x，如果分数大于或等于 60，则输出"pass"，否则输出"fail"。

提示：

```
printf("%s",x>60?"pass":"fail");
```

9. 输入一个年份 y，如果是闰年，输出"y is a leap year"，否则输出"y is not a leap year."。

提示：

```
printf("%d is %s\n",y,(y%4==0&&y%100!=0||y%400==0)?"a leap year.":"not a leap
    year.");
```

10. 输入 3 条边 a、b、c，如果它们能构成一个三角形，则输出"Yes"，否则输出"No"。
提示：

```
printf("%s\n",a+b>c&&a+c>b&&b+c>a?"Yes":"No");
```

11. 输入 3 个数 x、y、z，按从小到大的顺序输出。
提示：分别用 max0,min0 代表最大、最小值,mid0 表示中间值。

```
min0=(x<y?x:y)<z?(x<y?x:y):z;
max0=(x>y?x:y)>z?(x>y?x:y):z;
mid0=x+y+z-max0-min0;
```

12. 输入一个平面上的点坐标，判断它是否落在圆心$(0,0)$，半径为 1 的圆内，如果在圆内，则输出"Yes"，否则输出"No"。
提示：分别用 x、y 代表平面上一个点的横、纵坐标值。

```
printf("%s",x*x+y*y<=1?"Yes":"No");
```

第4章 选择结构

　　顺序结构的程序在执行时语句从上往下逐条执行。选择结构又称分支结构,程序按一定的条件选择下一步要执行的语句。C语言中选择结构的语句主要有 if 语句和 switch 语句。

　　通过本章学习,应掌握选择结构的特点,综合运用各种 if 语句和 switch 语句解决实际问题,学会用菜单实现选择程序模块执行。

　　本章知识体系如图 4-0 所示。

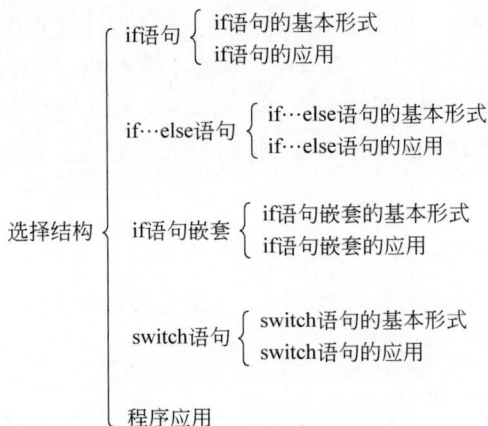

选择结构
- if语句
  - if语句的基本形式
  - if语句的应用
- if…else语句
  - if…else语句的基本形式
  - if…else语句的应用
- if语句嵌套
  - if语句嵌套的基本形式
  - if语句嵌套的应用
- switch语句
  - switch语句的基本形式
  - switch语句的应用
- 程序应用

图 4-0　本章知识体系

　　问题的提出:老师向同学们布置了 4 道数学题,分别是"求 3 个数中的最大值""闰年判断""求三角形面积"和"简单四则运算",要求同学们独立完成所有题目。老师通过运行同学们的程序来检查结果,程序的运行界面如下:

```
**************** Menu ****************
*     1.求3个数中的最大值          *
*     2.闰年判断                   *
*     3.求三角形面积               *
*     4.简单四则运算               *
*     0.退出                       *
**********************************
Please select(0~4):
```

4.1　if 语 句

　　日常生活中,经常需要对一些情况进行判断。例如,开车到十字路口时,如果前方的交通灯是红灯亮,则需停车等候;如果是绿灯亮,则可以前行。C语言编写的许多程序也一样,需要经过判断,再根据结果执行不同的操作,这时需要使用条件语句。

4.1.1 if 语句的基本形式

if 语句是选择结构程序中最基本的语句,它根据条件表达式的值来选择应该执行的下一条语句。C 语言提供了 3 种形式的 if 语句。

1. if 语句的默认形式

if 语句的默认形式如下:

```
if (条件表达式)
    语句 1;
```

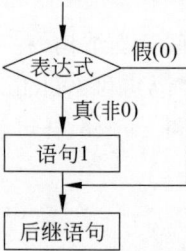
图 4-1 默认的 if 语句流程图

其执行过程为,如果条件表达式的值为真,则执行其后的语句;否则,不执行该语句,其流程图如图 4-1 所示。

例 4-1 求两个整数中较大的数。

分析:输入两个整数 a 和 b,变量 max 用于存放大数。先把 a 赋予变量 max,再用 if 语句判别 max 和 b 的大小,如果 max 小于 b,则把 b 赋予 max。最后输出 max 的值。

程序代码如下:

```c
#include<stdio.h>
int main()
{
    int a,b,max;
    printf("Input two numbers:");
    scanf("%d%d",&a,&b);
    max=a;
    if (max<b)
        max=b;
    printf("max=%d\n",max);
    return 0;
}
```

运行结果如下:

```
Input two numbers:  262 57↙
max=262
```

2. if…else 语句

if…else 语句的语法格式如下:

```
if (条件表达式)
    语句 1;
else
    语句 2;
```

其执行过程为,如果条件表达式的值为真,则执行语句 1;如果条件表达式的值为假,则执行语句 2。流程图如图 4-2 所示。

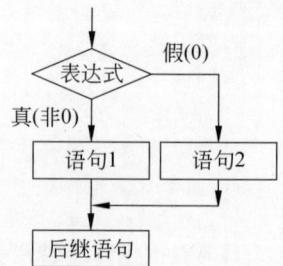
图 4-2 if…else 语句流程图

例 4-2 中国是世界上最早采用闰年的国家,试编程判断某年是否为闰年。

分析:闰年的判断条件是满足以下的任意一个条件。

(1) 能被 4 整除,但不能被 100 整除。

(2) 能被 400 整除。

程序代码如下:

```c
#include<stdio.h>
int main()
{
    int year,rem4,rem100,rem400;
    printf("Please input the year : ");
    scanf("%d",&year);
    rem4=year%4;                    /* rem4 保存整除 4 后的余数 */
    rem100=year%100;                /* rem100 保存整除 100 后的余数 */
    rem400=year%400;                /* rem400 保存整除 400 后的余数 */
    if ((rem4==0)&&(rem100!=0)||(rem400==0))
        printf("%4d is a leap year! ",year);
    else
        printf("%4d is not a leap year! ",year);
    return 0;
}
```

运行结果如下:

```
Please input the year : 2000↙
2000 is a leap year!
Please input the year : 2007↙
2007 is not a leap year!
```

例 4-3 用海伦公式求三角形面积。

$$area = \sqrt{s(s-a)(s-b)(s-c)}$$

其中,area 表示三角形面积,$s=(a+b+c)/2$,a、b、c 为三角形 3 条边的长度。

分析:输入 3 条边的长度 a、b、c,判断是否满足构成三角形的条件(两边之和大于第三边),不满足则输出出错信息,满足则用海伦公式计算面积。

程序代码如下:

```c
#include<stdio.h>
#include<math.h>                                /* 使用数学库函数 */
int main()
{
    float a,b,c;
    float s,p,area;
    printf("Please input a,b,c : ");
    scanf("%f%f%f",&a,&b,&c);
    if (a<=0||b<=0||c<=0||a+b<c||b+c<a||c+a<b)     /* 判断构成三角形的条件 */
```

```
        printf("data error! \n");
    else                                             /*构成复合语句 */
    {
        s=(a+b+c)/2;
        p=s*(s-a)*(s-b)*(s-c);
        area=sqrt(p);
        printf("area=%f\n",area);
    }
    return 0;
}
```

运行结果如下：

Please input a,b,c：**6 7 8**↙
area=20.333163
Please input a,b,c：**3 3 9**↙
data error!

注意：

（1）if 关键字之后均为表达式。该表达式通常是逻辑表达式或关系表达式，但也可以是一个变量。只要表达式或变量值为非 0，即为"真"。

例如：

```
if (a) printf("a>0");
```

相当于

```
if (a!=0) printf("a>0");
```

当条件表达式是一个简单变量时，常用如下两种简化形式。

① if (x!=0)可简写成 if (x)。

② if (x==0)可简写成 if (!x)。

（2）条件表达式必须用"（）"括起来，在语句之后必须加"；"。

（3）"语句 1"和"语句 2"应为单个语句，如果要执行多个语句，则必须把这一组语句用"{}"括起来组成一个复合语句。但要注意在"}"后不能再加"；"，详见例 4-3。

3. if…else if 语句

前两种形式的 if 语句一般用于两个分支的情况。当有多个分支选择时，可采用 if…else if 语句，其语法格式如下：

```
if (条件表达式 1)      语句 1;
else if (条件表达式 2)  语句 2;
else if (条件表达式 3)  语句 3;
    ⋮
else  语句 n;
```

其执行过程为，依次判断条件表达式的值，当出现某个值为真时，则执行对应的语句，然后跳到整个 if 语句之外，继续执行后继程序。如果所有的表达式均为假，则执行语句 n，然后继续执行后继程序。流程图如图 4-3 所示。

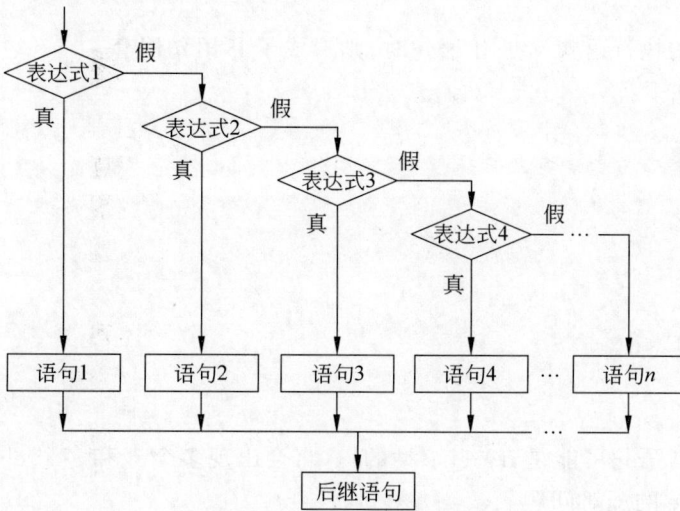

图 4-3　if…else if 语句流程图

例 4-4　按照考试成绩的百分制输出成绩等级。若成绩为 90 分及以上,则为 A 级;若成绩为 80~89 分,则为 B 级;若成绩为 70~79 分,则为 C 级;若成绩为 60~69 分,则为 D 级;若成绩低于 60 分,则为 E 级。

程序代码如下:

```c
#include<stdio.h>
int main()
{
    int score;
    printf("Please input a score: ");
    scanf("%d",&score);
    if (score>=90)
        printf("It is A grade.\n");
    else if (score>=80)
        printf("It is B grade.\n");
    else if (score>=70)
        printf("It is C grade.\n");
    else if (score>=60)
        printf("It is D grade.\n");
    else
        printf("It is E grade.\n");
    return 0;
}
```

运行结果如下:

```
Please input a score: 86↙
It is B grade.
Please input a score: 59↙
It is E grade.
```

4.1.2　if 语句嵌套

当 if 语句中的执行语句又是 if 语句时,则形成了 if 语句嵌套。

其一般形式如下:

```
if (表达式)
    语句;
```

或者为

```
if (表达式)
    if 语句 1;
else
    if 语句 2;
```

在嵌套内的 if 语句可能是 if…else 型的,这将会出现多个 if 和多个 else 的情况,这时要特别注意 if 和 else 的配对问题。

例如:

```
if (a==b)
    if (b==c)
        printf("a==b==c\n");
    else
        printf("a!=b\n");
```

当 a=2、b=2、c=3 时,该程序段的显示结果却是"a!=b",编程者原打算 else 与第一个 if 配对,但实际上编译程序是把 else 与第二个 if 配对处理的。因为 C 语言规定,else 总是与它前面最近的未配对的 if 配对。

要实现 else 与第一个 if 配对,该程序段正确的格式如下:

```
if (a==b)
{
    if (b==c)
        printf("a==b==c\n");
} else
    printf("a!=b\n");
```

例 4-5　求分段函数 $y = f(x)$ 的值,函数如下:

$$y = \begin{cases} x+2, & x < 0 \\ 2x-10, & 0 \leqslant x < 2 \\ 3x+5, & x \geqslant 2 \end{cases}$$

分析:先判断 x 是否小于 0,若是则直接计算 $x+2$,否则(即 x 大于或等于 0)再判断 x 是否小于 2,是则计算 $2x-10$,不是则说明 x 大于或等于 2,计算 $3x+5$。其流程图如图 4-4 所示。

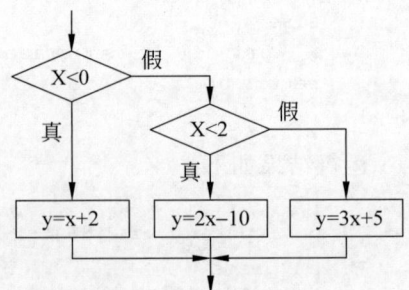

图 4-4　例 4-5 的流程图

程序代码如下:

```
#include<stdio.h>
int main()
{
    int x,y;
    printf("Please input x :");
    scanf("%d",&x);
    if (x<0)
        y=x+2;
    else if (x<2)
        y=2*x-10;
    else
        y=3*x+5;
    printf("x=%d,y=%d\n",x,y);
    return 0;
}
```

运行结果如下：

```
Please input x :-3↙
x=-3,y=-1
Please input x :1↙
x=1,y=-8
Please input x :8↙
x=8,y=29
```

例 4-6   求 a、b、c 这 3 个数中的最大值。

分析：先判定 a 与 b 的大小，再由两数中的大者与 c 比较。

① 若 $a>b$，则再判断 a 是否大于 c，如果成立，则 a 最大；否则 c 最大。

② 若 $a>b$ 不成立，则再判断 b 是否大于 c；如果成立，则 b 最大；否则，c 最大。

③ max 变量用于存放最大数。

程序代码如下：

```
#include <stdio.h>
int main()
{
    int a,b,c,max;
    printf("Please input numbers(a,b,c): ");
    scanf("%d%d%d",&a,&b,&c);
    if (a>b)
        if (a>c)                              /* a>b且a>c, a最大 */
            max=a;
        else                                  /* a>b且a<c, c最大 */
            max=c;
    else                                      /* a<b */
        if (b>c)                              /* a<b且b>c,b最大 */
```

```
            max=b;
        else                                    /* a<b 且 b<c,c 最大 */
            max=c;
    printf("The max number is %d",max);
    return 0;
}
```

运行结果如下：

Please input numbers(a,b,c):**68 26 94**↙
The max number is 94

4.2 switch 语句

用 if…else if 或嵌套的 if 语句可以解决多路分支的问题,但分支太多会显得不方便,且容易出现 if 与 else 的配对问题。在 C 语言中提供了另一种多分支选择控制语句——switch语句。这种多分支选择取决于一个整型或字符型常量表达式的值。

其语法格式如下：

```
switch (表达式)
{
    case 常量表达式 1: 语句 1;[break;]
    case 常量表达式 2: 语句 2;[break;]
    …
    case 常量表达式 n: 语句 n;[break;]
    default: 语句 n+1;[break;]
}
```

其执行过程如下：首先计算表达式的值,与常量表达式 n 进行比较,如果与其中一个常量表达式 n 的值相等,就执行其后的语句直到遇到 break 语句才结束 switch 语句;如果 case 后无 break 语句,则继续执行所有 case 后的语句;如果没有找到与此值相匹配的常量表达式,则执行 default 后的语句 $n+1$。

注意：

(1) switch 后面"()"中的表达式可以是整型、字符型或枚举型。

(2) 在 case 后的各常量表达式的值不能相同。

(3) 在 case 后,允许有多个语句,可以不用"{}"括起来,而整个 switch 结构一定要有一对"{}"。

(4) 各 case 和 default 子句的先后顺序可以改变,不会影响程序执行结果。

(5) default 语句可以省略。

(6) 可以使多个 case 语句共用一组语句序列。

例如：

⋮

```
case 'A':
case 'B':
case 'C':
case 'D':printf(">60\n");
break;
  :
```

此时,输入'A'、'B'、'C'或'D',都显示'>60'。

（7）在各个分支中的 break 语句起着退出 switch 语句的作用。

例如：

```
case 1: printf("Monday\n");
case 2: printf("Tuesday\n");
case 3: printf("Wednesday\n");
```

当表达式的值是 1 时,输出：

```
Monday
Tuesday
Wednesday
```

题目要求表达式的值是 1 时输出"Monday",然后退出 switch 结构,因此在每个 case 分支后加上 break 语句进行实现。

```
case 1: printf("Monday\n"); break;
case 2: printf("Tuesday\n"); break;
case 3: printf("Wednesday\n"); break;
```

例 4-7 模拟简单计算器,输入两个操作数和四则运算符,输出计算结果。

分析：输入两个操作数和运算符,用 switch 语句判断运算符,执行对应的运算,然后输出运算结果。当输入运算符不是＋、－、*、/时给出错误提示。

程序代码如下：

```
#include<stdio.h>
int main()
{
    float a,b;
    char oper;
    printf("input expression [a op b]: ");
    scanf("%f%c%f", &a, &oper, &b);
    switch(oper)
    {
        case '+':
            printf("%5.1f%c%5.1f=%5.1f\n",a,oper,b,a+b);
            break;
        case '-':
            printf("%5.1f%c%5.1f=%5.1f\n",a,oper,b,a-b);
            break;
```

```
        case '*':
            printf("%5.1f%c%5.1f=%5.1f\n",a,oper,b,a*b);
            break;
        case '/':
            printf("%5.1f%c%5.1f=%5.1f\n",a,oper,b,a/b);
            break;
        default:
            printf("input error! \n");
    }
    return 0;
}
```

运行结果如下：

```
input expression [a op b]: 28.6-13.5↙
28.6-13.5=15.1
input expression [a op b]: 6.1*23.4↙
6.1*23.4=142.7
input expression [a op b]: 56.8&47.9↙
input error!
```

例 4-8　输入数字 1～7，要求输入数字是 1～5 时显示为英文的星期几，输入是 6 或 7 时显示"Weekend"。

分析：输入的数字用整型变量 num 存储，通过 switch 语句对 num 的值进行判断，数字 1～5 与英文的星期几是一一对应的，可由各个 case 语句后加 break 语句实现；数字 6 和 7 都显示同一个结果"Weekend"，可在 case 6 语句后不加 break 语句实现。

程序代码如下：

```
#include<stdio.h>
int main()
{
    int num;
    printf("Please input number(1-7): ");
    scanf("%d",&num);
    switch(num)
    {
        case 1:
            printf("Monday\n");
            break;
        case 2:
            printf("Tuesday\n");
            break;
        case 3:
            printf("Wednesday\n");
            break;
```

```
        case 4:
            printf("Thursday\n");
            break;
        case 5:
            printf("Friday\n");
            break;
        case 6:
        case 7:
            printf("Weekend \n");
            break;
        default:
            printf("input error! \n");
    }
    return 0;
}
```

运行结果如下：

```
Please input number(1-7):5↙
Friday
Please input number(1-7):8↙
input error!
```

4.3　程序应用

例 4-9　设计范例程序的菜单，并实现各菜单项的功能。

分析：先用输出语句显示系统菜单，然后用户从键盘输入菜单号码，用 switch 语句实现菜单的选择。将本章前面的相应例子加入程序中，实现菜单功能。

程序代码如下：

```
#include<stdio.h>
#include<math.h>
#include<stdlib.h>
int main()
{
    int choice;                              /* 菜单编号 */
    int year;                                /* 年份 */
    float a,b,c,area,s,max;                   /* 三角形 3 条边或 3 个数、面积、最大值 */
    char oper;                               /* 运算符 */
    printf("**************** Menu ****************\n");
    printf("*      1.求3个数中的最大值           *\n");
    printf("*      2.闰年判断                    *\n");
    printf("*      3.求三角形面积                 *\n");
    printf("*      4.简单四则运算                 *\n");
```

```c
    printf("*          0.退出                          *\n");
    printf("*****************************************\n");
    printf(" Please select(0~4):");
    scanf("%d",&choice);
    switch(choice)
    {
    case 1:
        printf("Please input number (a,b,c):");    /*求3个数中的最大值*/
        scanf("%f%f%f",&a,&b,&c);
        if (a>b)                                    /* a>b */
            if (a>c)
                max=a;
            else
                max=c;
        else                                        /* a<b */
            if (b>c)
                max=b;
            else
                max=c;
        printf("The max number is %f\n",max);
        break;
    case 2:
        printf("Please input the year : ");         /*判断闰年判断*/
        scanf("%d",&year);
        if ((year%4==0)&&(year%100!=0)||(year%400==0))
            printf("%4d is a leap year! \n",year);
        else
            printf("%4d is not a leap year! \n",year);
        break;

    case 3:
        printf("Please input a,b,c : ");            /*求三角形面积*/
        scanf("%f%f%f",&a,&b,&c);
        if (a<=0||b<=0||c<=0||a+b<c||b+c<a||c+a<b)
            printf("data error! \n");
        else
        {
            s=(a+b+c)/2;
            area=sqrt(s*(s-a)*(s-b)*(s-c));
            printf("area=%f\n",area);
        }
        break;
    case 4:
        printf("input expression [a op b]: ");    /*简单四则运算*/
        scanf("%f%c%f",&a,&oper,&b);
```

```
        switch(oper)
        {
          case '+':
              printf("%5.1f%c%5.1f=%5.1f\n",a,oper,b,a+b);
              break;
          case '-':
              printf("%5.1f%c%5.1f=%5.1f\n",a,oper,b,a-b);
              break;
          case '*':
              printf("%5.1f%c%5.1f=%5.1f\n",a,oper,b,a*b);
              break;
          case '/':
              printf("%5.1f%c%5.1f=%5.1f\n",a,oper,b,a/b);
              break;
          default: printf("input error! \n");
        }
        break;
    case 0:
        exit(0);
        break;                              /* 退出 */
    default: printf("error! \n");           /* 选择错误 */
    }
    return 0;
}
```

运行结果见 4.1 节和 4.2 节中相应各例。

例 4-10 求一元二次方程的根。

分析：一元二次方程 $ax^2+bx+c=0$ 的系数 a、b、c 从键盘输入。对任意的系数 a、b、c，有以下几种可能。

(1) $a \neq 0$：方程有两个根。

① $b^2-4ac>0$，方程有两个不同实根 $root_{1,2}=(-b\pm\sqrt{b^2-4ac})/(2a)$。

② $b^2-4ac=0$，方程有两个相同实根 $-b/(2a)$。

③ $b^2-4ac<0$，方程有两个复根 $root_{1,2}=-\dfrac{b}{2a}\pm\dfrac{\sqrt{-(b^2-4ac)}}{2a}i$。

(2) $a=0,b \neq 0$：方程退化为一次方程 $bx+c=0$，方程有一个根 $-c/b$。

(3) $a=0,b=0$：

① $c=0$，方程为同义反复。

② $c \neq 0$，方程矛盾。

由以上分析初步得到程序编写步骤。

(1) 输入方程系数 a、b、c。

(2) if ($a != 0.0$) 求两个根。

(3) else if ($b != 0.0$) 输出方程根 $-c/b$。

(4) else if ($c == 0$) 输出"方程同义反复"。

（5）else 输出"方程矛盾"。

以上程序结构的难点在于步骤（2），根据代数知识，可再细化。

（2.1）计算 $\Delta = b^2 - 4ac$。

（2.2）if（$\Delta = 0$）输出方程两个相等实根 $-b/(2a)$。

（2.3）else if（$\Delta > 0$）输出方程两个不等实根。

（2.4）else 输出方程两个虚根。

程序代码如下：

```c
#include<stdio.h>
#include<math.h>
int main()
{
    double   a,b,c,delta,re,im,root1,root2;
    printf("输入方程系数(a,b,c): ");
    scanf("%lf%lf%lf",&a,&b,&c);
    if (fabs(a)>1e-6)                          /* a≠0,有两个根 */
    {
        delta=b*b-4.0*a*c;
        re=-b/(2.0*a);
        im=sqrt(fabs(delta))/(2.0*a);
        if (fabs(delta)<=1e-6)                 /* 两个实根，先求绝对值大的根 */
            printf("方程有两个相等实根: %6.2f\n",re);
        else if (delta>1e-6)
        {
            root1=re+im;
            root2=re-im;
            printf("方程有两个不同实根: %6.2f, %6.2f\n", root1, root2);
        }
        else
            printf("方程有两个复根: %6.2f+%6.2fi,%6.2f-%6.2fi\n",
                re, fabs(im), re, fabs(im));
    }
    else if (fabs(b)>=1e-6)                    /* a=0.0 */
        printf("方程有一个根: %6.2f\n", -c/b);
    else if (fabs(c)<=1e-6)
        printf("方程同义反复.\n");
    else
        printf("方程矛盾.\n");
    return 0;
}
```

由于计算时多次用到 $b^2 - 4ac$、$-b/(2a)$、$\sqrt{|b^2-4ac|}/(2a)$，故程序中分别用 delta，re,im 表示，避免重复计算。由于 $b^2 - 4ac$ 是实数，实数在计算和存储时会出现一些微小误差，当要判断一个实数是否等于 0 时，不能直接用 if（delta==0），采取的方法是判断 delta

的绝对值是否小于一个很小的数,如 10^{-6}。如果小于此数,就认为 delta 等于 0。系数 a、b、c 是否等于 0 的判断也与此相同。

运行结果如下:

```
输入方程系数(a,b,c): 0 0 2↙
方程矛盾.
输入方程系数(a,b,c): 0 2 4↙
方程有一个根: -2.00
输入方程系数(a,b,c): 1 3 2↙
方程有两个不同实根: -1.00  -2.00
输入方程系数(a,b,c): 3 4 5↙
方程有两个复根: -0.67+ 1.11i -0.67- 1.11i
```

例 4-11 水资源是珍贵的,为提倡居民节约用水,某市自来水公司对居民生活用水执行"阶梯水价",水费收费方式为,居民月用水量在 $40\mathrm{m}^3$ 以下(含 $40\mathrm{m}^3$)的,水价按 1.4 元/m^3 收取;超过 $40\mathrm{m}^3$ 且不超过 $60\mathrm{m}^3$ 的这部分,水价按 2.1 元/m^3 收取;超过 $60\mathrm{m}^3$ 的这部分,水价按 3.6 元/m^3 收取。

分析:用水量、收费金额分别用变量 water、cost 表示。

首先判断 water 的大小,收费金额由下列分段函数计算:

$$cost = \begin{cases} 1.4 \times water \\ 1.4 \times 40 + 2.1 \times (water - 40) \\ 1.4 \times 40 + 2.1 \times 20 + 3.6 \times (water - 60) \end{cases}$$

程序代码如下:

```c
#include<stdio.h>
int main()
{
    int water;                              /* 用水量 */
    float cost;                             /* 收费金额 */
    printf("Please enter water: ");
    scanf("%d",&water);
    if (water<40)                           /* 用水量<40 */
        cost=1.4 * water;
    else if                                 /* 40<用水量≤60 */
        cost=1.4 * 40+2.1×(water-40);
    else
        cost=1.4×40+2.1×20+3.6×(water-60);
    printf("The cost is %8.2f\n",cost);
    return 0;
}
```

运行结果如下:

```
Please enter water: 26↙
The cost is    36.40
Please enter water: 49↙
The cost is    74.90
Please enter water: 83↙
The cost is   180.80
```

例 4-12 输入某年某月某日,判断这一天是这一年的第几天。

分析:年、月、日分别用变量 year、month、day 表示。先求出 month 月前的总天数,然后再加上本月的天数 day。month 月前的天数为:1 月前为 0 天,2 月前为 31 天,3 月前为 59 天,……如果该年是闰年且输入月份 month 大于 2 时,需考虑多加一天。本程序暂时没有对日的正确性进行判断。

程序代码如下:

```c
#include<stdio.h>
int main()
{
    int day,month,year,sum,leap;          /*leap是闰年的标记*/
    printf("Please input year,month,day: ");
    scanf("%d%d%d",&year,&month,&day);
    switch(month)                         /*计算某月以前的总天数*/
    {
        case 1:
            sum=0;
            break;
        case 2:
            sum=31;
            break;
        case 3:
            sum=59;
            break;
        case 4:
            sum=90;
            break;
        case 5:
            sum=120;
            break;
        case 6:
            sum=151;
            break;
        case 7:
            sum=181;
            break;
        case 8:
            sum=212;
            break;
```

```
        case 9:
            sum=243;
            break;
        case 10:
            sum=273;
            break;
        case 11:
            sum=304;
            break;
        case 12:
            sum=334;
            break;
        default:printf("wrong input! \n");
        return;
    }
    sum=sum+day;                                    /* 加上本月的天数 */
    if (year%400==0||(year%4==0&&year%100!=0))      /* 闰年判断 */
        leap=1;
    else
        leap=0;
    if (leap==1&&month>2)                           /* 如果是闰年且月份大于 2,总天数加一天 */
        sum++;
    printf("It is the %dth day.\n ",sum);
    return 0;
}
```

运行结果如下:

```
Please input year,month,day: 2007 2 20↙
It is the   51th day.
Please input year,month,day: 2000 6 7↙
It is the   159th day.
Please input year,month,day: 1998 15 10↙
wrong input!
```

应看到,switch 与 if…else 语句虽然都可以处理多分支情况,但 switch 语句只能判断表达式的值是否与 case 子句的常量值相等,不能进行大于、小于的判断,if…else 语句则可以。所以 switch 语句不能完全替代 if…else 语句,反过来 if…else 语句则可以实现 switch 语句的功能。

本 章 小 结

本章主要学习要点如下。
(1) 掌握 if 语句的使用方法。
(2) 掌握 if 嵌套的使用。
(3) 掌握 switch 语句的使用方法。

（4）掌握选择结构程序的设计方法。

（5）了解菜单的程序设计方法。

习 题 4

1. 写出下列程序的运行结果。

（1）

```
int x=3,y=0,z=5;
if (x<y)
    if (y<0)
        z=0;
    else z-=1;
printf("%d\n",z);
```

（2）

```
int x,a=1,b=3,c=5,d=4;
if (a<b)
    if (c<d)
        x=1;
    else if (a<c)
        if (b<d)
            x=2;
        else x=3;
    else x=4;
else x=5;
printf("%d\n",x);
```

（3）

```
int a=3;
switch(a+1)
{
    case 4: a+=4;
    case 3: a+=3;break;
    case 5:
    default:a-=8;
}
printf("%d\n",a);
```

（4）

```
int x=1,y=0,a=0,b=0;
switch(x)
{
    case 1: switch(y)
        {
```

```
        case 0: a++;break;
        case 1: b++;break;
      }
    case 2: a++;b++;break;
    case 3: a++;b++;
  }
  printf("a=%d,b=%d\n",a,b);
```

2. 试将下列语句改写成 switch 语句。

```
if ((s>0)&&(s<=10))
    if ((s>=3)&&(s<=6))
        x=10;
    else if ((s>1)&&(s>8))
        x=3;
    else
.       x=1;
else
    x=0;
```

3. 编写程序,求分段函数的值:

$$y = \begin{cases} x^2 - 1, & x < 0 \\ x^2, & 0 \leqslant x < 1 \\ x^2 + 1, & x \geqslant 1 \end{cases}$$

4. 判断一个整数是否既是 5 的倍数,又是 9 的倍数。

5. 判断一个正整数是不是一个能被 37 整除的三位数。

6. 将任意 3 个整数按由小到大的顺序输出。

7. 编程实现:输入整数 a 和 b,若 $a^2 + b^2 > 100$,则输出 $a^2 + b^2$ 百位以上的数字,否则输出两数之和。

8. 给出一个 5 位数,判断它是不是回文数。回文数是指一个数从左往右读和从右往左读的数字序列是相同的,例如,12321 是回文数。

9. 某企业发放的奖金是根据利润提成。利润≤10 万元时,奖金可提 10%;10 万元<利润≤20 万元时,低于 10 万元的部分按 10%提成,高于 10 万元的部分,可提成 7.5%;20 万元<利润≤40 万元时,高于 20 万元的部分,可提成 5%;40 万元<利润≤60 万元时,高于 40 万元的部分,可提成 3%;60 万元<利润≤100 万元时,高于 60 万元的部分,可提成 1.5%,利润≥100 万元时,超过 100 万元的部分按 1%提成。要求:输入当月利润,输出应发放奖金数额。

第 5 章 循 环 结 构

循环结构与顺序结构、选择结构一起构成了解决各种复杂程序设计的基础,它主要用于处理那些需要重复执行的操作。相对于程序设计的 3 种结构,循环结构是最难掌握的,同时,它也是最重要的。C 语言中构成循环结构的语句有 3 类:while 循环,do…while 循环和 for 循环。

通过本章学习,应掌握 3 类循环结构及其综合应用,强化循环的程序设计思想。

本章知识体系如图 5-0 所示。

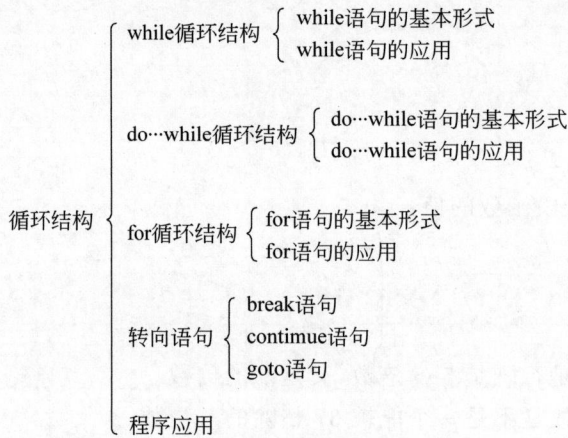

图 5-0 本章知识体系

问题的提出:在许多问题中需要用到循环结构。首先看两个实际问题,第一个问题是打印如图 5-1 所示图案;另外一个问题是计算从键盘输入的 n 的阶乘(先不考虑溢出问题)。

看到第一个问题,很多初学者觉得这个问题很简单,只要学习过 printf 语句,就能写出程序:

程序代码如下:

```
#include<stdio.h>
int main()
{
    printf("    *    \n");
    printf("   ***   \n");
    printf("  *****  \n");
    printf(" ******* \n");
    printf("*********\n");
    printf(" ******* \n");
    printf("  *****  \n");
```

```
        *
       ***
      *****
     *******
    *********
     *******
      *****
       ***
        *
```

图 5-1 菱形图案

```
    printf("  ***  \n");
    printf("   *   \n");
    return 0;
}
```

很显然,这个程序完全能够完成题目的要求,同时也能看出程序设计员没有利用循环结构。如果再按照相应的规律增加几十行,甚至几百行的话,那么又应该如何写此程序呢?

第二个问题如果再不使用循环结构的话就不能完成了,因为在程序执行之前,程序员本身并不知道用户输入的 n 的值到底是多少。类似的问题应该如何解决呢? 学习完本章的内容后,回头再来看这些问题,如果能熟练掌握循环结构程序设计思想的话,这些问题将迎刃而解。

常用的循环语句包括 3 类:while 循环、do…while 循环和 for 循环。

5.1 while 循环结构

5.1.1 while 语句的基本形式

while 语句是循环结构程序中很常用的语句,该语句通常用于构成"当型"循环结构。while 语句的一般形式如下:

```
while  (表达式)
{
    循环体语句;
}
```

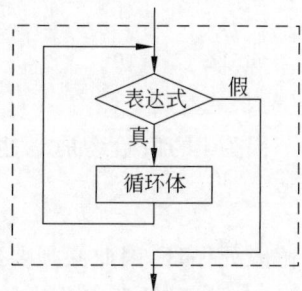

图 5-2 while 语句流程图

其执行过程为,先计算表达式的值,如果表达式的值为"真"(非0),则执行循环体语句,同时修改相应的变量后,再计算表达式。重复该过程,直到表达式的值为"假"(0)时退出循环。流程图如图 5-2 所示。

例如:

```
i=1;
while (i<=10)
{
    s=s+i;
    i++;
}
```

使用 while 语句时需要注意:

(1) while 语句"()"中的表达式一般是关系表达式或逻辑表达式,也可以是数值表达式,只要表达式的值为真(非 0)即可继续循环。

(2) 循环体若包含一个以上的语句,则要用"{}"括起来,以复合语句形式出现,否则,它只认为 while 后面的第一条语句是循环体。

例如:

```
i=1;
while (i<=10)
    s=s+i;
    i++;
```

其中,循环体语句是

```
s=s+i;
```

不包括

```
i++;
```

（3）循环前,必须给循环控制变量赋初值,如上例中的

```
i=1;
```

（4）在循环体中一定要有使循环趋向结束的操作。如上例中的

```
i++;
```

否则形成死循环。

例如:

```
i=1;
while (i<=10)
    s=s+i;
```

因为 i 的值始终是 1,也就是说,永远满足条件 i<=10,所以程序不断地执行

```
s=s+i;
```

并陷入死循环,因此必须要给出循环终止条件。

（5）如果循环表达式的值为"0"或者假,则循环体语句一次也不执行。

例如:

```
i=11;
while (i<=10)
{
    s=s+i;
    i++;
}
```

由于 i 一开始值为 11,不符合循环条件 i<=10,表达式的值为 0,循环体语句一次也不执行。要使程序能够进入循环,必须给 i 的赋值小于 11 的初值。

注意：while 后面不能直接加";",如果直接在 while 语句后面加了";",系统会认为循环体语句是空语句,什么也不做。后面"{}"括起来的部分将认为是 while 语句后面的下一条语句。

5.1.2 while 语句的应用

例 5-1 从键盘输入 n,计算 $n!$(本例不考虑溢出问题)。

分析：从键盘输入 n，先判断 n 是否大于 0。若小于 0 则提示用户正确输入。若等于 0 或 1，则输出结果为 1。若大于 1，则利用公式 $n!=1\times2\times\cdots\times(n-1)\times n$ 计算 $n!$ 的值，然后输出即可。

程序代码如下：

```
#include<stdio.h>
int main()
{
    int n;
    int i=1,sum=1;
    printf("Please input a number: ");
    scanf("%d",&n);
    while (n<0)
    {
        printf("Error! Enter again: ");
        scanf("%d",&n);
    }
    if (n==0||n==1)
        printf("The result of %d! is :%d\n",n,sum);
    if (n>1)
    {
        while (i<=n)
        {
            sum *=i;
            i++;
        }
        printf("The result of %d! is :%d\n",n,sum);
    }
    return 0;
}
```

运行结果如下：

```
Please input a number:  -4↙
Error! Enter again: 0↙
The result of 0! is :1
Please input a number:  4↙
The result of 4! is :24
```

例 5-2 求数列 $1/2+2/3+3/4+\cdots+30/31$ 的值（用 while 语句实现）。

分析：数列的通项式为 $i/(i+1)$，其中 $i=1,2,\cdots,30$，计算每次得到当前项的值，然后加到 sum 中即可。

程序代码如下：

```
#include<stdio.h>
int main()
```

```
{
    int i;
    float sum=0;
    i=1;
    while (i<=30)
    {
        sum=sum+i/(i+1.0);
        i++;
    }
    printf("数列前 30 项之和为%f\n",sum);
    return 0;
}
```

运行结果如下：

数列前 30 项之和为 26.972755

例 5-3　输入某门课程的若干名同学的成绩,以−1 作为结束输入的标志,计算该门课程的平均成绩。

分析：先输入一个成绩,若输入−1,直接结束,否则,使用循环结构计算总成绩,同时用计数器记录输入成绩个数,最后利用公式：

$$平均分=总成绩/输入成绩个数$$

求取平均成绩。

程序代码如下：

```
#include<stdio.h>
int main()
{
    int n=0;
    float sum=0,score=0;
    printf("Please input the score end with -1: ");
    scanf("%f",&score);
    if (score==-1||score<0)
        printf("No score! \n");
    if (score>=0)
    {
        while (score!=-1)
        {
            sum+=score;
            scanf("%f",&score);
            n++;
        }
        printf("The average score is %6.2f\n ",sum/n);
    }
    return 0;
```

```
}
```

运行结果如下：

```
Please input the score end with -1: -4↙
No score!
Please input the score end with -1: 90 86 48 84 -1↙
The average score is 77.00
```

5.2　do…while 循环结构

5.2.1　do…while 语句的基本形式

do…while 语句也是循环结构程序中比较常用的语句,该语句类似"直到型"循环结构,但它的循环继续条件与"直到型"相反。do…while 语句的一般形式如下:

```
do {
    循环体语句;
} while (表达式);
```

其执行过程为,先执行一次循环体语句,然后计算表达式的值,如果表达式的值"真"(非 0),则再次执行循环体,同时修改相应的变量后,再计算表达式,重复该过程,直到表达式的值为"假"(0)时退出循环。流程图如图 5-3 所示。

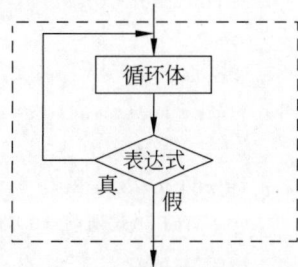

图 5-3　do…while 语句流程图

5.2.2　do…while 语句的应用

例 5-4　从键盘输入正整数 n,计算 $s=1+2+3+\cdots+n$(用 do…while 语句实现)。

分析:从键盘输入正整数 n,利用公式计算 $s=1+2+3+\cdots+n$,然后输出 s。

程序代码如下:

```
#include<stdio.h>
int main()
{
    int n;
    int i=0, s=0;
    printf("Please input a positive integer: ");
    scanf("%d",&n);
    do {
        s+=i;
        i++;
    } while (i<=n);            /* i 的值为 n+1 时,停止循环 */
    printf("The result is %d\n",s);
    return 0;
}
```

运行结果如下：

例 5-5 求数列 $1/2+2/3+3/4+\cdots+30/31$ 的值（用 do…while 语句实现）。

分析：通过分析本例数列的通项式：$i/(i+1)$，其中 $i=1,2,\cdots,30$，计算每次得到当前项的值，然后加到 sum 中即可。

程序代码如下：

```
#include<stdio.h>
int main()
{
    int i;
    float sum=0;
    i=1;
    do {
        sum=sum+i/(i+1.0);
        i++;
    } while (i<=30);
    printf("数列前 30 项之和为%f\n",sum);
    return 0;
}
```

运行结果如下：

数列前 30 项之和为 26.972755

注意：

（1）与 while 语句类似，do…while 循环体内也一定要有改变循环条件的语句，使循环趋向于结束。

（2）do…while 的循环体即使只有一个语句，也需要用"{ }"括起来。

（3）do…whlie 循环先执行循环体语句，后判断表达式，也就是说不管其表达式的值是否总为"假"（0），其循环体语句总能够被执行。例如：

```
while (0)                              do{
{                                          printf("do…while!\n");
    printf("While!\n");                } while (0);
}
```

上例很容易看出，while 语句和 do…while 语句的不同之处，while 语句执行的时候是没有输出的，但是 do…while 语句执行的时候就会输出："do…while!"。可以得到结论：在两者有相同循环体的情况下，当 while 后面的表达式的第一次为"真"时，两个循环体得到的结果相同,否则,二者结果不同。

(4) 通常情况下,do⋯while 语句是从后面控制表达式退出循环。但它也可以构成无限循环,此时要利用 break 语句直接从循环体内跳出循环。

5.3 for 循环结构

5.3.1 for 语句的基本形式

在 3 类循环结构语句中,for 语句使用最为灵活,不仅可以用于循环次数已经确定的情况,而且也可以用于循环次数不确定而只给出循环结束条件的情况,它是将初始化、判断和更新放在一起的语句,完全可以代替 while 语句。for 语句的一般形式如下:

```
for (表达式 1;表达式 2;表达式 3)
    循环体语句;
```

其执行过程如下。

(1) 先计算表达式 1 的值。

(2) 再计算表达式 2 的值,若值为"真"(非 0),则执行循环体中的语句,然后执行步骤(3);若值为"假"(0),循环结束,转达到步骤(5)。

(3) 计算表达式 3 的值。

(4) 然后再转回步骤(2)继续执行。

(5) 结束循环,执行 for 语句下面的语句。

其执行的流程图如图 5-4 所示。

例如:

```
s=0;
for (i=1;i<=10;i++)
    s=s+i;
```

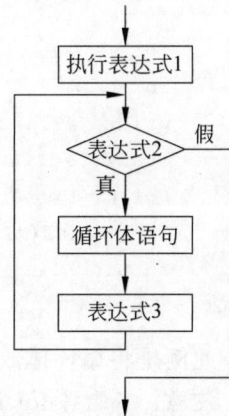

图 5-4 for 语句的流程图

该语句表示,i 是循环变量,表达式 1(即 i=1)是给循环变量赋初始值;表达式 2(即 i<=10)决定了循环能否执行的条件;循环语句是

```
s=s+i;
```

表达式 3(即 i++)使循环变量每次增加 1,是使循环趋向结束的操作。

为了更容易理解,可以将 for 语句的形式改为

```
for (循环变量赋初始值;循环条件;循环变量增值)
    循环体语句;
```

由流程图很容易得到结论,for 语句实际上等价于下面的 while 语句:

```
表达式 1;
while (表达式 2)
{
```

```
        循环体语句;
        表达式 3;
    }
```

5.3.2　for 语句的应用

　　for 语句在使用上比较灵活,表达式 1 可以放在循环语句前;表达式 2 可以放在循环体内,这时等价于表达式 2 的值为"真"(非 0);表达式 3 可放在循环体的后面。于是将会出现 for 语句的不同形式,如例 5-6 所示。

　　例 5-6　从键盘输入正整数 n,计算 $s=1+2+3+\cdots+n$(用 for 语句实现)。

　　分析:从键盘输入正整数 n,利用公式计算 $s=1+2+3+\cdots+n$,然后输出 s。

　　程序代码如下:

　　第 1 种:

```
#include<stdio.h>
int main()
{
    int n;
    int i,s;
    printf("Please input a positive integer: ");
    scanf("%d",&n);
    for (i=1,s=0;i<=n;s+=i,i++);
        printf("The result is %d\n",s);
    return 0;
}
```

　　此例是将循环体放入表达式 3 中,即循环体语句为空。

　　注意:不能将 for 语句循环后的";"去掉。

　　第 2 种:

```
#include<stdio.h>
int main()
{
    int n;
    int i=1,s=0;
    printf("Please input a positive integer: ");
    scanf("%d",&n);
    for (;i<=n;)
    {
        s+=i;
        i++;
    }
    printf("The result is %d\n",s);
    return 0;
}
```

此例是将表达式 3 放入循环体中。

第 3 种：

```c
#include<stdio.h>
int main()
{
    int n;
    int i=1,s=0;
    printf("Please input a positive integer: ");
    scanf("%d",&n);
    for (;;)
    {
        s+=i;
        i++;
        if (i>n)
            break;
    }
    printf("The result is %d\n",s);
    return 0;
}
```

此例是用 if 语句来判断是否停止循环。

第 4 种：

```c
#include<stdio.h>
int main()
{
    int n;
    int i=1,s=0;
    printf("Please input a positive integer: ");
    scanf("%d",&n);
    for (;i<=n;i++)
        s+=i;
    printf("The result is %d\n",s);
    return 0;
}
```

运行结果如下：

```
Please input a positive integer: 100✓
The result is 5050
Please input a positive integer: 999✓
The result is :499500
```

累加与累乘是最常见的一类算法,这类算法就是在原有的基础上不断地加上或乘以一个新的数。这类算法至少需要设置两个变量：一个变量作为循环变量控制自然数的变化；

另一个变量用来存放累加或累乘的结果,通过循环将变量变成下一个数的累加和或阶乘。所以一般求阶乘时存放阶乘的变量初值应设置为1,求累和初值应设置为0。

例 5-7 小明看中了一款八千多元的手机,但他没有这个预算。现在有一种校园贷,如果贷款 1 万元,签订 8 个月的偿还期限,日利率只有 8‰,小明会觉得怎么样?来看看小明 8 个月后要还多少钱。

分析:(1)日利率 8‰(注:表示每天 1 元利息是 0.08 元),则需转为月利率 8‰ * 30 = 0.24;(2)这个月的本金加利息作为下一个月的本金。

程序代码如下:

```c
#include <stdio.h>
int main(){
    float capital=10000, interest=0.24;
    int month;
    for (month=1;month<=8;month++)
        capital *= (1+interest);
    printf("8 个月后本金加利息共%.2f 元\n",capital);
    return 0;
}
```

运行结果如下:

8 个月后本金加利息共 55895.07 元

例 5-8 编程解决猴子吃桃问题。猴子吃桃问题的描述:猴子第一天摘下若干桃子,当即吃了一半,还不过瘾,又多吃了一个。第二天又将剩下的桃子吃掉了一半,又多吃了一个。以后每天将前一天剩下的桃子吃掉一半,再多吃一个。直到第 10 天只剩下一个桃子了,求第一天共摘了多少个桃子。

分析:依照题目意思容易知道,第 10 天剩下一个桃子,假设为 x,第 9 天的桃子就是 $2 \times (x+1)$,第 8 天的桃子就是 $2 \times (2 \times (x+1)+1)$,以此类推。可以得到最后的值,并输出即可。

程序代码如下:

```c
#include<stdio.h>
int main()
{
    int i,x=1;
    for (i=1;i<10;i++)
        x=2 * (x+1);
    printf("Total is %d\n",x);
    return 0;
}
```

运行结果如下:

Total is 1534

例 5-9 从键盘输入一批非零整数,以 0 为终止符,输出这批数字中的最大值。

分析:从键盘输入一批整数,利用 max 变量存放当前最大的整数,先把第一个变量作为最大值赋值给 max,以后每输入一个数先和 max 比较,若比 max 大则直接赋值给 max,使得 max 值总是最大,直到输入 0 结束,输出 max 即可。

程序代码如下:

```c
#include <stdio.h>
int main()
{
    int n,max;
    printf("Please input numbers,last one is 0: ");
    scanf("%d",&n);
    max=n;
    for (;n!=0;)
    {
        scanf("%d",&n);
        if (max<n)
            max=n;
    }
    printf("Max is %d\n",max);
    return 0;
}
```

运行结果如下:

```
Please input numbers,last one is 0:100 -3 23 45 89 7 3 0↙
Max is 100
```

注意:

(1) 关键字 for 后面"()"里的 3 个表达式都可以省略,但是其中的两个";"不能省略。否则,系统会报错。

(2) 如果表达式 1 被省略,则应该在 for 语句之前给变量赋初值。例如:

```c
int i=1,s=0;
for (;i<=n;i++)
    s+=i;
```

(3) 如果表达式 2 被省略,则 for 循环语句将会无限循环,只有在循环体内加上退出循环的语句才有意义。通常加入语句:

```c
if (表达式)
    break;
```

该 if 语句表示当满足某条件时,也就是说表达式的值为"真"(非 0),执行 break 语句,退出该重循环。

(4) 如果表达式 3 被省略,则程序员可以把表达式 3 的内容加到循环体内,以保证循环能够正常结束。例如：

```
int i=1,s=0;
for (i=1;i<=n;)
{
    s+=i;
    i++;
}
```

（5）循环体若包含一条以上的语句，则要用"{}"把这些语句括起来，以复合语句形式出现；否则，可能与程序要求不符。

5.4 循环的嵌套

循环的嵌套是指一个循环结构的循环体内又包含另一个完整的循环结构。内嵌的循环中还可以嵌套循环，这样就构成了多层循环。C 语言提供的 3 类循环语句，它们既可以自身嵌套，也可以相互嵌套。

例如下面几种形式的循环。

（1）while 嵌套 while：

```
while (…)
{  …
    while (…)
    { … }
}
```

（2）do…while 嵌套 do…while：

```
do {
    do {
        …
    } while (…);
} while (…);
```

（3）for 嵌套 for：

```
for (…;…;…)
{
    for (…;…;…)
    { … }
}
```

（4）for 嵌套 while：

```
for (…;…;…)
{
    while (…)
    { … }
```

```
}
```

（5）while 嵌套 do…while：

```
while (…)
{
    do {
        …
    } while (…);
}
```

（6）do…while 嵌套 for：

```
do {
    for (…;…;…)
    {  …  }
} while (…);
```

例 5-10　求解百钱买百鸡问题。百钱买百鸡问题："鸡翁一，值钱五；鸡母一，值钱三；鸡雏三，值钱一。百钱买百鸡，问鸡翁、母、雏各几只？"

分析：百钱买百鸡问题是穷举法的典型应用。由题意可知，鸡翁 x 的取值范围是 $0\leqslant x\leqslant20$，鸡母 y 的取值范围是 $0\leqslant y\leqslant33$，鸡雏 z 的取值可由买百鸡的条件 $100-x-y$ 得到。采用穷举法，把每一次 x、y、z 取一个值后，再验证是否符合百钱买百鸡的条件，例如：

```
5 * x+3 * y+1/3.0 * (100-x-y)==100
```

如果满足条件将结果输出。

程序代码如下：

```
#include<stdio.h>
int main()
{
    int x,y,z;
    int i=0;
    printf("百钱买百鸡,鸡翁、鸡母、鸡雏的数目: \n");
    for (x=0;x<=20;x++)                    /* 鸡翁循环的次数 */
    {
        for (y=0;y<=33;y++)               /* 鸡母循环的次数 */
        {
            z=100-x-y;                    /* 计算鸡雏的数目 */
            if (5 * x+3 * y+1/3.0 * z==100)    /* 判断是否满足百钱 */
                printf("鸡翁%d只,鸡母%d只,鸡雏%d只\n",x,y,z);
        }
    }
    return 0;
}
```

运行结果如下：

百钱买百鸡,鸡翁、鸡母、鸡雏的数目:
鸡翁 0 只,鸡母 25 只,鸡雏 75 只
鸡翁 4 只,鸡母 18 只,鸡雏 78 只
鸡翁 8 只,鸡母 11 只,鸡雏 81 只
鸡翁 12 只,鸡母 4 只,鸡雏 84 只

"百钱买百鸡"问题是由我国古代数学家张丘建提出的,意为用 100 元钱买 100 只鸡;其中鸡翁售价 5 元一只,鸡母售价 3 元一只,鸡雏售价 1 元三只。本题通过分析发现首先要查找鸡翁、鸡母及鸡雏的取值范围来确定循环区间,但是如果不仔细分析,就无法知道小鸡的只数必须是 3 的整数倍这个隐藏条件,而且进一步分析程序,通过数学公式的转换,就会发现本程序可以由 3 重循环简化为 2 重循环,可以大大提高程序的执行效率;说明在写程序的时候需要像艺术品一样精雕细刻,不断地改进、完善和优化,减少程序实现的漏洞,使所编制的控制程序快速精准识别需要的信息,在代码实现的过程中,要有脚踏实地的学习态度和精益求精的工匠精神。

例 5-11 打印如图 5-1 所示图案。

分析:如果要打印一个由若干行和若干列组成的二维图形,就需要将程序设计成一个二层循环,通常外循环的循环次数对应图形的总行数,内循环的循环次数对应图形每行打印的符号的个数。本例有两种方案供参考。一种是把图案分成上下两个三角形来打印,如方案 1,另一种是按照整个菱形打印,如方案 2。

方案 1:将图形分成上下两个三角形打印。

上三角形的组成规律是:第 1 行打印 1 个"*",第 2 行打印 3 个"*",第 3 行打印 5 个"*",第 4 行打印 7 个"*",第 5 行打印 9 个"*"。通过在"*"前打印空格的方法使得图形呈三角形形状。打印空格的个数为:第 1 行打印 $(9-1)/2=4$ 个,第 2 行 $(9-3)/2=3$ 个,第 3 行打印 2 个,第 4 行打印 1 个。

下三角形的组成规律是,4 行的"*"个数分别是 7 个,5 个,3 个和 1 个。下三角形打印空格的个数为第 1 行 1 个,第 2 行 2 个,第 3 行 3 个,第 4 行 4 个。

程序代码如下:

```
#include<stdio.h>
int main()
{
    int i,j,k;
    for (i=1;i<=5;i++)
    {
        for (j=1;j<=5-i;j++)
            printf(" ");
        for (k=1;k<=2*i-1;k++)
            printf("*");
        printf("\n");
    }
    for (i=4;i>=1;i--)
    {
```

```
            for (j=1;j<=5-i;j++)
                printf(" ");
            for (k=1;k<=2*i-1;k++)
                printf(" * ");
            printf("\n");
        }
        return 0;
    }
```

运行结果如下：

```
        *
       ***
      *****
     *******
    *********
     *******
      *****
       ***
        *
```

方案 2：按菱形图案打印。

该方案中，图形的行数按总行数考虑，编程时要考虑两点。

（1）每行输出"＊"的起始位置，也就是前面输出空格的个数，若用 m 表示要输出的空格个数的话，可以用公式 $m=abs(5-i)$ 计算 m 的值，其中的 i 为行号，$abs()$ 为求绝对值的数学函数。

（2）每行打印"＊"的个数 k 可以用公式 $k=2n-1$ 计算，第 5 行前，$n=i$，第 5 行以后 $n=10-i$，其中的 i 为行号。

程序代码如下：

```
#include<stdio.h>
#include<math.h>
int main()
{
    int i,j,k,m,n;
    for (i=1;i<=9;i++)
    {
        m=abs(5-i);
        n=i;
        if (i>5)
            n=10-i;
        j=2*n-1;
        for (k=1;k<=m;k++)
            printf(" ");
        for (k=1;k<=j;k++)
```

```
        printf(" * ");
    printf("\n");
    }
    return 0;
}
```

运行结果如下：

```
        *
       ***
      *****
     *******
    *********
     *******
      *****
       ***
        *
```

5.5　转 向 语 句

5.5.1　break 语句

break 语句的一般格式如下：

```
break;
```

该语句的功能是退出某段程序。该语句常用于两种情况。

（1）用于开关语句 switch 的语句序列中，表示退出该开关语句。

（2）用于循环语句的循环体中，终止当层循环，即跳出循环体，直接执行循环结构后面的语句，一般与 if 语句连用，当满足某种条件时跳出循环体。

其语法格式如下：

```
while (表达式 1)
{
  …
  if (表达式 2)
     break;
  …
}
```

break 语句在循环语句的循环体内的作用是终止当前的循环语句。

例 5-12　从键盘输入小于 100 的正整数 n，找出在 $n\sim100$ 的自然数中可以被 13 整除的第一个数。

分析：从键盘输入正整数 n，用 for 语句来实现对每个数的判断，当该数能被 13 整除时，输出该数，然后执行 break 语句，结束循环。当该数不能被 13 整除时，先使变量增 1，然后进行下一次循环操作,直到找出第一个能被 13 整除的数,结束循环,输出该数。

程序代码如下:

```c
#include<stdio.h>
int main()
{
    int i,n;
    int s=0;
    printf("Please input a positive integer: ");
    scanf("%d",&n);
    for (i=n;i<=100;i++)
    {
        if (i%13==0)
        {
            printf("The first number is %d\n",i);
            break;
        }
    }
    return 0;
}
```

运行结果如下:

```
Please input a positive integer: 1↙
The first number is 13
Please input a positive integer: 45↙
The first number is 52
```

例 5-13 从键盘输入一个大于 2 的正整数,判断该数是不是素数。

分析:素数是除了 1 和本身,不能被其他任何整数整除的整数。从键盘输入大于 2 的正整数 num,依次从 2 到 num−1 逐个尝试除 num,只要有一个数能整除 num,num 为非素数(后边的数也不用再试了),若全部整数都不能整除 num,则 num 为素数。

程序代码如下:

```c
#include <stdio.h>
int main()
{
    int num,i;
    printf("Please input a number:");
    scanf("%d",&num);
    for (i=2;i<num;i++)
    {
        if (num%i==0)             /* 能被 i 整除,必不是素数,提前结束循环 */
            break;
    }
    if (i<num)                    /* 提前结束循环,i<num 仍然成立,说明不是素数 */
```

```
            printf("%d不是素数!\n",num);
    else           /*否则 i>=num,说明 i 从 2 到 num-1 都试完了都不能整除,说明是素数 */
            printf("%d是素数!\n",num);
    return 0;
}
```

运行结果如下:

```
Please input a number: 9↙
9不是素数!
Please input a number: 199↙
199是素数!
```

注意:break 语句只能用在 switch 语句和循环语句中。如果 break 语句在循环嵌套中,只能退出其所在的那一层循环。

5.5.2 continue 语句

continue 语句的一般格式如下:

```
continue;
```

该语句的功能是结束本次循环,转到循环头去判断是否继续循环。该语句只能用在循环语句的循环体中,一般也是与 if 语句连用,当满足某种条件时跳出本次循环。

其一般语法格式如下:

```
while (表达式 1)
{
    …
    if (表达式 2)
        continue;
    …
}
```

例 5-14 从键盘输入小于 100 的正整数 n,找出在 $n \sim 100$ 的自然数中可以被 13 整除的第一个数。

分析:从键盘输入正整数 n,用 for 语句来实现对每个数的判断。当该数能被 13 整除时,输出该数,然后执行 continue 语句,结束本次循环。当该数不能被 13 整除时,先使变量增 1,然后进行下一次循环操作,直到找出全部能被 13 整除的数。

程序代码如下:

```
#include<stdio.h>
int main()
{
    int i,n;
    int s=0;
    printf("Please input a positive integer: ");
```

```
    scanf("%d",&n);
    printf("The number is");
    for (i=n;i<=100;i++)
    {
        if (i%13==0)
            break;
        printf("%4d",i);
    }
    return 0;
}
```

运行结果如下：

```
Please input a positive integer: 1↙
The number is   13   26   39   52   65   78   91
Please input a positive integer: 45↙
The number is   52   65   78   91
```

本例中，当 i 不能被 13 整除时，才执行 continue 语句，执行后越过后面的语句（printf 不执行），直接回到循环头部判断循环条件，再进行下一次循环。只有当 i 能被 13 整除时，才执行后面的 printf 语句。

5.5.3　goto 语句

goto 语句的一般格式如下：

goto 语句标号；

goto 语句是无条件转向语句，它的功能是把程序控制转移到指定标号的语句处，再执行标号后面的程序。

在结构化程序设计中，goto 语句和结构化程序设计思想不符，实际编程时，最好不用 goto 语句，因为 goto 语句可以出现在函数内的任何地方，并且可以在函数体内随意跳转，容易引起程序流程的混乱，程序可读性差。只有在使用该语句确实能使程序更加简练明了的时候，可以尝试使用该语句。

例 5-15　从键盘输入一段自然数范围，找出该范围内第一个能同时被 13 和 17 整除的数，如果找不到，给出相应的提示信息。

分析：从键盘输入两个正整数 a 和 b，进行比较，使得 a 的值总是较小的，b 的值总是较大的，用 for 语句来实现对这两个整数中间的自然数进行判断。当该数能同时被 13 和 17 整除时，输出该数，用 goto 语句跳到一条输出语句。如果找完了全部的数都不能找到，则输出提示信息，调用另一条 goto 语句，该条 goto 语句是一条空语句。

程序代码如下：

```
#include<stdio.h>
int main()
{
```

```
    int i,a,b,temp;
    printf("Enter two positive integer: ");
    scanf("%d%d",&a,&b);
    if (b<a)
    {
        temp=a;
        a=b;
        b=temp;
    }
    for (i=a;i<=b;i++)
        if (i%13==0 && i%17==0)
            goto A;
    printf("Not found! \n");
        goto B;
    A:printf("%d\n",i);
    B:;
    return 0;
}
```

运行结果如下：

Enter two positive integer: **65 34** ↙
Not found!
Enter two positive integer: **65 230** ↙
221

5.6 程序应用

例 5-16   求解 10 000!的末尾有多少个 0。

分析：很显然不能用连乘来求出 10 000!的值以后再去数它的末尾有多少个 0,而是应该判断 1～10 000 有多少个因子 5,因为任何一个偶数乘以 5 都会得到一个 0。

程序代码如下：

```
#include<stdio.h>
int main()
{
    int i,k;
    int count=0;
    for (i=5;i<=10000;i+=5)
    {
        k=i;
        while (k%5==0)
        {
            count++;
```

```
        k/=5;
      }
    }
    printf("There are %d zero in the end of 10000! \n",count);
    return 0;
}
```

运行结果如下：

```
There are 2499 zero in the end of 10000!
```

例 5-17　从键盘输入两个自然数，找出这两个数的最大公约数并输出。

分析：从键盘输入两个自然数 a 和 b，进行比较，使得 a 的值总是较小的，b 的值总是较大的，再使用辗转相除法求出两个数的最大公约数，然后输出即可。

辗转相除法具体步骤如下。

（1）a 和 b 进行比较，a 的值总是较大者，b 的值总是较小者。

（2）以 $a\%b$，并令所得余数为 r（r 必小于 b）。

（3）若 $r=0$，算法结束，输出结果 b 为两个数的最大公约数；否则 $r\neq0$，继续步骤（4）。

（4）将 $a=b$，将 $b=r$，返回步骤（2）继续进行。

程序代码如下：

```
#include<stdio.h>
int main()
{
    int a,b,r,temp;
    printf("Enter two positive integer: ");
    scanf("%d%d",&a,&b);
    printf("gcd[%d,%d]=",a,b);
    if (b<a)
    {
        temp=a;
        a=b;
        b=temp;
    }
    r=a%b;
    while (r!=0)
    {
        a=b;
        b=r;
        r=a%b;
    }
    printf("%d\n",b);
    return 0;
}
```

运行结果如下：

```
Enter two positive integer: 13 17↙
gcd[13,17]=1
Enter two positive integer: 56 48↙
gcd[56,48]=8
```

求出两个数的最大公约数后，两个数的乘积除以最大公约数，即可得到两个数的最小公倍数。例如，在上例中，gcd[56,48]＝8，则 56,48 的最小公倍数为 $56 \times 48/8 = 336$。

例 5-18 验证任何一个自然数 n 的立方都等于 n 个连续的奇数之和。例如：$1^3 = 1$，$2^3 = 3 + 5, 3^3 = 7 + 9 + 11$（输入－1 时程序结束）。

分析：从键盘输入正整数 n，当 n 为－1 时，程序结束，当 n 为自然数时循环语句去寻找等式，直到找到符合条件的等式时把该等式输出即可。

程序代码如下：

```c
#include<stdio.h>
int main()
{
    int i,n,a,b,c;
    printf("Enter a positive integer end with -1: ");
    scanf("%d",&n);
    while (n!=-1)
    {
        a=1;
        do {
            b=a;
            c=0;
            for (i=1;i<=n;i++)
            {
                c+=b;
                b+=2;
            }
            if (c==n*n*n)
                break;
            else
                a+=2;
        } while (1);
        printf("%d*%d*%d=",n,n,n);
        for (i=1;i<=n;i++)
        {
            printf("%d",a);
            if (i!=n)
                printf("+");
            a+=2;
        }
        printf("\nEnter a positive integer end with -1: ");
        scanf("%d",&n);
    }
```

```
    return 0;
}
```

运行结果如下：

```
Enter a positive integer end with -1:
4 * 4 * 4=13+15+17+19
Enter a positive integer end with -1:
7 * 7 * 7=43+45+47+49+51+53+55
Enter a positive integer end with -1:
```

本 章 小 结

本章主要学习要点如下。

(1) 熟悉循环结构中包含的语句。

(2) 掌握 while、do…while、for 语句的使用方法。

(3) 掌握循环嵌套的使用。

(4) 掌握 break、continue、goto 语句的使用方法。

(5) 掌握循环结构程序的设计方法。

习 题 5

1. 写出下列程序的运行结果。

(1)

```
int i=0,j=2;
while (i<=3)
{
    i++;
    j*=2;
}
printf("i=%d,j=%d\n",i,j);
```

(2)

```
int k=4,n=0;
for (;n<k;)
{
    n++;
    if (n%2==0)
        continue;
    k--;
}
printf("k=%d,n=%d\n",k,n);
```

2. 下面程序的功能是,输出 100 以内能被 3 整除且个位数为 6 的所有整数,试填空。

```c
int main()
{
    int i,j;
    for (i=0;_____(1)_____;i++)
    {
        j=i*10+6;
        if (_____(2)_____)
            continue;
        printf("%d  ",j);
    }
}
```

3. 编写程序,计算 $sum=1+2+3+\cdots+i$,求 i 等于多少时,sum 的值大于 5000。

4. 编写程序,求 200 以内的素数。

5. 编写程序,求 $1-2/3+3/5-4/7+5/9-6/11+\cdots$ 的前 n 项和(n 从键盘输入)。

6. 编写程序,打印所有的"水仙花数"。所谓"水仙花数"是指一个 3 位数,其各位数字的立方和等于该数本身。例如 153 是一个"水仙花数",因为 $153=1^3+5^3+3^3$。

7. 编写程序,读入 10 名学生的 C 语言成绩,计算平均成绩,并统计成绩在 $60\sim85$ 分的学生总人数。

8. 编写程序,输出九九乘法表。
$1\times1=1$
$1\times2=2$ $2\times2=4$
$1\times3=3$ $2\times3=6$ $3\times3=9$
……

9. 求 $1!+2!+3!+\cdots+n!$ 的值,n 的值由键盘输入。

10. 把 100 元人民币换成 1 元、2 元、5 元的零钱,有多少种换法。

11. 求 $s=a+aa+aaa+\cdots+\overbrace{aaa\cdots a}^{n}$,其中最后一个数中 a 的个数为 n,a 和 n 由键盘输入。

12. 现有一根 393cm 的长杆,要求将它截成 81cm、41cm、29cm 的短杆若干根,并在 81cm 和 41cm 两种规格各截一根的前提下,编程求解该如何截才能使得剩下的余料最短,最后输出最短的余料和 3 种规格各截得的根数。

13. 编写程序,求 3000 以内的所有亲密数。整数 A 和 B 称为亲密数的条件为,如果整数 A 的全部因子(包括 1,不包括 A)之和等于 B,且整数 B 的全部因子(包括 1,不包括 B)之和等于 A。

14. 编写程序,对 5000 以内的整数验证哥德巴赫猜想:对任何大于 4 的偶数都可以分解为两个素数之和。

15. 一辆汽车违反交通规则,撞人以后逃离现场。现场有 3 人目击,但都没有记住车牌号码,只记下车牌号码的一些特征:A 记得牌照的前两位数字是相同的,B 记得牌照的后两位数字相同,C 记得 4 位的车牌号刚好是一个整数的平方。编程求得该 4 位的车牌号并输出。

第6章 数　　组

在程序设计中,为了处理方便,把具有相同类型的若干变量按有序的形式组织起来。这些按序排列的同类数据元素的集合称为数组。在 C 语言中,数组属于构造数据类型。一个数组可以分解为多个数组元素,这些数组元素可以是基本数据类型或者是构造类型。因此按数组元素的类型不同,数组又可分为数值数组、字符数组、指针数组、结构数组等各种类别。

本章主要讲述一维数组、二维数组和字符数组的声明格式,数组元素的表示方法和数组的赋值以及数组在程序中如何应用等。

本章知识体系如图 6-0 所示。

问题的提出：到目前为止,所使用的都是基本数据类型(即 int、float、double、char 以及 int 和 float 的一些变体)的数据。尽管这些数据类型都很有用,但是它们却只能用于处理数量有限的数据。当遇到大量数据的时候该怎么办呢? 首先看两个实际问题。第一个问题是假设某计算机班学生人数为 30人,要编程实现录入该班学生的"C 语言程序设计"课程成绩,并将成绩按照从高分到低分的次序输出。第二个问题是假设某计算机班学生人数为 30 人,要编程实现录入该班每名学生的"C 语言程序设计"课程成绩和"英语"课程成绩,并将成绩按照两门课程总分的成绩从高分到低分的次序输出。

这两个问题都是实际生活中会碰到的问题。在日常生活中如果碰到类似问题应该如何解决呢? 如果有笔和纸,对第一个问题,读者一定可以想到先用笔把 30 个学生的 C 成绩都记在纸上,然后先从中挑出最高分,接着再在剩下的成绩中挑出最高分排在后面,如此循环到挑完为止,这个过程实际上就是个排序的过程。在编程的时候,暂时先不考虑排序的细节,先看如何存储这 30 个学生的成绩。很多初学者觉得这个问题很简单,就像声明实型变量一样声明 30 个实型变量,例如：

```
float a1,a2,a3,…,a30;
```

如果这样可以,则若某年级的 500 名学生的 C 成绩都要处理,则需要声明 500 个变量。很显然,这是不可能的。

第二个问题和第一个问题有相似的地方,只要能把两门课的总成绩计算出来并且用变量把它保存下来,问题就变得和第一个问题一样了。于是问题就转变成如何把两门课程的总成绩计算出来并把结果保存下来了。

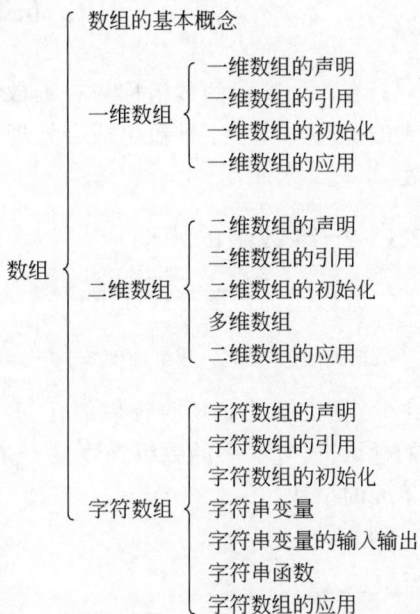

图 6-0　本章知识体系

数组的基本概念

一维数组
- 一维数组的声明
- 一维数组的引用
- 一维数组的初始化
- 一维数组的应用

二维数组
- 二维数组的声明
- 二维数组的引用
- 二维数组的初始化
- 多维数组
- 二维数组的应用

字符数组
- 字符数组的声明
- 字符数组的引用
- 字符数组的初始化
- 字符串变量
- 字符串变量的输入输出
- 字符串函数
- 字符数组的应用

6.1　数组的基本概念

数组是具有相同数据类型有序数据的集合。从概念上说,数组是一组变量,这组变量应该满足如下 3 个条件。

(1) 具有相同的数据类型。

(2) 具有相同的名字。

(3) 在存储器中是被连续存放的。

其中,每个变量称为数组的一个数组单元,保存在数据单元中的数据值称为数组元素,在不引起混淆的情况下,两者都可以简称为元素。数组名表示整个数组。每个数组在使用之前都必须先声明。

6.2　一　维　数　组

只有一个下标的数组称为一维数组。一维数组是由同类型数据按照线性次序顺次排列而成的构造类型。一维数组适合处理逻辑上一维的数据结构,例如数学中的向量和数列等问题。

6.2.1　一维数组的声明

一维数组的声明形式如下:

数据类型 数组名 [数组长度];

其中,数据类型是 C 语言提供的任何一种基本数据类型或构造数据类型,数组名是用户声明的标识符,"[]"中的数组长度是一个常量或者常量表达式,其值只能是正整数用以表示数组单元的个数。

例如:

```
int age[10];                     /* 声明整型数组 age,有 10 个元素
float score[30],money[35];       /* 声明单精度浮点型数组 score,有 30 个元素;
                                    单精度浮点型数组 money,有 35 个元素 */
char name[20];                   /* 声明字符型数组 name,有 20 个元素 */
```

声明数组时要注意以下 4 点。

(1) 数组使用的是"[]",不要误写成"()"。

(2) 数组名的声明要符合 C 语言规定中标识符的声明要求,不能与其他变量名相同。

(3) 数组定义后,数组的长度就不能再改变了。

(4) 声明数组时,"[]"中的数组长度是一个常量或者常量表达式,不能是变量、包含变量的表达式或小数。

例如:

程序段 1:

```
int main()
```

```
{
    float score[3.5];                    /* 错误,数组长度不能是小数 */
    …
}
```

程序段 2:

```
#define N 25
int main()
{
    float score[N],number[N+5];  /* 正确,N 是整型符号常量,N+5 也是整型常量 */
    …
}
```

程序段 3:

```
int main()
{
    int n=20;
    float score[n];                      /* 错误,n 是变量,数组长度不能是变量 */
    float score[n+5];                    /* 错误,数组长度不能是变量 */
    …
}
```

(5) 在一个函数中不能出现数组名和其他的变量名同名的情况。例如下面程序段:

```
int main()
{
    int n=20;
    float n[10];                         /* 错误,数组名 n 与前面的变量名 n 同名 */
    …
}
```

6.2.2　一维数组的引用

在 C 语言中不能一次引用整个数组,只能引用单个数组元素。一个数组元素就相当于一个变量,该数组元素的使用等同于相同数据类型的普通变量。一维数组的引用形式如下:

数组名 [下标]

其中,数组下标表示元素在数组中的顺序号,可以是非负整数、整型变量或整型表达式,但不能是浮点数;同时数组下标从 0 开始,下标值不能大于数组长度−1。

例如:

若有声明

```
float score[20];
```

则 score[0]、score[19]、score[i]、score[n−i]、score[n−4]等都是符合 C 语言语法的表达式（其中 i 和 n 是整型变量,且 $0 \leqslant i \leqslant 19, 4 \leqslant n \leqslant 23, 0 \leqslant n-i \leqslant 19$）;而 score[−1],score[8.5]等

就不是合法的引用方式。

引用数组时需要注意以下 3 点。

（1）声明数组时，数组名后面"[ ]"中的内容和引用数组元素时数组名后面"[ ]"中的内容的含义是不相同的，前者为数组的长度，后者为数组元素的下标。

（2）数组下标可以是整型常量、变量或整型表达式。下标的取值范围是[0,数组长度－1]的整型值。

（3）C 程序运行时编译系统并不检查数组元素的下标是否越界，需要程序员自己确保所编写的程序中没有出现数组元素下标越界的情况。例如，若有声明

```
float score[20];
```

则程序员若在程序中修改或使用 score[20]，编译系统并不报错，对 score[20]的操作实际上是对内存其他空间的操作，因此可能造成严重后果。

6.2.3　一维数组的初始化

一维数组的初始化就是给一维数组的元素赋初值。初始化操作既可以在声明一维数组的同时完成，也可以在数组声明之后进行。声明一维数组的同时初始化的形式如下：

数据类型　数组名 [下标]={初值列表};

其中，初值列表中的数据与数组元素依次对应，"{ }"内各个初值之间要用","隔开。

例如：

```
int a[3]={4,6,8};
```

用于在声明数组 a 的同时，把 4、6、8 依次赋给数组元素 a[0]、a[1]、a[2]。

声明数组之后进行初始化操作，则只能对每个数组元素一一赋值。

例如：

```
int a[3];
a[0]=4;
a[1]=6;
a[2]=8;
```

初始化数组时需要注意以下几点。

（1）可以只给数组中的部分元素赋初始值，但初始值的元素个数不能大于数组长度。

例如：

```
int a[5]={4,6,8};
```

用于在声明数组 a 的同时，把 4、6、8 依次赋给 a[0]、a[1]、a[2]，而 a[3]、a[4]的值系统自动赋 0。

（2）若给数组的所有元素赋初值，可以省略数组的长度。系统会根据所赋初值的个数确定数组的长度。

例如：

```
int a[]={4,6,8,10,12};
```

其中,a 数组长度为 5。

（3）数组中的全部元素赋初值为 0。例如：

```
int a[5]={0};
```

（4）C 编译系统为数组分配连续的内存单元。数组元素的相对次序由下标表示。例如：

```
int a[6]={4,6,8,10,12,14};
```

声明的数组 a 的物理存储结构如图 6-1 所示。

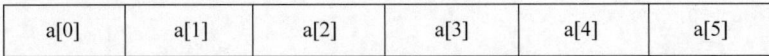

| a[0] | a[1] | a[2] | a[3] | a[4] | a[5] |

图 6-1　一维数组的物理存储结构

例 6-1　一维数组的输入输出。

分析：要实现一维数组的输入输出,可以与 for 循环语句配合使用,循环变量作数组下标,循环变量的变化是 0 至元素个数减 1。同时可以采用宏声明的办法声明一个常量,把该常量作为数组长度的值。

程序代码如下：

```
#include<stdio.h>
#define N 5                              /* 数组元素总数 */
int main()
{
    int arr[N],i;                        /* 定义整型数组 arr,有 5 个元素 */
    printf("Enter %d numbers:\n",N);
    for (i=0;i<N;i++)                     /* 循环遍历数组 */
        scanf("%d",&arr[i]);             /* 输入数值到 arr[i]变量中 */
    for (i=0;i<N;i++)                     /* 开始输出数据 */
        printf("%5d",arr[i]);           /* 输出 arr[i]的值 */
    return 0;
}
```

运行结果如下：

```
Enter 5 numbers:
-45 67 8 0 65↙
  -45   67    8    0   65
```

本例中,数组的特点是使用同一个变量名,不同的下标。因此,可以使用循环语句控制数组的下标值,进而访问不同的数组元素。

6.2.4　一维数组的应用

例 6-2　已知 10 名同学的 C 语言考试成绩,试编程统计及格人数,并计算 10 名同学 C 语言成绩的平均分。

分析：首先输入 10 个数保存到数组 *s* 中，然后通过循环遍历数组，在扫描数组的同时累加数组中的每个元素并且统计及格人数，累加和存放在变量 sum 中，统计及格人数存放在 *n* 变量中，最后输出及格人数和平均分。

程序代码如下：

```
#include<stdio.h>
#define N 10
int main()
{
    float s[N];
    float sum=0;
    int n=0,i;
    printf("请输入 %d 名同学的成绩:\n",N);
    for (i=0;i<N;i++)
        scanf("%f",&s[i]);
    for (i=0;i<N;i++)
    {
        sum+=s[i];                              /* 累加数组元素 */
        if (s[i]>=60)                           /* 求及格人数 */
            n++;
    }
    printf("及格人数是%d\n平均分是%.2f\n",n,sum/N);  /* 输出及格人数及平均分 */
    return 0;
}
```

运行结果如下：

```
请输入 10 名同学的成绩:
58 99 60 42 75 64 86 92 100 71↙
及格人数是 8
平均分是 74.70
```

例 6-3 删除数组 num 中下标为 3 的元素。

分析：先从键盘输入 *N* 个整数保存在数组中，然后从下标为 4 的元素开始到后面的元素依次向前移动，移动完成后删除成功，最后数组的元素个数减 1。

程序代码如下：

```
#include<stdio.h>
#define N 6
int main()
{
    int num[N],i,n;
    for (i=0;i<N;i++)
        scanf("%d",&num[i]);
    n=N;                                        /* 元素个数 */
    for (i=3;i<n-1;i++)
```

```
        num[i]=num[i+1];                        /* 后面元素依次向前移动 */
    n=n-1;                                       /* 删除后元素个数减 1 */
    for (i=0;i<n;i++)
        printf("%d ",num[i]);
    return 0;
}
```

运行结果如下：

```
-467890↙
-46790
```

例 6-4   在数组 num 中的下标为 3 的元素之前，插入一个新元素 100。

分析：先从键盘输入 n 个整数保存在数组中，然后从下标为 $n-1$ 的元素开始到下标为 3 的元素依次向后移动，移动完成后，将新元素插入下标为 3 的单元中，最后数组的元素个数加 1。

程序代码如下：

```
#include<stdio.h>
#define N 10
int main()
{
    int num[N],i,n,x=100;
    n=5;                                         /* 输入数组元素个数 */
    printf("请输入%d 个数:\n",n);
    for (i=0;i<n;i++)
        scanf("%d",&num[i]);
    for (i=n;i>3;i--)
        num[i]=num[i-1];                         /* 元素依次向后移动 */
    num[3]=x;                                     /* 将新元素插入 */
    n=n+1;                                        /* 插入后元素个数加 1 */
    for (i=0;i<n;i++)                             /* 输出插入元素后的数组 */
        printf("%d ",num[i]);
    return 0;
}
```

运行结果如下：

```
请输入 5 个数:
-46789↙
-46 7 100 8 9
```

例 6-5   输入 10 个整数，输出这些数中最小的数以及第一个最小的数在所输入数列中的位置。

分析：先从键盘输入 10 个整数，把这些数保存在数组中，用一个变量 min_a 记住第一个最小数组元素所对应的下标。先把数组中的第一个元素下标赋值给 min_a，然后把第二个数组元素到第 10 个数组元素依次和下标为 min_a 的数组元素进行比较,如果前者的值小于后者的值,把它的下标赋值给 min_a,然后输出该数和它在所输入数列中的位置(min_a+1,因为数组下标从 0 开始)即可。

程序代码如下:

```
#include<stdio.h>
#define N 10
int main()
{
    int data[N],i;
    int min_a=0;
    printf("Enter %d numbers:\n",N);
    for (i=0;i<N;i++)                      /*输入整数*/
        scanf("%d",&data[i]);
    for (i=1;i<N;i++)                      /*寻找第一个最小元素的下标*/
        if (data[i]<data[min_a])
            min_a=i;
    printf("Min is %d ",data[min_a]);      /*输出该数及其所在位置*/
    printf("It's the %dth number! \n",min_a+1);
    return 0;
}
```

运行结果如下:

```
Enter 10 numbers:
-4 6 7 8 9 0 -9 12 -9 21↙
Min is -9   It's the 7th number!
```

例 6-6 输入 10 个整数,从小到大排列并输出。

分析:本例将利用例 6-5 的基本思想,每次将最小的元素放在正确位置。也就是说,第一次把最小的元素放在第一个位置,第二次把剩下元素中最小的元素放在第二个位置,以此类推。这种排序方法称为选择排序。最后,输出该数组中的元素即可。

程序代码如下:

```
#include<stdio.h>
#define N 10
int main()
{
    int data[N];
    int i,j,temp,min_a;
    printf("Enter %d number:\n",N);
    for (i=0;i<N;i++)
        scanf("%d",&data[i]);
    printf("Before sorted:\n");
    for (i=0;i<N;i++)
        printf("%5d",data[i]);
```

```
    for (i=0;i<N;i++)
    {
        min_a=i;
        for (j=i+1;j<N;j++)
            if (data[j]<data[min_a])
                min_a=j;
        temp=data[min_a];
        data[min_a]=data[i];
        data[i]=temp;
    }
    printf("\nAfter sorted:\n");
    for (i=0;i<N;i++)
        printf("%5d",data[i]);
    return 0;
}
```

运行结果如下：

```
Enter 10 numbers:
-4 6 7 8 9 0 -9 12 -9 21↙
Before sorted:
   -4    6    7    8    9    0   -9   12   -9   21
After sorted:
   -9   -9   -4    0    6    7    8    9   12   21
```

例 6-7 假设某班某小组学生人数为 10 人，编程实现录入每名学生的 C 语言课程成绩，并将成绩按照从高分到低分的次序输出。

分析：本例将利用例 6-6 的基本思想，录入学生成绩以后对这些学生的成绩进行排序，然后从高分到低分依次输出即可。

程序代码如下：

```
#include<stdio.h>
#define N 10
int main()
{
    float score[N],temp;
    int i,j,min_a;
    printf("Enter %d score:\n",N);
    for (i=0;i<N;i++)
        scanf("%f",&score[i]);
    printf("Before sorted:\n");
    for (i=0;i<N;i++)
        printf("%5.1f",score[i]);
    for (i=0;i<N;i++)
    {
        min_a=i;
        for (j=i+1;j<N;j++)
```

```
          if (score[j]>score[min_a])
               min_a=j;
          temp=score[min_a];
          score[min_a]=score[i];
          score[i]=temp;
     }
     printf("\nAfter sorted:\n");
     for (i=0;i<N;i++)
          printf("%5.1f",score[i]);
     return 0;
}
```

运行结果如下：

```
Enter 10 score:
65 67.5 89 56.5 98 87 45.5 90 85 80↙
Before sorted:
65.0 67.5 89.0 56.5 98.0 87.0 45.5 90.0 85.0 80.0
After sorted:
98.0 90.0 89.0 87.0 85.0 80.0 67.5 65.0 56.5 45.5
```

6.3 二维数组

如何处理如表 6-1 所示的多个学生的多门成绩呢？当然可以使用多个一维数组解决，如 score1[4]、score2[4]、…、score5[4]，有没有更好的方法呢？答案是肯定的，使用二维数组。数组元素具有两个下标时，该数组称为二维数组。二维数组可以看作矩阵等具有行和列的平面数据结构。

表 6-1 学生成绩表

姓名	高数	C 语言	数据库	导论
小明	80	67	89	56
小红	76	87	78	67
小兰	87	68	86	54
小李	78	76	82	70
小赵	76	74	80	83

6.3.1 二维数组的声明

二维数组的声明形式如下：

数据类型 数组名 [数组长度 1] [数组长度 2]；

其中，数组长度 1 和数组长度 2 分别代表数组具有的行数和列数。数组元素的下标一律从

0 开始。例如：

```
float s[2][3];        /*声明具有 2 行 3 列的单精度浮点型的二维数组 s*/
```

声明数组时要注意以下两点。

（1）二维数组声明中，数组名、数据类型的声明方式以及数组长度类型的选择和一维数组相同，不同的只是数组名后面紧跟两个"[]"，声明了两个数组长度。数组元素的个数是两个长度之积。

（2）二维数组只是逻辑上的概念，可以认为，二维数组是特殊的一维数组，它的元素的数据类型是一维数组。从物理存储看，内存是一维的，线性的空间，采用将二维数组映射成一维数组的方法进行存储。C 语言里，采用行优先的方式来存储二维数组，即在内存中先顺序存放第 0 行的元素，再存放第 1 行的元素……同一行中再按列顺序存放。数组 s 在内存中的物理存储结构如图 6-2 所示。

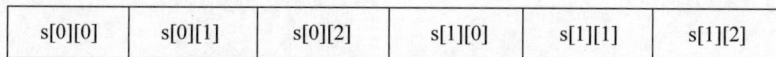

s[0][0]	s[0][1]	s[0][2]	s[1][0]	s[1][1]	s[1][2]

图 6-2 二维数组的物理存储结构

6.3.2 二维数组的引用

和一维数组一样，在 C 语言中不能一次引用整个数组，只能引用其中的单个数组元素。一个数组元素就相当于一个变量，该数组元素的使用等同于相同数据类型的普通变量。二维数组的引用形式如下：

```
数组名 [下标 1] [下标 2]
```

其中，数组下标可以是非负整数、整型变量或整型表达式，但不能是浮点数；同时，还要求下标 1 的范围为[0，数组长度 1 减 1]，下标 2 的范围为[0，数组长度 2 减 1]。

例如，若有声明

```
float score[2][3];
```

则 score[0][1]、score[1][1+1]、score[i][j]等都是符合 C 语言语法的表达式（其中 i 和 j 是整型变量，它们的取值范围为 $0 \leqslant i \leqslant 1, 0 \leqslant j \leqslant 2$）；而 score[-1][1]、score[1.5][2]、score[1],[2]、score(0)(2)等就不是合法的引用方式。

例 6-8 假设某班某个学习小组有 5 人，每人 4 门课程的考试成绩如表 6-2 所示。求每人的平均分。

分析：可定义一个二维数组 score[5][4]存放 5 人 4 门课的成绩。再定义一个一维数组 s[5]存放每个人的平均分。

程序代码如下：

```
#include<stdio.h>
#define N 5
int main()
{
```

```
    int score[N][4],i,j,s;
    float a[5];
    printf("input score\n");
    for (i=0;i<N;i++)                        /* 从键盘输入 5 个学生的 4 门成绩 */
    {
        for (j=0;j<4;j++)
        scanf("%d",&score[i][j]);
    }
    for (i=0;i<N;i++)                        /* 遍历二维数组 */
    {
        s=0;
        for (j=0;j<4;j++)                    /* 累加 4 门的成绩 */
            s=s+score[i][j];
        a[i]=s/5.0;                          /* 求平均分 */
    }
    for (i=0;i<N;i++)
        printf("第%d个学生的平均分:%.2f\n",i+1,a[i]);
    return 0;
}
```

运行结果如下：

```
input score:
80 67 89 56↙
76 87 78 67↙
87 68 86 54↙
78 76 82 70↙
76 74 80 83↙
第 1 个学生的平均分:58.40
第 2 个学生的平均分:61.60
第 3 个学生的平均分:59.00
第 4 个学生的平均分:61.20
第 5 个学生的平均分:62.60
```

本例中首先用一个双重循环依次输入 5 个学生的 4 门成绩,然后再遍历二维数组,在内循环中计算一个学生的总分,退出内循环后把该学生的平均分求出送入 a[i]之中。外循环共循环了 5 次,分别求出 5 个学生的平均分并存放在 a 数组之中。

6.3.3 二维数组的初始化

二维数组的初始化就是给二维数组的元素赋初值。初始化操作既可以在声明二维数组的同时完成,也可以在数组声明之后进行。声明二维数组的同时初始化的形式如下:

数据类型 数组名 [下标 1] [下标 2]={初值列表};

或者

数据类型 数组名 [下标1] [下标2]={{第0行初值列表},{第1行初值列表},…};

例如：

```
int num[2][3]={1,2,3,4,5,6};          /* 按行连续初始化 */
int num[2][3]={{1,2,3},{4,5,6}};      /* 按行分段初始化 */
```

在声明数组之后进行初始化操作，则只能对每个数组元素一一赋值。

例如：

```
int num[2][3];
num[0][0]=1;num[0][1]=2;num[0][2]=3;
num[1][0]=3;num[2][1]=4;num[2][2]=5;
```

对于二维数组初始化赋值需要注意以下几点。

（1）可以只对部分元素赋初值，未赋初值的元素自动取0值。

例如：

```
int num[2][3]={{1,2},{3,4}};
```

只对每行的部分元素进行了初始化，其他元素自动取0。赋值后各元素的值为

```
1 2 0
3 4 0
```

例如：

```
int num[2][3]={1,2,3,4};
```

对整个二维数组排列在最前面的4个元素进行了初始化，其他元素自动取0。赋值后各元素的值为

```
1 2 3
4 0 0
```

（2）对二维数组的全部元素进行初始化，则行数可以省略，编译系统会自动算出行数，但是列数却不能省略。

例如：

```
int num[2][3]={1,2,3,4,5,6};
```

可以改为

```
int num[][3]={1,2,3,4,5,6};
```

但是，不能改为

```
int num[2][]={1,2,3,4,5,6};
```

（3）数组是一种构造类型的数据。二维数组可以看作由一维数组的嵌套构成的，所以二维数组是特殊的一维数组，它的每个元素又是一维数组。在C语言中，一个二维数组也可以分解为多个一维数组。

例如：二维数组 a[3][4]，可分解为 3 个一维数组，其数组名分别为

a[0]

a[1]

a[2]

其中，a[0]、a[1]、a[2] 都是包含 4 个元素的一维数组，例如，一维数组 a[0]的元素为 a[0]
[0]、a[0][1]、a[0][2]、a[0][3]。

注意：a[0]、a[1]、a[2]不能当作下标变量使用，它们是数组名，不是一个单纯的下标
变量。

6.3.4　多维数组

可以通过一维数组和二维数组的对比分析，逐步建立对这两种数据结构的直观理解和
应用认知。例如，n 维数组声明的一般形式如下：

数据类型 数组名 [数组长度 1] [数组长度 2]…[数组长度 n]；

n 维数组的引用方式如下：

数组名 [下标 1] [下标 2]…[下标 n]

有关多维数组的注意事项和初始化，参见二维数组。

6.3.5　二维数组的应用

例 6-9　从键盘输入一个 2 行 3 列的矩阵，将其转换后以 3 行 2 列的形式输出。

分析：矩阵的转置也就是将矩阵的行和列进行互换，使其行成为列，列成为行。

程序代码如下：

```
#include<stdio.h>
#define M 2
#define N 3
int main()
{
    int a[M][N],b[N][M],i,j;
    printf("Enter %d integer:\n",M * N);
    for (i=0;i<M;i++)                    /* 初始化矩阵 */
        for (j=0;j<N;j++)
            scanf("%d",&a[i][j]);
    printf("Matrix a is:\n");
    for (i=0;i<M;i++)                    /* 输出矩阵 */
    {
        for (j=0;j<N;j++)
            printf("%5d",a[i][j]);
        printf("\n");
    }
    for (i=0;i<N;i++)                    /* 将数组 a 中的矩阵转置后存放在数组 b 中 */
```

```
        for (j=0;j<M;j++)
            b[i][j]=a[j][i];
    printf("Matrix b is:\n");
    for (i=0;i<N;i++)                        /*输出转置后的矩阵*/
    {
        for (j=0;j<M;j++)
            printf("%5d",b[i][j]);
        printf("\n");
    }
    return 0;
}
```

运行结果如下：

```
Enter 6 integer:
4 -45 67 8 0 65↙
Matrix a is:
    4  -45   67
    8    0   65
Matrix b is:
    4    8
  -45    0
   67   65
```

例 6-10　由键盘输入代表年、月、日的 3 个整数，转换并输出该日期为该年的第几天。

分析：计算某年某月某日是当年的第几天的方法是将该月以前各月的天数之和，再加上当月的日期，而要计算 3 月以后的某天时，则要考虑 2 月是 28 天还是 29 天。用二维数组 tab 分别存储平年和闰年的 12 个月的天数。通过判断代表年的数字去判断该年是否为闰年，从而选择二维数组中对应的数组元素进行计算。

程序代码如下：

```
#include<stdio.h>
int main()
{
    int year,month,day;
    int leap,i,dayth;
    int tab[2][13]={{0,31,28,31,30,31,30,31,31,30,31,30,31},
                    {0,31,29,31,30,31,30,31,31,30,31,30,31}};
    printf("Enter year,month,day:\n");
    scanf("%d%d%d", &year, &month, &day);
    if ((year%400==0)||(year%4==0&&year%100!=0))      /*判断是否为闰年*/
        leap=1;
    else
        leap=0;
    dayth=day;
```

```
        for (i=1;i<month;i++)
            dayth+=tab[leap][i];
        printf("%d/%d/%d is the %dth day of %d",year,month,day,dayth,year);
        return 0;
    }
```

运行结果如下：

Enter year,month,day:
2004 7 8✓
2004/7/8 is the 190th day of 2004

例 6-11 给定一个小于 13 的非负整数 n，生成杨辉三角形的前 n 行（杨辉三角形的两个腰边的数都是 1，其他位置的数则是上顶左右两个数之和）。

分析：先定义一个二维数组：$a[N][N]$，N 的值大于要打印的行数 n；再令两边的数为 1，即每行的第一个数和最后一个数为 1；$a[i][0]=a[i][i-1]=1$，n 为行数，由键盘输入；除两边的数外，任何一个数为上两顶数之和，即 $a[i][j] = a[i-1][j-1] + a[i-1][j]$；最后打印输出杨辉三角形。

程序代码如下：

```
#include <stdio.h>
#define N 14
int main()
{
    int i, j, k, n=0, a[N][N];        /* 定义二维数组 a[14][14] */
    while (n<=0||n>=13)               /* 控制打印的行数不要太大,过大会造成显示不规范 */
    {
        printf("Please input the number of lines:");
        scanf("%d",&n);
    }
    printf("The Yang Hui triangle in line %d is as follows:\n",n);
    for (i=1;i<=n;i++)
        a[i][1]=a[i][i]=1;            /* 两边的数令它为 1,默认 a[i][1]为第一个数 */
    for (i=3;i<=n;i++)
        for (j=2;j<=i-1;j++)
            a[i][j]=a[i-1][j-1]+a[i-1][j];   /* 除两边的数外都等于上两顶数之和 */
    for (i=1;i<=n;i++)
    {
        for (k=1;k<=n-i;k++)
            printf("   ");           /* 在输出数之前打上空格占位,使显示更美观 */
        for (j=1;j<=i;j++)
            printf("%6d",a[i][j]);
        printf("\n");                /* 当一行输出完以后换行继续下一行的输出 */
    }
    printf("\n");
    return 0;
}
```

运行结果如下：

```
Please input the number of lines:  10↙
The Yang Hui triangle in line 10 is as follows:
                                1
                            1       1
                        1       2       1
                    1       3       3       1
                1       4       6       4       1
            1       5      10      10       5       1
        1       6      15      20      15       6       1
    1       7      21      35      35      21       7       1
1       8      28      56      70      56      28       8       1
1   9      36      84     126     126      84      36       9       1
```

杨辉三角形是二项式系数在三角形中的一种几何排列,在南宋杰出数学家杨辉所著的《详解九章算法》一书中出现。他所整理的杨辉三角形领先于法国数学家帕斯卡近400年,这是我国数学史上伟大的成就。

例 6-12 假设某计算机班有若干名学生选修了 C 语言课程,编程实现录入这些同学的学号和 C 语言课程成绩以及他们必修的英语课的成绩,并把这些学生两门课的总成绩按照从高分到低分的顺序输出。

分析:本例可以使用一个二维数组,假设该二维数组为 score[][4],于是可以使用 score[0][0]、score[0][1]、score[0][2]和 score[0][3]分别记录一个学生的学号、C 语言课程成绩、英语成绩和该学生的总分成绩,而 score[1][0]、score[1][1]、score[1][2]和 score[1][3]分别记录另外一个学生的学号、C 语言课程成绩、英语成绩和该学生的总分成绩,以此类推。然后按照 score[i][3]进行排序,把排序完的结果输出。

程序代码如下:

```c
#include<stdio.h>
#define N 3
int main()
{
    float score[N][4],temp;
    int i,j,flag,min_a;
    i=0;
    printf("Enter %d students' no and the scores of C and English:\n",N);
    while (i<N)                              /* 输入每个学生的合法成绩 */
    {
        printf("Enter the %dth student's no and the scores of C and English:\n",i+1);
        flag=1;
        while (flag)
        {
            scanf("%f%f%f",&score[i][0],&score[i][1],&score[i][2]);
            if (score[i][1]>=0&&score[i][1]<=100&&score[i][2]>=0&&score[i][2]<=
```

```
                    100)
                        flag=0;
                else
                        printf("\n\007Error score! Enter the scores of C and English again:\n");
                }
            score[i][3]=score[i][1]+score[i][2];        /*计算每个学生的总成绩*/
            i++;
        }
    printf("The scores of the students are:\n");   /*输出排序前每个学生的成绩*/
    for (i=0;i<N;i++)
    {
        printf("%6.0f",score[i][0]);
        for (j=1;j<4;j++)
            printf("%8.1f",score[i][j]);
        printf("\n");
    }
    min_a=0;                                            /*对学生总成绩进行排序*/
    for (i=0;i<N;i++)
    {
        min_a=i;
        for (j=i+1;j<N;j++)
            if (score[j][3]>score[min_a][3])
                min_a=j;
        temp=score[min_a][3];
        score[min_a][3]=score[i][3];
        score[i][3]=temp;
    }
    printf("The order of the total scores of the students' is:\n");
    /*输出排好序的总成绩序列*/
    for (i=0;i<N;i++)
        printf("%8.1f",score[i][3]);
    return 0;
}
```

运行结果如下：

```
Enter 3 students' no and the scores of C and English:
Enter the 1th student's no and the scores of C and English:
201 80 90.5↙
Enter the 2th student's no and the scores of C and English:
202 98 93↙
Enter the 3th student's no and the scores of C and English:
203 80 65↙
The scores of the students are:
    201     80.0     90.5     170.5
    202     98.0     93.0     191.0
    203     80.0     65.0     145.0
The order of the total scores of the students' is:
    191.0    170.5    145.0
```

6.4 字符数组

用来存放字符数据的数组称为字符数组。字符数组中的一个元素存放一个字符,形式与前面介绍的数值数组相同。

6.4.1 字符数组的声明

一维字符数组的声明形式如下:

char 字符数组名 [数组长度];

例如:

char name[30];   /* 声明了一个包含 30 个元素的一维数组 name */

说明一维字符数组 name 占 30 字节的连续存储单元。

二维字符数组的声明形式如下:

char 字符数组名 [数组长度 1] [数组长度 2];

例如:

char ch[7][20];   /* 声明了一个 7 行 20 列的二维数组 ch */

说明二维字符数组 ch 占 140 字节的连续存储单元。

6.4.2 字符数组的引用

一维字符数组的引用方式如下:

字符数组名 [下标];

二维字符数组的引用方式如下:

字符数组名 [下标 1] [下标 2];

例如,若有语句

char name [30];char ch[7][20];

则 name[10]、name[i]、ch[3][16]、ch[j][k]等都是符合 C 语言语法的表达式,其中 i、j 和 k 是整型变量,它们的取值范围为 $0 \leqslant i \leqslant 29, 0 \leqslant j \leqslant 6, 0 \leqslant k \leqslant 19$;而 name[$-1$],ch[7][8.5]等就不是合法的引用方式。

6.4.3 字符数组的初始化

字符数组的初始化就是给字符数组的元素赋初值。声明字符数组的同时进行初始化的方法和其他类型的数组一样。

声明字符数组的同时进行初始化的举例如下:

```
char str[7]={ 's','t','u','d','e','n','t'};                    /*一维字符数组初始化*/
char color[2][6]={{'w','h','i','t','e'},{'r','e','d'}};        /*二维字符数组初始化*/
```

注意：若没有对字符数组的全部元素赋值，编译系统会对剩余的元素自动赋值为空字符。空字符用'\0'来表示，它什么都不做，什么也都不显示。

在声明数组之后进行初始化操作，只能对每个数组元素一一赋值。

例如：

```
char str[8];
str[0]='s'; str[1]='t';str[2]='u';str[3]='d';str[4]='e';str[5]='n';str[6]='t';
```

例 6-13　从键盘输入一组字符，存放在字符数组中，当遇到字符"＊"时，按逆序输出这一组字符。

分析：先从键盘输入字符，直到输入字符"＊"为止。把这组字符存放在字符数组中，然后从该数组的后面往前面输出各个字符即可。

程序代码如下：

```
#include<stdio.h>
int main()
{
    char c,ch[90];
    int i,j=0;
    printf("Please input a string end with * :\n");
    scanf("%c",&c);
    while (c!='*')                                    /*读入字符*/
    {
        ch[j++]=c;
        scanf("%c",&c);
    }
    for (i=j-1;i>=0;i--)                              /*逆序输出字符*/
        printf("%c",ch[i]);
    return 0;
}
```

运行结果如下：

```
Please input a string end with * :
erocs *↙
score
```

6.4.4　字符串变量

字符串是作为一个整体对待的字符序列。在 C 语言中，没有字符串这种数据类型，而是利用字符数组将字符串存放在字符数组中，并带上结束标志'\0'。有了结束标志符号'\0'以后，在处理字符数据时，就不必再用数组的长度来控制对字符数组的操作，而是用"\0"来判断字符串的结束位置。

字符串变量需要用字符串常量对其进行初始化。

例如：

```
char ch[16]={"I am a student!"};
```

或者

```
char ch[]="I am a student!";
```

相当于

```
char ch[]={'I',' ','a','m',' ','a',' ','s','t','u','d','e','n','t','!','\0'};
```

二维字符数组初始化时，也可以使用字符串进行初始化。例如：

```
char str[ ][8]={ "red", "green","blue"};
```

C 语言编译系统在处理字符串时会自动在字符串的最后一个字符之后加上结束标志'\0'，因此，对于含有 n 个字符的字符串在内存中占 $n+1$ 字节的空间，需要 1 字节存放字符串结束标志'\0'。用上面两种方式初始化字符串变量时，字符串在字符数组中的物理存储结构如图 6-3 所示。而 ch 代表的是该字符串变量的首地址。

I		a	m		a		s	t	u	d	e	n	t	!	\0
0	1	2	3	4	5	6	7	8	9	0	1	2	3	4	5

图 6-3　字符串在字符数组中的物理存储结构

6.4.5　字符串变量的输入输出

字符串变量的输入与输出可以使用两对输入输出函数，一对是常用的 printf()函数和 scanf()函数，另一对是 puts()函数和 gets()函数。

(1) 使用 printf()函数将整个字符串一次输出：借用转换字符'%s'输出字符串变量。

例 6-14　使用 printf()函数输出一个字符串变量。

程序代码如下：

```
#include<stdio.h>
int main()
{
    char ch[]="I am a student! ";
    printf("%s\n",ch);
    return 0;
}
```

运行结果如下：

```
I am a student!
```

(2) 使用 scanf()函数一次输入整个字符串也借用转换字符'%s'。输入的时候不需要加取地址符"&",因为字符数组名的值就是一个地址。

例 6-15 使用 scanf()函数输入一个字符串给字符串变量。

程序代码如下：

```
#include<stdio.h>
int main()
{
    char ch[20];
    scanf("%s",ch);
    printf("%s",ch);
    return 0;
}
```

运行结果如下：

Money! ↙
Money!
High score! ↙
High

上例中，输入"High score!"时，只输出了"High"，score 没有输出的原因是它没有被接收到字符串 ch 中，因为它前面有一个空格，在 C 语言中，对字符串的输入，空格、Tab、回车符表示前一个输入结束，后一个输入开始。

（3）使用 puts()函数输出字符串，该函数的调用格式如下：

```
puts(字符串变量)
```

它的功能是把字符数组起始地址开始的一个字符串（以'\0'结束的字符序列）输出到显示器，将'\0'转换为回车换行，自动输出一个换行符。

例 6-16 使用 puts()函数输出一个字符串变量。

程序代码如下：

```
#include<stdio.h>
int main()
{
    char ch[]="I am happy! ";
    puts(ch);
    return 0;
}
```

运行结果如下：

```
I am happy!
```

（4）使用 gets()函数输入字符串，该函数的调用格式如下：

```
gets (字符串变量);
```

它的功能是从键盘上输入一个字符串赋给从字符数组起始的存储单元中,直到读入回车符为止。使用 gets()函数接收字符时,不以空格和 Tab 作为字符串输入结束的标志,而只以回车符作为输入结束的标志。

例 6-17 使用 gets()函数输入一个字符串给字符串变量。

程序代码如下:

```
#include<stdio.h>
int main()
{
    char ch[20];
    gets(ch);
    puts(ch);
    return 0;
}
```

运行结果如下:

Money! ↙
Money!
High score! ↙
High score!

6.4.6 字符串函数

在 C 语言的函数库中提供了大量的字符串处理函数,调用字符串函数之前,要使用预处理语句"#include "string.h""把文件"string.h"包含进来。下面介绍几个最常用的字符串处理函数。

1. 字符串比较函数 strcmp()

strcmp()函数的调用格式如下:

strcmp(字符数组 1 或字符串 1,字符数组 2 或字符串 2)

该函数的功能是将两个字符串自左向右对应的字符逐个进行比较(按照 ASCII 码值大小比较),直到出现不同字符或遇到'\0'字符为止,函数的返回值是一个整数。若字符串 1 大于字符串 2,返回一个正整数 1;若字符串 1 等于字符串 2,返回 0;若字符串 1 小于字符串 2返回一个负整数-1。

2. 字符串复制函数 strcpy()

strcpy()函数的调用格式如下:

strcpy(字符数组 1,字符数组 2 或字符串)

该函数的功能是将字符数组 2(字符串)的内容复制到字符数组 1 中,函数的返回值是字符数组的起始地址。

例如:

char ch[30],str[]="Hello,world!";

```
strcpy(ch,str);
puts(ch);
```

运行结果如下：

```
Hello,world!
```

例 6-18   从键盘输入若干字符串,输出其中最大的字符串。

分析：先假定第一个字符串为最大串 s1,然后利用 strcmp()函数逐个比较以后输入的各字符串,若出现输入的字符串 s2 比 s1 大,则把 s2 作为当前最大字符串。当输入空串时退出循环。

程序代码如下：

```
#include<stdio.h>
#include<string.h>
int main()
{
    char s1[90],s2[90];
    printf("Please input string:\n");
    gets(s2);
    strcpy(s1,s2);
    gets(s2);
    do {
        if (strcmp(s1,s2)<0)
            strcpy(s1,s2);
        gets(s2);
    } while (strcmp(s2,""));
    printf("The max string is %s! \n",s1);
    return 0;
}
```

运行结果如下：

```
Please input string:
banana↙
apple↙
pear↙
↙
The max string is pear!
```

3. 字符串连接函数 strcat()

strcat()函数的调用格式如下：

```
strcat(字符数组 1,字符数组 2 或字符串)
```

该函数的功能是将字符数组 2(字符串)连接到字符数组 1 之后。函数的返回值是字符数组 1 的起始地址。

例 6-19 编程实现两个字符串的连接。

程序代码如下：

```c
#include<stdio.h>
#include<string.h>
int main()
{
    char ch1[80]="Wuhan";
    char ch2[]=" University!";
    strcat(ch1,ch2);
    puts(ch1);
    return 0;
}
```

运行结果如下：

```
Wuhan University!
```

4. 求字符串长度函数 strlen()

strlen()函数的调用格式如下：

```
strlen(字符数组或字符串)
```

该函数的功能是计算字符数组起始地址开始的字符串(以'\0'结束的字符序列)的有效长度。函数值为字符数组或字符串的有效字符个数,不包括字符串结束标志'\0'。

例如：

```c
char str[]="Hello world!";
int k=strlen(str);
printf("%d\n",k);
```

运行结果如下：

```
12
```

6.4.7　字符数组的应用

例 6-20 从键盘输入一个由字母组成的字符串,计算其中的小写字母个数,并把该字符串中所有的小写字母转换为大写字母,然后输出该字符串。

分析：在 ASCII 码中,大小写字母的值相差 32,即大写字母的 ASCII 码等于相应小写字母的 ASCII 码减 32。

程序代码如下：

```c
#include<stdio.h>
#include<string.h>
int main()
{
```

```c
char str[80];
int i=0,n=0;
printf("Please input a string:\n");
gets(str);
while (str[i]!='\0')
{
    if (str[i]>='a'&&str[i]<='z')      /*小写字母转换成大写字母*/
    {
        str[i]-=32;
        n++;
    }
    i++;
}
printf("There are %d small letters in the string! \n",n);
printf("After changed! \n");
puts(str);
return 0;
}
```

运行结果如下：

Please input a string:

aAsdSDBFbfhKL ↙

There are 6 small letters in the string!

After changed!

AASDSDBFBFHKL

例 6-21 从键盘输入一个字符串和一个字符，要求输出的字符串是所输入字符串中不包含输入字符的字符串。

分析：先从键盘输入一个字符串和一个字符，然后判断该字符串中是否包含所输入的字符，若包含了，则将其删除。删除的算法是重建字符数组 str，用 i 从左到右扫描字符数组 str 中的所有元素，当 i 指向的元素 $str[i]$ 与要删除的字符 c 不相同时，将该元素放置到 j 指向的位置，即 $str[j]=str[i]$，$j++$。

程序代码如下：

```c
#include<stdio.h>
#include <string.h>
int main()
{
    int i,j=0;
    char c,str[80];
    printf("Please input a string:\n");
    gets(str);
    printf("Please input a char:\n");
    c=getchar();
```

```
        printf("Before deleted:\n");
        puts(str);
        for (i=0;str[i]!='\0';i++)      /*扫描该字符串*/
        {
            if (str[i]!=c)      /*判断i指向的元素str[i]与要删除的字符c是否相同*/
            {
                str[j]=str[i];/*str[i]与删除的字符c不相同,将str[i]放置到j指向的位置*/
                j++;
            }
        }
        str[j]='\0';                /*将字符串结束符'\0'放到最后一个字符的后面*/
        printf("After deleted:\n");
        puts(str);
        return 0;
}
```

运行结果如下：

```
Please input a string:
seatisefeacteory↙
Please input a char:
e↙
Before deleted:
seatisefeacteory
After deleted:
satisfactory
```

例 6-22   从键盘输入一个三位数的正整数,取其各位数字的和,再取这个和模 7 的余数,输出余数对应一个星期的英文的单词。例如,输入 268,因为 $(2+6+8)\%7=2$,所以输出 Tuesday。

分析:先拆分这个三位数的整数,拆分方法是,百位为

```
i=n/100;
```

十位为

```
j=(n/10)%10;
```

个位为

```
k=n%10;
```

其和数的余数为

```
(i+j+k)%7;
```

建立一个二维数组用来存放星期对应的英文单词,根据余数,找到对应的英文单词,取出字符串输出即可。

程序代码如下:

```
#include<stdio.h>
int main()
{
    char week[7][9]={"Sunday","Monday","Tuesday","Wednsday",
        "Thursday","Friday","Saturday"};
    int i,j,k,m,n;
    do {
        printf("Please input a number between 100 and 999:\n");
        scanf("%d",&n);
    } while (n<100||n>999);
    i=n/100;
    j=n/10%10;
    k=n%10;
    m=(i+j+k)%7;
    printf("%d→%d+%d+%d→week[%d]→%s\n",n,i,j,k,m,week[m]);
    return 0;
}
```

运行结果如下：

```
Please input a number between 100 and 999:
456↙
456→4+5+6→week[1]→Monday
```

本 章 小 结

本章主要学习要点如下。
（1）了解数组的基本概念。
（2）掌握一维数组的使用方法。
（3）掌握二维数组的使用方法。
（4）掌握字符数组和字符串的使用方法。
（5）掌握数组的应用。

习 题 6

1. 写出下列程序的运行结果。
（1）

```
int main()
{
    int a[2],i,j;
    for (i=0;i<2;i++)
        a[i]=1;
```

```
        for (i=0;i<2;i++)
            for (j=0;j<2;j++)
                a[i]+=a[j];
        for (i=0;i<2;i++)
        printf("%d\n",a[i]);
        return 0;
    }
```

(2)

```
    int main()
    {
        int i,j,temp;
        int a[6]={2,5,4,3,15,7};
        for (i=0,j=5;i<j;i++,j--)
        {
            temp=a[i];
            a[i]=a[j];
            a[j]=temp;
        }
        for (i=0;i<6;i++)
            printf("%5d\n",a[i]);
        return 0;
    }
```

(3)

```
    double s[6]={1,3,5,7,9};
    double x;
    int i;
    scanf("%lf", &x);
    for (i=4;i>=0;i--)
    {
        if (s[i]>x)
            s[i+1]=s[i];
        else
            break;
    }
    printf("%d\n", i+1);
```

分别输入 4、5,则输出结果分别是_____、_____。

2. 编写程序,用冒泡法对 10 个整数进行排序。

3. 编写程序,在一个值非递减序列中插入一个数,要求插入该数以后,数列仍然有序。若插入数和原数列中有相同的数,则把该数插在原数列相同数的后面。

4. 编写程序,从键盘输入一批整数,删除这些数中的最大值。

5. 编写程序,将一个十进制数转换为和它对应的二进制数和十六进制数。

6. 编写程序,将整型数组中所有小于 0 的元素放在所有大于或等于 0 的元素的前面。

7. 编写程序,找出一个二维数组的鞍点,鞍点是指该位置上的元素在该行中最大,在该列中最小。(注意:有些二维数组可能没有鞍点)

8. 编写程序,"打印魔方阵"。魔方阵是指这样的一个方阵:它的每行、每列和对角线上元素的和都相等。例如,三阶魔方阵为

8 1 6

3 5 7

4 9 2

9. 编写程序,在二维数组 num 中选出各行最大的元素,组成一个一维数组 a。

10. 编写程序,输入两个字符串 str1 和 str2,若输入的字符串中没有重复出现的字符,求 str1 和 str2 的交集。若交集非空,则输出结果。

11. 某选举活动有 4 位候选人。候选人编号为 1~4,投票工作是在选票上标记出某位候选人的编号。编写程序,读取选票并计算每位候选人的得票数。若所读取的数据编号不为 1~4,该选票被视作"废票"。编写程序,输出废票数量。

12. 编写程序,判断任意输入的字符串是否回文。回文是指顺读和倒读都一样的字符串。

13. 编写程序,不用 strcat() 函数,将任意两个字符串连接起来。

14. 编写程序,输入任意一个字符串,将其中最大字符存放在该字符串的第一个字符位置,最小字符存放在倒数第一个字符位置。

15. 编写程序,在有序数组 int $a[N]$ 中折半查找输入的整数 num。

16. 某计算机班有学生若干名,假设期末考试的时候考 5 门课,每个学生的成绩按学生的姓名(假设用英文字母标识)存入计算机,试编写程序实现如下功能。

(1) 求每个学生的总分和平均分。

(2) 给出按总分高低排出的名次(总分相同时,名次也相同)。

(3) 统计各门课程成绩在 85 分以上学生人数占所有学生人数的百分比。

(4) 输入一个学生的姓名后,显示该学生的总分和平均分。

第7章 函　数

　　程序设计中，一般一个较大的程序要分为若干小模块，每个模块实现一个比较简单的功能，这也是模块化程序设计原则。所有的高级语言都支持模块化程序设计这个概念。在 C 语言中，函数是一个基本的程序模块。为了提高程序的开发效率和程序的可读性，C 系统提供了大量的标准函数供程序设计人员使用。根据需要，程序设计人员也可以自己定义一些函数来完成特定的功能。综上所述，从用户的角度看，函数可分为标准库函数和自定义函数。

　　本章的内容包括函数的定义、函数参数和函数的返回值、函数的调用、函数的嵌套调用及递归调用、数组作为函数参数、变量的作用域、变量的存储类别、内部函数和外部函数等。

　　本章知识体系如图 7-0 所示。

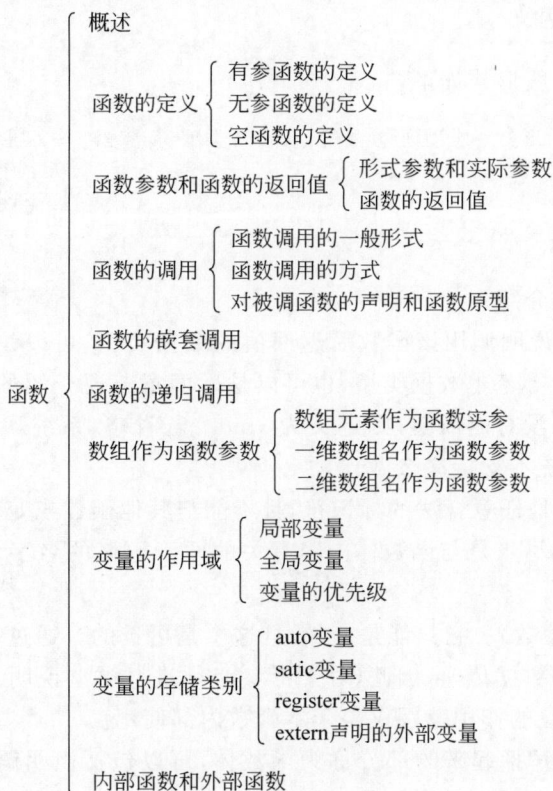

图 7-0　本章知识体系

　　一个 C 程序的执行，总是从本程序的 main() 函数开始，到 main() 函数结束，而其他函数，只有在被调用时才能执行，如图 7-1 所示。

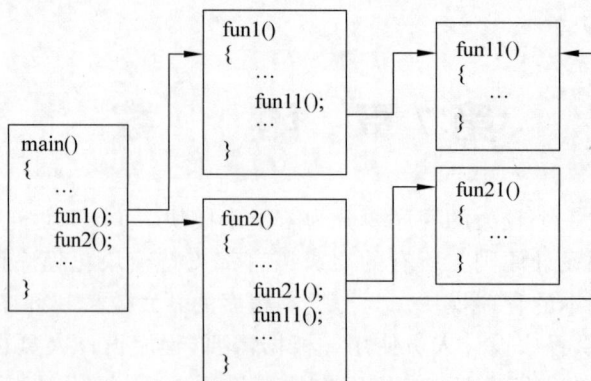

图 7-1　函数调用示意图

7.1　函数的定义

7.1.1　有参函数的定义

有参函数定义的一般形式如下：

函数值类型 函数名(<形参 1 类型 形参 1>,<形参 2 类型 形参 2>,…,<形参 n 类型 形参 n>)
{
　　函数体
}

下面就各部分分别介绍。

（1）函数值类型。说明调用该函数后返回值的数据类型，可以是系统中的整型 int、浮点型 float、字符型 char 等基本数据类型，也可以是后面章节要介绍的结构体或共用体等用户自定义的类型。如果没有返回值，则定义为 void。若省略，系统默认为 int 型（建议不要省略，因为有些编译系统不支持这么做）。

（2）函数名。可以是任意合法的标识符，且不能与其他函数或变量重名，也不可以是关键字。函数名的取名应尽量是与函数体内容有关的便于记忆的名字，这样可以增加程序的可读性。

（3）形参（即形式参数）。它只能是变量，且这个是可选的。通过形式参数，实现调用函数和被调用函数之间的数据传递，因此，对于形参必须进行类型说明。如果有多个参数，参数之间用","隔开。形参的作用范围仅限于本函数内部使用。

（4）函数体。由"{}"括起来的部分称为函数体，可以包括声明语句部分和执行语句部分。声明语句部分用于声明函数内部使用的变量，也可以用于对其他函数原型的声明。执行语句部分放置函数需要执行的操作，可以是一个或多个 C 语言语句。

注意：*所有声明语句部分必须放在执行语句部分之前，否则编译的时候会报错。*

7.1.2　无参函数的定义

无参函数定义的一般形式如下：

```
函数值类型  函数名()
{
    函数体
}
```

无参函数就是在函数调用时不用传递参数的函数,即参数表是空的(可以用 void 说明无参数),表示不接收来自调用函数的任何数据,但是函数名后的"( )"不能省略。

7.1.3 空函数的定义

空函数定义的一般形式如下:

```
函数值类型  函数名()
{
    ...
}
```

若函数的函数体没有任何内容,则该函数称为空函数,此时"{}"不能省略。

例如,下面定义的是一个空函数。

```
void empty()                                    /* 空函数 */
{
    ...
}
```

这是 C 语言中一个合法的函数,函数名为 empty。实际上 empty()函数不执行任何操作,在程序开发初期常用来代替未开发完毕的函数,以备将来扩充使用。

7.2 函数参数和函数的返回值

7.2.1 形式参数和实际参数

在主调函数中,调用有参函数时,主调函数和被调用函数之间有数据传递关系。在主调函数中调用一个有参的函数时,函数名后面括号中的参数,称为实际参数,简称实参。

例 7-1 求两个整型数据中的较小者。

程序代码如下:

```
#include<stdio.h>
int main()
{
    int min(int a, int b);                      /* 函数声明 */
    int x, y, z;
    scanf("%d%d", &x, &y);
    z=min(x, y);                                /* 调用 min()函数;x,y 为实际参数 */
    printf("Min of %d and %d is: %d", x, y, z);
    return 0;
}
```

```
/* 以下为确定较小数据的 min() 函数定义部分 */
int min(int a,int b)                                    /* a,b 为形式参数 */
{
    int t;
    t=a<b? a:b;
    return t;
}
```

运行结果如下：

4 5↙
Min of 4 and 5 is: 4

说明：

（1）第 7 行包含一个对 min() 函数的调用表达式，x 和 y 是实际参数。当 min() 函数调用发生时，按照自左向右的原则，实参 x 的值传递给形参 a，实参 y 的值传递给形参 b；当函数调用返回时，将 t 的值返回给了主调函数 main()，并赋给变量 z。这样使得主调函数和被调用函数之间的数据发生了数据传递关系。

（2）第 11～16 行是 min() 函数定义部分。第 11 行定义函数首部，包括返回类型 int、函数名 min、两个形参 a、b 及它们的类型。末尾没有分号。

关于形参与实参，说明以下几点。

（1）在函数定义中指定的形参，在未发生函数调用时，它们并不占内存中的存储单元。只有在函数调用发生时，min() 函数中的形参才被分配内存单元。在调用结束后，形参所占的内存单元也被释放。

（2）实参可以是简单或复杂的运算表达式。

例如：

```
max(3,x+y);
```

但要求它们有确定的值。在调用发生时将实参的值赋给形参。如果形参是数组名，则传递的是数组首地址而不是数组的值。

（3）在定义函数时，必须指定形参的数据类型，如例 7-1 程序第 11 行。

（4）实参与形参的数据类型应相同或赋值兼容。例 7-1 中实参和形参都是整型，这是合法的。如果实参为整型，而形参 a 为实型，或者相反，则按照不同类型数值的赋值规则进行转换。例如实参 x 的值为 8.5，而形参 a 为整型，则当函数调用发生时，将实数 8.5 转换成整数 8，然后传递给形参。字符型与整型可以互相通用。

（5）主调函数在调用被调函数之前，应对被调函数作原型声明或将被调函数定义在主调函数之前。如例 7-1 中第 4 行就是对被调 min() 函数声明，若不想在 main() 函数中对 min() 函数作原型声明，也可在定义时将 min() 函数放在 main() 函数的前面，否则编译会出错。

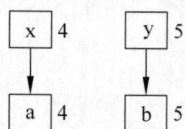

图 7-2　实参单元与形参单元

（6）在 C 语言中，实参向形参的数据传递有两种：一种是"值传递"，另一种是"地址传递"。上例中的参数传递属于"值传递"。在内存中，实参单元与形参单元是不同的单元。如图 7-2 所示。

在调用函数时,给形参分配存储单元,并将实参对应的值传递给形参,调用结束后,形参单元被释放,实参单元仍保留并维持原值。因此,在执行一个被调用函数时,形参的值如果发生改变,并不会改变主调函数的实参的值。

7.2.2　函数的返回值

定义函数时,函数头指定的类型称为函数的返回值类型。函数调用时,希望通过函数调用使主调函数能得到一个确定的值,这就是函数返回值。根据函数返回值的有无,可以将函数分为有返回值函数和无返回值函数。

对函数返回值说明如下。

(1) 函数的返回值只能有一个。

(2) 一个函数体内可以有多个返回语句,不论执行到哪一个,函数都结束,返回到被调用语句,如例 7-2 所示。

(3) 函数返回值的类型应当与 return 语句中表达式的类型保持一致。当两者不一致时,以函数返回值的类型为主,如例 7-3 所示。

(4) 当函数有返回值时,必须在函数定义时指定函数的返回值类型,如果省略函数返回值类型,则系统默认返回值类型为 int 型。

(5) 当函数不需要返回值时,可以明确定义为"空类型",类型说明符为 void。函数体不出现 return 语句,或者 return 语句后面不带表达式。

例 7-2　函数体内有多个 return 语句。

```
#include<stdio.h>
int flag(int a)
{
    if (a>0)
        return 1;
    else if (a==0)
        return 0;
    else
        return -1;
}
int main()
{
    int a,b;
    scanf("%d",&a);
    b=flag(a);
    printf("b=%d\n",b);
    return 0;
}
```

运行结果如下:

```
5↙
b=1
```

例 7-3　返回值类型与函数类型不同。将例 7-1 稍作改动(注意是变量的类型改动)。
程序代码如下:

```c
# include<stdio.h>
int main()
{
    int min(float a,float b);              /* 函数声明;注意形参类型的变化 */
    int z;
    float x,y;
    scanf("%f%f",&x,&y);
    z=min(x,y);                            /* 调用 min()函数 */
    printf("Min is: %d",z);
    return 0;
}
int min(float a,float b)                   /* 函数定义,注意形式参数类型的改变 */
{
    float t;                               /* t 为实型变量 */
    t=a<b? a:b;
    return t;
}
```

运行结果如下:

```
1.2 2.3↙
Min is: 1
```

7.3　函数的调用

当定义好一个函数后,就可以使用它了。在程序中使用函数称为函数调用。本节介绍函数调用的一般形式、函数调用的方式以及对被调函数的声明和函数原型。

7.3.1　函数调用的一般形式

函数调用的一般形式如下:

函数名(实参列表)

下面就函数调用作如下说明。

(1) 函数名就是需要调用函数的名称,其中实参列表根据实际调用函数的原型不同,可以有零个或多个。若有多个参数,则不同参数之间用","隔开。

(2) 如果是调用有参函数,实际参数可以是常量、变量或表达式,其中,变量必须要有确切的值。

(3) 实参的个数应与形参相同,且数据类型应相同或赋值兼容。如果实际参数的数据类型与形式参数的数据类型不相同,系统将自动将实际参数的数据类型转换为形式参数的数据类型。如果是调用无参函数,则"实参列表"可以没有,但括号不能省略。

（4）实参列表计算的顺序是不确定的,有的系统是自左向右的顺序求值,有的系统是自右向左的顺序求值。因此在程序中使用函数调用时,不能希望函数调用的执行依赖实参列表的计算顺序。Visual C++ 6.0 系统是从右到左计算实参列表的值。

7.3.2 函数调用的方式

在实际的函数调用中,具体的调用方式有以下 3 种。

1）以独立形式出现

把函数调用作为一个语句,这时不要求函数返回数值,只要求函数完成一定的操作,多数空类型函数(即返回值类型为 void 的函数)一般采用这种调用方式。

2）在表达式中出现

函数出现在一个表达式中,这类函数要求有返回值,能够返回一个确切的值以参加表达式的计算。例如:

```
y=3*sqrt(x);
```

中,函数 sqrt()是表达式的一部分,它的值乘以 3 再赋给 y。

又如:

```
y=min(a,sqrt(b));
```

min()函数的第二个实参就是一个函数表达式 sqrt(b),函数表达式可以用在任何允许使用表达式的地方。

3）在函数调用中以实参的形式出现

函数调用作为另一个函数的实参(也可以作为本函数的实参)。例如:

```
sqrt(power(w,8));
power(2,power(3,x));
```

总之,在 C 语言程序中,函数表达式可以用在任何允许使用表达式的地方。

7.3.3 对被调函数的声明和函数原型

C 语言要求函数先定义后使用,就像变量应先定义后使用一样,如果被调用函数的定义位于调用函数之前,可以不必声明。

被调函数必须是已经存在的函数,可以是标准库函数也可以是用户自己定义的函数。程序调用库函数时,也应对所要调用的库函数进行声明。对库函数的声明,已写在 C 系统提供的相应扩展名为.h 的文件中,故在调用库函数时,应在源程序文件开头部分,用 ♯ include 命令将与被调函数有关的头文件包含到本文件中来。如前几章已经用过的宏命令:

```
#include<stdio.h>
```

其中,stdio.h 是一个头文件,包含了输入输出库函数所用到的一些宏声明信息。如果不包含这个头文件,就无法使用输入输出库函数。同样,如果想使用数学库函数,就要用 ♯ include＜math.h＞。

如果是使用用户自己定义的函数,而且自定义的函数被放在调用函数的后面,就需要在函数调用之前,加上函数原型声明。如果调用之前,既不定义,也不声明,程序编译时就会出错。函数声明的目的主要是说明函数的类型和参数的情况,以便在遇到函数调用时,编译系统能够判断对该函数的调用是否正确。函数声明的一般形式如下:

返回值类型 函数名(参数类型 1 [参数名 1], 参数类型 2 [参数名 2], …, 参数类型 n [参数名 n]);

以上参数名是可选的。因为编译系统在对程序进行编译时,会检查函数返回值类型、函数名和形式参数的类型与个数,但不检查参数名,所以参数名有没有都可以。

例 7-4 对被调用函数的声明。编程求 x^n。

方案 1:对被调函数 power()的声明,放在主函数 main()的声明部分。

程序代码如下:

```c
#include<stdio.h>
int main()
{
    int n, x;
    int power(int x, int n);          /* 对被调函数 power()的声明,此句是必须的 */
    scanf("%d%d",&x,&n);
    printf("%d\n", power (x,n));
    return 0;
}
int power(int x, int n)
{
    int i;
    int xn=1;
    for (i=1;i<=n;i++)
        xn * =x;
    return xn;
}
```

运行结果如下:

2 3↙
8

方案 2:被调函数 power()的定义部分在主调函数 main()的前面,可以省略声明部分。

程序代码如下:

```c
#include<stdio.h>
int power(int x, int n)
{
    int i;
    int xn=1;
    for (i=1;i<=n;i++)
        xn * =x;
```

```
        return xn;
}
int main()
{
    int n,x;
    /* 对被调函数 power()的声明"double power(double x, int n);"这句可以省略 */
    scanf("%d%d",&x,&n);
    printf("%d\n", power (x,n));
    return 0;
}
```

方案 3：在所有函数之前，对 power()函数作原型声明。
程序代码如下：

```
#include<stdio.h>
int power(int x, int n);                    /* 在所有函数之前,对 power()函数作原型声明 */
int main()
{
    int n,x;
    scanf("%d%d",&x,&n);
    printf("%d\n", power (x,n));
    return 0;
}
int power(int x, int n)
{
    int i;
    int xn=1;
    for (i=1;i<=n;i++)
        xn * =x;
    return xn;
}
```

7.4 函数的嵌套调用

一个 C 语言应用程序一般由一个 main()函数和多个其他函数构成，各函数之间是平行的，但是这些函数之间并不是孤立的，而是通过相互调用建立关系。除了 main()函数不能被其他函数调用，其余的函数都能被调用。它们可以被 main()函数调用，也可以被非 main()函数调用。

C 语言中不允许进行嵌套的函数定义。但是，C 语言允许在一个函数的定义中出现对另一个函数的调用，这样，就出现了函数的嵌套调用，即在被调用的函数中又调用其他函数。

图 7-3 给出了函数嵌套调用的示意图。

图 7-3 表示的是两层嵌套，其执行过程如下。

（1）执行 main()函数的开头部分。

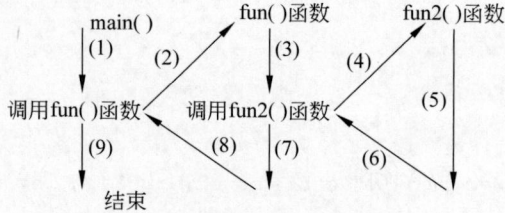

图 7-3 函数嵌套调用的示意图

（2）遇到函数调用语句，调用 fun()函数，转去执行 fun()函数。

（3）执行 fun()函数的开头部分。

（4）遇到函数调用语句，调用 fun2()函数，转去执行 fun2()函数。

（5）fun2()函数没有其他嵌套的函数，执行 fun2()函数直至完成 fun2()函数的全部操作。

（6）返回 fun()函数中调用 fun2()函数的位置。

（7）继续执行 fun()函数中未执行的部分，直到 fun()函数结束。

（8）返回 main()函数中调用 fun()函数的位置。

（9）继续执行 main()函数的剩余部分直到结束。

在例 7-5 中，main()函数调用了 fun()函数，fun()函数又调用了 fun2()函数。

例 7-5 通过函数的嵌套方法求 $n!$。

程序代码如下：

```
/*计算 n!的数学公式如: n!=1×2×3×…×(n-1)×n*/
#include<stdio.h>
int fun(int n);
int fun2(int n);
int main()
{
    int a;
    printf("Input an integer number:");
    scanf("%d",&a);
    int sum=fun(a);
    printf("%d!=%d\n",a,sum);
    return 0;
}
int fun(int n)
{
    int f;
    if (n<0)
    {
        printf("n<0, 参数无效,结果值无效");
        f=-1;
    }
    else
```

```
        if (n==1||n==0)
            f=1;
    else
        f=fun2(n);
    return f;
}
int fun2(int n)
{
    int s=1;
    for (int i=1;i<=n;i++)
        s=s*i;
    return s;
}
```

运行结果如下：

7.5　函数的递归调用

一个函数在它的函数体内直接或间接的调用该函数本身，称为函数的递归调用。C语言支持函数的递归调用。递归调用为人们解决某些问题提供了极大的方便。递归调用分为直接递归调用和间接递归调用两种。如图7-4和图7-5所示，f()函数直接调用其自身，就是直接调用；f1()函数在其自身的函数体内调用了f2()函数，而f2()函数又调用了f1()函数，即f1()函数通过f2()函数调用了其自身，这就是间接递归调用。

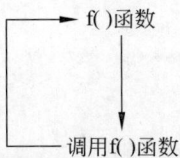

图 7-4　直接递归调用　　　图 7-5　间接递归调用

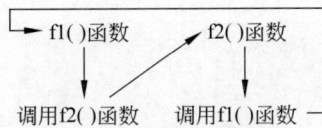

递归函数反复地调用自身，如果这样无休止的递归调用，会使系统崩溃，这是不允许的，所以需要用某种方式中止这种调用。最常用的方法就是加入条件判断，只要某个条件成立就结束递归调用，否则继续执行递归调用。

下面是递归调用的一个典型例子。

例 7-6　通过递归方法求 $n!$。

求 $n!$ 可以通过递归的方法，即从 1 开始乘以 2，再乘以 3，再乘以 4，一直乘到 n。这种方法通过循环方法容易实现。

另外，求 $n!$ 也可以用递归方法实现，即可以表示为下面的递归公式：

$$n! = \begin{cases} 1, & n \text{ 为 0 或 1} \\ n(n-1)!, & n > 1 \end{cases}$$

根据以上递归公式,很容易写出相应的程序实现。

程序代码如下:

```c
#include<stdio.h>
int fun(int n);
int main()
{
    int a;
    printf("Input an integer number:");
    scanf("%d",&a);
    int sum=fun(a);
    printf("%d!=%d\n",a,sum);
    return 0;
}
int fun(int n)
{
    int f;
    printf("call fun(%d)\n",n);
    if (n<0)
        printf("n<0,参数无效,结果值无效"); f=-1;
    if (n==1||n==0)
        f=1;
    else
        f=n * fun(n-1);
    return f;
}
```

运行结果如下:

```
Input an integer number:5↙
call fun(5)
call fun(4)
call fun(3)
call fun(2)
call fun(1)
5!=120
```

图 7-6 所示为 fun(5)的调用过程。

从以上例子可以看出,要求 5!,必须先求 4!,求 4!,必须先求 3!,经过分解,直到达到出口条件 fun(n)=1,可见,在函数递归调用时,需要确定两点:一是递归公式,二是出口条件。递归公式是递归求解过程的归纳项;出口条件即终止条件,用于终止递归。利用递归方法定义的函数非常简洁,许多利用循环方法处理的问题都可以用递归方实现。

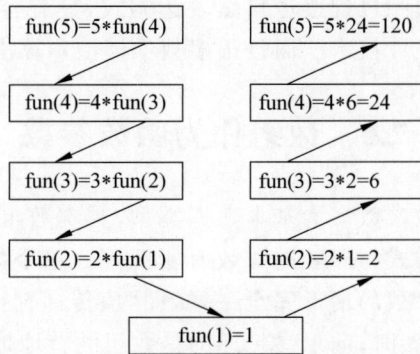

图 7-6　递归函数 fun(5)调用过程示意图

例 7-7　求数列 $1,1,2,3,5,8,\cdots,n$ 的第 n 项的值（n 为从 1 开始的整数）。

这是有名的斐波那契数列。将第一个数加上第二个数得到第三个数，以此类推。这个数列从第 3 项开始，每项都等于前两项之和。递归公式如下：

$$\text{Fib}(n)=\begin{cases}1, & n=1 \\ 1, & n=2 \\ \text{Fib}(n-1)+\text{Fib}(n-2), & n>2\end{cases}$$

程序代码如下：

```c
#include<stdio.h>
int fib(int n);
int main()
{
    int n;
    scanf("%d",&n);
    printf("Fib(%d)=%d\n",n,fib(n));
    return 0;
}
int fib(int n)
{
    int f;
    if (n==1)
        f=1;
    else if (n==2)
        f=1;
    else
        f=fib(n-1)+fib(n-2);
    return (f);
}
```

运行结果如下：

```
6
Fib(6)=8
```

从以上例子可以看出,递归过程接近自然表达方式,具有容易理解、程序清晰易读等优点,是一种十分有用的程序设计技术。而且很多数学模型和算法设计本来就是递归的。

7.6 数组作为函数参数

前面章节,接触到的函数参数多为基本数据类型,其实数组也可以作为函数参数,但数组作为参数时,其数据传递方式与一般的参数有所区别。单个数组元素可以作为函数的参数,这同简单变量作为函数参数的情形完全一样,即"值传递"。同样,数组名也可以作为函数参数。用数组名作函数实参时,向形参传递的是数组的首地址,是地址传递。本节重点讲授数组元素、一维数组名以及多维数组名作为函数参数时的情况。

7.6.1 数组元素作为函数实参

例 7-8 数组元素作为函数实参。
程序代码如下:

```
#include<stdio.h>
int main()
{
    int a[10];
    int i;
    void display(int n);
    for (i=0;i<10;i++)
        a[i]=i;
    for (i=0;i<10;i++)
        display(a[i]);                    /* 以数据元素作为函数 display 的实参 */
    return 0;
}
void display(int n)
{
    printf("%4d",n);
}
```

运行结果如下:

```
 0  1  2  3  4  5  6  7  8  9
```

注意:数据元素类型必须与形式参数类型相同或赋值兼容,当二者不同的时候以形式参数为准。

7.6.2 一维数组名作为函数参数

数组名代表了数组元素所占内存单元的首地址。它作为函数参数时,实际参数传给形式参数的是数组的首地址,而不是把元素的值传给形式参数,即地址传送。这种情况下,发生函数调用时,系统不会为形式参数重新分配存储单元,而是将实参的地址直接传送给形参,形式参数与实际参数共占相同的内存单元,这样,当被调函数对形参的任何操作就相当于直接作用在实参上,在调用结束返回到主调函数时,实参所受的修改仍然保留。

例 7-9 一维数组名作为函数参数。

有一个一维数组 salary,内存放 10 个员工的工资,求平均工资。

程序代码如下:

```c
#include<stdio.h>
int main()
{
    float average(float sal[ ]);        /* 函数声明 */
    float salary[10], aver;
    int i;
    printf("Please input 10 salaries:\n");
    for (i=0; i<10; i++)
        scanf("%f", &salary[i]);
    aver=average(salary);
    printf("The average salary is %5.2f\n", aver);
    return 0;
}
float average(float sal[ ])                /* sal 也可声明为 float *b */
{
    int i;
    float aver, sum=sal[0];
    for (i=1; i<10;i++)
        sum=sum+sal[i];
    aver=sum/10;
    return aver;
}
```

运行结果如下:

```
Please input 10 salaries:
1000 ↙
1020 ↙
1030 ↙
1600 ↙
1300 ↙
1250 ↙
1360 ↙
1980 ↙
1700 ↙
1250 ↙
The average salary is 1349.00
```

说明:

(1) 实参数组与形参数组元素类型应一致,且应该在主调函数和被调函数中分别声明数组。

（2）形参数组可以不指定大小，但参数名称后面的"[ ]"不能省略。

（3）在上面的例子中，没有声明形参的数组大小，虽然声明形参数组的大小也是合法的，但实际上对形参数组指定大小对编译系统来说是不起作用的，因为编译的时候不检查形参数组的大小，只是将实参数组的首地址传给形参。所以在定义函数时，常常另设一个形参表示数组的长度，指明需要处理的数组元素的个数，如例 7-10 的形式。

例 7-10　处理不定长数组。

程序代码如下：

```c
#include<stdio.h>
int main()
{
    float average(float array[ ],int num);      /* 函数声明 */
    float salary_1[5]={900,800,880,860,780};
    float salary_2[10]={960,860,760,660,890,960,780,980,990,1000};
    printf("The average of salary_1 is %8.2f\n",average(salary_1,5));
    printf("The average of salary_2 is %8.2f\n",average(salary_2,10));
    return 0;
}
float average(float sal[ ],int m)               /* 形参 sal 也可声明为 float * sal */
{
    int i;
    float aver, sum=sal[0];
    for (i=1;i<m;i++)
        sum=sum+sal[i];
    aver=sum/m;
    return aver;
}
```

例 7-10 中用同一个 average() 函数处理两个不同长度的数组，即分别计算 5 个和 10 个人的平均工资。

运行结果如下：

```
The average of salary_1 is     844.00
The average of salary_2 is     884.00
```

7.6.3　二维数组名作为函数参数

二维数组名作为函数参数时，参数传递情况与一维数组类似。可以用多维数组名作为函数的实参和形参，下面请看一个例子。

例 7-11　有一个 4×4 矩阵，求出主对角线上行、列下标均为偶数的各元素的积。

程序代码如下：

```c
#include<stdio.h>
```

```
int main()
{
    int sum(int a[][4]);
    int a[4][4]={{2,3,4,5},{4,5,8,4},{3,4,7,9},{1,6,3,4}};
    printf("主对角线上行、列下标均为偶数的各元素的积为%d\n",sum(a));
    return 0;
}
int sum(int a[ ][4])
{
    int i,p=1;
    for (i=0;i<4;i++)
        if (i%2==0)
            p*=a[i][i];
    return p;
}
```

运行结果如下：

主对角线上行、列下标均为偶数的各元素的积为 14

说明：形参是二维数组时,要指出第二维的大小,第一维的长度可以省略或与实际参数第一维长度不一样。

例如,实际参数数组声明为

```
char str[5][10];
```

而形式参数数组可以声明为

```
char str[3][10]
```

或

```
char str[8][10]
```

7.7　变量的作用域

作用域是指变量起作用的范围,即该变量在多大范围内可被引用或参加运算。变量按它的作用域不同可以分为局部变量和全局变量。

7.7.1　局部变量

在一个函数内部声明的变量是内部变量,它只在本函数内有效,在此函数以外是不能使用的,这样的变量就是局部变量。此外,函数的形式参数以及在其他程序块(又称复合语句)声明的变量也称为局部变量。函数的形式参数只在本函数范围内才可以使用,函数外无效。在复合语句中声明的变量也只在复合语句范围内有效。例如：

```
int func1()                    / * func1()函数 * /
```

```
{
    float f1,f2;    ⎫
    …               ⎬  变量 f1、f2 的作用域
}                   ⎭
char func2(int m, int n)    /* func2()函数 */
{
    char a;         ⎫
    …               ⎬  变量 m、n、a 的作用域
}                   ⎭
int main()                      /* 主函数 */
{
    int m,n;        ⎫
    …               ⎬  变量 m、n 的作用域
    return 0;       ⎭
}
int func3
{
    int p,q;        ⎫
    …               ⎪
    {               ⎪
        int z;      ⎫                ⎪
        z=p * q;    ⎬ 变量 p、q、z 的作用域  ⎬ 变量 p、q 的作用域
        …           ⎭                ⎪
    }               ⎪
    …               ⎪
}                   ⎭
```

说明：

（1）func1()函数是一个无参函数，函数内定义的两个局部变量 f1、f2，只能在本函数 func1()函数内使用。

（2）func2()函数带两个形式参数 m 和 n，连同函数内定义的局部变量 a，只能在本函数 func2()函数使用，即 m、n、a 的作用域限于 func2()函数内。

（3）在主函数 main()中定义的变量也只能在主函数中使用，而不能在其他函数中使用。同样，主函数中也不能使用其他函数中定义的变量。

（4）func3()函数的函数体内包含一个内嵌的语句块（即"{}"内包括的部分），在这个语句块内可以使用本语句块内声明的变量 z，也可以使用在 func3()函数的函数体内声明的变量 p 和 q。这不难理解，因为复合语句也是属于 func3()函数的函数体的一部分，而在函数体内声明的变量 p 和 q 在整个函数体内有效，显然在复合语句内也是有效的。

7.7.2 全局变量

在函数外部声明的变量是外部变量，称为全局变量。已经知道，一个源程序文件可以包含一个或多个函数，全局变量的作用范围是从它声明的位置开始一直到程序文件末尾止，即位于全局变量的定义后面的所有函数都可以使用此变量。例如：

```
int s=0;                        /* 外部变量 */
int func1(float f)              /* 定义 func1()函数 */
{
    int m,n;
    …
}
char a,b;                       /* 外部变量 */
char func2(int x, int y)        /* 定义 func2()函数 */
{
    int j, k;
    …
}
void main()                     /* 主函数 */
{
    int p, q;
    …
}
```

全局变量 s 的作用域

全局变量 a、b 的作用域

局部变量只有在声明它的程序模块范围内有效,而全局变量可以被作用域内的所有函数直接引用。所以在一个函数内既可以使用本函数内声明的局部变量也可使用全局变量。由于函数只允许有一个返回值,利用全局变量可以使函数调用得到一个以上的结果。但是考虑全局变量的一些特征,应该限制全局变量的使用,过多地使用全局变量会带来很多问题。原因说明如下。

(1) 全局变量可加强函数之间的数据联系,而使得函数的独立性降低。从模块化程序设计的观点来看这是不利的,因此在不必要时尽量不要使用全局变量。

(2) 在同一个源文件中,允许全局变量和局部变量同名,此时在局部变量作用域内,全局变量不起作用。例如后面的例 7-12。

(3) 建议在第一个函数之前定义全局变量。

例 7-12 全局变量的作用域。

编写一个函数,从实参传来一个字符串,统计此字符串中字母、数字和空格的个数,在主函数中接收输入字符串并输出结果。

题目要求通过一个函数能够得到 3 个运算结果,而函数只有一个返回值,这可以通过全局变量来达到目的。

程序代码如下:

```
#include<stdio.h>
int letter,digit,space;              /* 全局变量,分别用来存放字母、数字和空格的个数 */
int main()
{
    void count(char[]);
    char text[100];
    printf("Please input string:\n");
    gets(text);
    printf("String:\n");
```

```
        letter=0;
        digit=0;
        space=0;
        puts(text);
        count(text);
        printf("letter:%d, digit:%d,space:%d\n",letter,digit,space);
        return 0;
    }
    void count(char str[])
    {
        int i;
        for(i=0;str[i]!='\0';i++)
            if ((str[i]>='a'&&str[i]<='z')||(str[i]>='A'&&str[i]<='Z'))
                letter++;
            else if (str[i]>='0'&&str[i]<='9')
                digit++;
            else if (str[i]==32)
                space++;
    }
```

运行结果如下：

```
Please input string:
Nothing is diffcult,if you put your heart into it ↙
String:
Nothing is diffcult,if you put your heart into it
letter:40, digit:0, space:8
```

7.7.3 变量的优先级

C 语言允许局部变量与全局变量同名，全局变量与局部变量在系统中各自占用不同的内存单元，那么到编译系统是如何裁决的呢？这就取决于变量的优先级。如果在同一个源文件中，全局变量与局部变量同名，则在局部变量的作用域范围内，只有局部变量有效，全局变量不起作用，也就是说局部变量具有更高的优先级。

例 7-13 变量的优先级。

程序代码如下：

```
#include<stdio.h>
int a=3,b=5;
int max(int a,int b)
{
    int c;
    c=(a>b)?a:b;                    //这里的 a,b 是局部变量,其值决定于调用函数
    return(c);
}
```

```
int main()
{
    int a=8;   //这里的 a 是局部变量 a=8,b 是全局变量 b=5,两值作为实参传给函数 max()
    printf("max =%d\n\n",max(a,b));
    return 0;
}
```

运行结果如下：

```
max=8
```

说明：main()函数中,定义了局部变量 a,所以这里所有的 a 都是指局部变量,全局变量 a 在这里没有"立足之地",而变量 b 则不同,由于在 main()中没有重新定义。所以这里的 b 指的就是全局变量 b,因此调用函数 max(a,b)等同于 max(8,5)。

7.8　变量的存储类别

在 C 语言中,供用户使用的存储空间分为代码区与数据区两部分。变量存储在数据区,数据区又可分为静态存储区与动态存储区。静态存储是指在程序运行期间给变量分配固定存储空间的方式。例如,全局变量存放在静态存储区中,程序运行时分配空间,程序运行完释放。动态存储是指在程序运行时根据实际需要动态分配存储空间的方式。例如,形式参数存放在动态存储区中,在函数调用时分配空间,调用完成释放。

对于静态存储方式的变量可在编译时初始化,默认初值为 0 或空字符。对动态存储方式的变量如不赋初值,则它的值是一个不确定的值。

C 语言具体的存储类别有自动型(auto)、静态型(static)、寄存器型(register)及外部型(extern)4 种。静态存储类别与外部存储类别变量存放在静态存储区,自动存储类别变量存放在动态存储区,寄存器存储类别直接送寄存器。变量的存储类别及其声明的位置决定了变量的作用域和生存期。

C 语言中,一个完整的变量声明格式如下：

[存储类型] 数据类型 变量表；

或

数据类型 [存储类型] 变量表；

例如：

```
static int x,y;
```

或

```
int static x,y;
```

二者都是合法的。下面就 4 种存储变量分别介绍。

7.8.1　auto 变量

函数中的局部变量,如果不进行专门的说明,则对它们分配和释放存储空间的工作由系统自动处理,这类局部变量称为自动变量。例如:

```
void fucn(f)                    /* 声明函数 func */
{
    auto int m,n;               /* 声明 m,n 为自动变量 */
    ...
}
```

C 语言规定,函数的局部变量(函数体内定义的变量和函数形参列表中的变量)默认是 auto 存储类型,所以 auto 可以省略。auto 自动型变量,在调用该函数时系统会给它们分配存储空间,在函数调用结束时就自动释放这些存储空间。

7.8.2　用 static 声明局部变量

有时希望函数中的局部变量的值在函数调用结束后不消失而保留原值,这时就应该指定局部变量为"静态局部变量",用关键字 static 进行声明。为了更清楚地理解静态局部变量的特征,下面来看一个例子。

例 7-14　静态局部变量。

程序代码如下:

```
#include<stdio.h>
int f(int a)
{
    auto b=0;
    static c=3;
    b=b+1;
    c=c+1;
    return (a+b+c);
}
int main()
{
    int a=2,i;
    for (i=0;i<3;i++)
        printf("%d\n",f(a));
    return 0;
}
```

运行结果如下:

```
7
8
9
```

上例中，f()函数有一个形式参数 a，默认为自动变量，另外声明了一个自动变量 b 和一个静态变量 c，分别赋初始值为 0 和 3，然后对两个变量执行加 1 操作，并输出 3 个变量之和。在主函数连续 3 次调用 f()函数。从执行结果可以看出每次调用 f()函数时，自动变量每次调用时的初值都是一样的，而静态变量第一次调用函数，采用了编译时指定的初始值，以后每次调用时，静态变量的初始值为上一次函数调用结束后的值。表 7-1 表示函数调用时两个变量的值的变化情况。

表 7-1　例 7-15 调用 f()函数时，变量 b 和 c 的值的变化情况

第 i 次调用	调用时初值		调用结束后的值	
	b(auto)	c(static)	b(auto)	c(static)
$i=0$	0	3	1	4
$i=1$	0	4	1	5
$i=2$	0	5	1	6

对自动变量与静态局部变量的区别可以总结如下。

(1) 自动变量(即动态局部变量)，在每次函数调用开始时系统为其分配存储空间，并在函数调用结束时释放存储空间。静态局部变量在程序一次程序运行期间，系统只为其分配一次存储空间，在程序整个运行期间都不释放。

(2) 对自动变量的赋值操作，每次函数调用时都要重新赋值。静态局部变量赋初值操作是在编译时执行，而不是在函数调用时执行。

(3) 如果在声明局部变量时不赋初值，自动变量的值是不确定的，因为它每次调用时系统都要重新分配存储单元，它的值取决于单元的值。对静态局部变量来说，如果不赋初始值，编译时系统自动赋初始值为 0(对数值型变量)或空字符(对字符变量)。

(4) 虽然静态局部变量在函数调用结束时仍然存在，但在其他函数中还是不可以使用，因为它也属于局部变量。

在某些情况下使用静态局部变量会给程序设计带来方便，试看下面一个例子。

例 7-15　输出 1~5 的阶乘值。

程序代码如下：

```
#include<stdio.h>
int fac(int n);                          //函数声明
int main()
{
    for (int i=1;i<=5;i++)
        printf("%d!=%d\n",i,fac(i));     //这个 i 就是传给函数 fac()的参数,n=i
    return 0;
}
int fac(int n)
{
    static int f=1;
    f=f * n;
```

```
    return (f);
}
```

运行结果如下：

```
1!=1
2!=2
3!=6
4!=24
5!=120
```

上例中在 fac() 函数中用一个静态局部变量保存 i! 值以便下次使用，避免下次重复计算。但值得一提的是，静态局部变量在整个程序运行期间都一直占用存储空间，增加了程序运行对系统内存的要求，另外，使用静态局部变量还会降低程序的可读性，当多次调用之后，我们难以弄清楚静态局部变量的当前值是什么。因此，对静态局部变量需要谨慎使用，尽量少用。

7.8.3 register 变量

寄存器变量是 C 语言所具有的汇编语言的特性之一。它保存在 CPU 的通用寄存器中，和计算机硬件有着密切的关系。寄存器变量用 register 进行说明。例如：

```
void f(register int a)
{
    register char ch;
    ...
}
```

使用寄存器变量可以缩短存取时间，通常将使用频率较高的变量设定为寄存器变量，如循环控制变量等。

例 7-16   求 $\sum\limits_{i=1}^{200} i$。

程序代码如下：

```
#include<stdio.h>
int main()
{
    register i,s=0;
    for (i=1;i<=200;i++)
        s=s+i;
    printf("s=%d\n",s);
    return 0;
}
```

运行结果如下：

```
s=20100
```

本程序循环 200 次，i 和 s 都将频繁使用，因此可以定义为寄存器变量。

目前编译系统大多能够对程序进行优化，能自动识别频繁使用的变量，从而自动将这些变量放在寄存器中，而无需 register 声明，在此介绍只为方便读者阅读其他人写的程序或以前的一些程序。

7.8.4　用 extern 声明外部变量

在前面的章节介绍了函数外声明的变量是外部变量，它的作用域就是从变量的声明处开始，到本程序文件的结束。在此作用域范围内，外部变量可以为当前程序文件中的所有函数所引用。所有全局变量均属于静态存储变量，它的生存期就是程序的一次执行。

思考以下两个问题。

（1）当外部变量声明在后，引用它的函数在前时，如何使用该外部变量？

（2）一个 C 语言应用程序可以由一个或多个源程序文件组成，而编译系统是以源程序文件为单位来编译程序的，然后再将各个文件进行连接生成一个可执行程序（ * .exe）。如果程序由多个源程序文件组成，那么在一个源程序文件中声明的变量在另一个源程序文件中能否直接引用它？

此时，需要用到 extern 关键字来声明外部变量，以扩展外部变量的作用域。具体分两种情况：一是在一个源程序文件范围内扩展外部变量的作用域；二是在整个 C 语言应用程序范围内扩展外部变量的作用域，即将外部变量的作用域扩展到多个文件。

1. 在一个源程序文件内用 extern 声明外部变量

如果外部变量不在文件的开头定义，其有效的作用范围只限于定义处到文件结束。如果在定义点之前的函数想引用该全局变量，则应该在引用之前用关键字 extern 对该变量作外部变量声明，表示该变量是一个将在下面定义的全局变量。有了此声明，就可以从声明处起，合法地引用该全局变量，这种声明称为提前引用声明。

例 7-17　用 extern 声明外部变量，以扩展它在源程序文件中的作用域。

程序代码如下：

```
#include<stdio.h>
int max(int,int);                        //函数声明
int main()
{
    extern int a,b;                      //对全局变量 a、b 作提前引用声明
    printf("%d\n",max(a,b));
    return 0;
}
int a=15,b=-7;                           //定义全局变量 a、b
int max(int x,int y)
{
    int z;
    z=x>y? x:y;
    return z;
}
```

运行结果如下：

```
15
```

在 main()函数后面定义了全局变量 a、b,但由于全局变量定义的位置在 main()函数之后,因此如果没有程序的第 5 行,在 main()函数中是不能引用全局变量 a 和 b 的。现在在 main()函数里用 extern 对 a 和 b 作了提前引用声明,即

```
extern int a,b;
```

表示 a 和 b 是将在后面定义的变量。这样在 main()函数中就可以合法地使用全局变量 a 和 b 了。如果不作 extern 声明,编译时会出错,系统认为 a 和 b 未经定义。一般都把全局变量的定义放在引用它的所有函数之前,这样可以避免在函数中多加一个 extern 声明。

用 extern 声明外部变量时,可以写数据类型名,如例 7-17 所示。也可不写数据类型名,比如例 7-17 中的外部变量声明也可以写成

```
extern a,b;
```

2. 在多个源程序文件的程序中声明外部变量

如果一个程序包含两个文件,在两个文件中都要用到同一个外部变量 x,不能分别在两个文件中各自定义一个外部变量 x。正确的做法是,在任意一个文件中定义外部变量 x,而在另一个文件中用 extern 对 x 作外部变量声明。即

```
extern int x;
```

编译系统由此知道 x 是一个已在别处定义的外部变量,它先在本文件中找有无外部变量 x,如果有,则将其作用域扩展到本行开始(如上例);如果本文件中无此外部变量,则在程序连接时从其他文件中找有无外部变量 x,如果有,则把在另一个文件中定义的外部变量 x 的作用域扩展到本文件,在本文件中可以合法地引用该外部变量 x。

例 7-18 用 extern 将外部变量的作用域扩展到其他文件中。

```c
/* 文件 file1.c */
/* file1.c */
#include<stdio.h>
int x;
int power(int);
int main()
{
    int y=3,p,q,n;
    printf("Please enter a number x:\n");
    scanf("%d",&x);
    printf("Please input x's power n:\n");
    scanf("%d",&n);
    p=x*y;
    printf("%d * %d=%d\n",x,y,p);
    q=power(n);
```

```
        printf("%d^%d=%d\n",x,n,q);
        return 0;
}
/ * file2.c * /
extern x;      / * 外部变量声明 * /
int power(int m)
{
        int i,n=1;
        for (i=1;i<=m;i++)
            n=n * x;
        return n;
}
```

运行结果如下：

```
Please enter a number x:
4↙
Please input x's power n:
3↙
4 * 3=12
4^3=64
```

在 file2.c 文件开头用一个外部变量声明语句，告诉编译器本文件中出现的变量 x 是一个已经在其他文件中声明过的外部变量，不必再重新为其分配存储空间。本来外部变量 x 的作用域是文件 file1.c，通过在 file2.c 文件中使用外部变量声明，将其作用域扩展到 file2.c 文件夹。如果还有更多的文件需要使用变量 x，只要在文件开头加上声明

```
extern x;
```

即可。

如果过分地扩展全局变量的作用域可能会产生一些意料之外的副作用。因为有多个文件对同一个变量执行操作，在程序设计过程中或程序维护时，任意一个涉及全局变量的修改，都会影响到所有使用这个变量的文件，难以预见所作修改即将造成的结果，所以跨文件使用全局变量应十分谨慎。

extern 关键字既可用来声明来自本文件的全局变量，也可用来声明来自其他文件的全局变量，那么编译系统是如何裁决的呢？编译系统在遇到 extern 时，先在本文件中找外部变量的声明，如果找到，就认为扩展的是本文件中声明全局变量的作用域；如果找不到，就在连接时从其他文件中找外部变量的声明。如果从其他文件中找到了，就将其作用域扩展到本文件；如果再找不到，就报错。

7.8.5　用 static 声明外部变量

在程序设计时，如果希望在一个文件中定义的全局变量仅限于被本文件引用，而不能被其他文件访问，则可以在定义此全局变量时，在前面加上关键字 static。例如：

```
/ * 文件 file1.c * /
```

```
static char a;
int main()
{
    ...
}
/* 文件 file2.c */
extern char a;                              /* 无效的外部变量声明 */
int func()
{
    printf("%c",c);
}
```

在 file1.c 文件中声明了一个静态全局变量 a，只能用于本文件，尽管在 file2.c 文件中用了

```
extern char a;
```

但在 file2.c 文件中无法使用 file1.c 文件中的全局变量 a。

一个应用程序往往由几个人分别完成各个模块，最后再进行组合。不同设计者可能使用相同的外部变量名，这样最后进行连接的时候就会报错。只要在声明全局变量时加上 static 关键字就可以避免命名冲突，以提高程序的模块化和通用性。另外，就算是一个人完成的应用程序，如果其他文件不需要引用本文件的全局变量，也可以把本文件中的全局变量都声明为静态全局变量，以免被其他文件误用。

7.9　内部函数和外部函数

一个 C 语言程序可以由多个函数组成，这些函数既可以在一个文件中，也可以分散在多个不同的文件中，根据这些函数的使用范围，可以将函数分为内部函数和外部函数。

7.9.1　内部函数

内部函数又称静态函数，它只能在定义它的文件中被调用，而不能被其他文件中的函数所调用。同静态全局变量一样，为了定义内部函数，需要在函数定义的前面使用 static 关键字，其声明格式如下：

```
static 函数值类型 函数名(形参列表)
{
    ...
}
```

如果一个以上程序设计者共同合作完成一个应用程序项目，不同的设计者可能采用相同的函数名。使用内部函数来限制函数的作用域，使得不同设计者设计的函数即使同名也可以互不相干扰。通常的做法是，把只能由同一文件使用的函数和外部变量放在同一个文件中，然后在它们前面都加上 static 关键字声明，使其他文件都不能引用，以避免命名冲突和误用。

7.9.2　外部函数

函数在本质上都具有外部性质,除了内部函数(静态函数)之外,其余的函数都可以被其他文件中的函数所调用。有时为了强调它是一个外部函数,可以在进行函数原型声明时使用 extern 说明。定义外部函数的完整格式如下:

[extern] 函数返回值类型 函数名(形参列表)
{
　　…
}

其中,extern 可以省略。前面所用的函数都是外部函数。外部函数引用声明的一般格式如下:

[extern] 返回值类型 函数名(参数类型 1 [参数名 1], 参数类型 2 [参数名 2], …, 参数类型 *n*
　　　[参数名 *n*]);

其中,extern 关键字可以省略,即可以直接采用函数原型声明。与内部函数声明形式一样。前面提过,实际编译系统在遇到函数声明时,先在本文件中查找相应函数的定义,如果找到就认为声明的是本文件中的函数;如果找不到就等到程序连接的时候从其他程序文件中去查找,再找不到就报错。

例 7-19　有一个字符串,内有若干字符,要求在输入一个字符后,程序将字符串中的这个字符删除。用外部函数实现。

```
/ * 文件 f1.c * /
# include< stdio.h>
int main()
{
    char c;
    char s[100];
    extern void enter_str(char s[]);
    extern void del_str(char s[],char ch);
    extern void print_str(char s[]);
    enter_str(s);                        / * 调用接收字符串函数 * /
    printf("Please input the char you want to delete.\n");
    scanf("%c",&c);
    del_str(s,c);                        / * 调用函数删除字符串 s 中的指定字符 c * /
    print_str(s);                        / * 调用输出字符串函数 * /
    return 0;
}
/ * 文件 f2.c * /
# include< stdio.h>
void enter_str(char s[100])
{
    printf("Please enter a string.\n");
    gets(s);
}
```

```
/* 文件 f3.c */
#include<stdio.h>
void del_str(char s[], char c)
{
    int i,j;
    for (i=j=0;s[i]!='\0';i++)
        if (s[i]!=c)
            s[j++]=s[i];
    s[j]='\0';
}
/* 文件 f4.c */
#include<stdio.h>
void print_str(char s[])
{
    printf("Result string:\n");
    printf("%s\n",s);
}
```

运行结果如下：

```
Please enter a string.
Hello John,where are you going to?↙
Please input the char you want to delete.
o↙
Result string:
Hell Jhn,where are yu ging t?
```

整个程序包括 4 个源程序文件。每个文件只包含一个函数。文件 f1.c 包含主函数,除了声明之外用到了 4 个函数调用语句,除了一个 scanf() 函数是库函数之外,其他 3 个均是来自其他文件的用户自定义函数。在 f2.c、f3.c 和 f4.c 文件中各定义了一个函数分别实现字串的录入、删除指定字符和输出字符串等功能。

在文件 f1.c 主函数中的 3 个函数声明语句之前的 extern 关键字可以不写,直接用函数原型声明。即可以写成如下形式：

```
void enter_str(char s[]);
void del_str(char s[],char ch);
void print_str(char s[]);
```

利用函数原型告诉编译系统：该函数在本源程序文件中稍后定义,或在另一个源程序文件中定义。

本 章 小 结

本章主要学习要点如下。

（1）函数定义的一般格式。

（2）函数调用的一般格式，函数的嵌套调用、递归调用。

（3）函数的形参、实参、返回值。

（4）变量按作用域可以分为局部变量和全局变量

（5）变量按生存期可以分为静态变量和动态变量。

（6）内部函数和外部函数。

习　题　7

一、选择题

1. 以下所列的各函数的首部中，正确的是（　　　）。

   A. void play(var a:integer,var b:integer)

   B. void play(int a,b)

   C. void play(int a,int b)

   D. sub play(a as integer,b as integer)

2. 在 C 语言中，有关函数的定义正确的是（　　　）。

   A. 函数的定义可以嵌套，但是函数的调用不可以嵌套

   B. 函数的定义不可以嵌套，但是函数的调用可以嵌套

   C. 函数的定义和函数的调用均不可以嵌套

   D. 函数的定义和函数的调用均可以嵌套

3. 在 C 语言中对函数的有关描述正确的是（　　　）。

   A. C 语言调用函数时，只能把实参的值传给形参，形参的值不能传送给实参

   B. C 函数既可以嵌套定义又可以递归调用

   C. 函数必须有返回值，否则不能使用函数

   D. C 程序中有调用关系的所有函数必须放在同一个源程序文件中

4. 若用一维数组名作为函数的实际参数，传递给形式参数的是（　　　）。

   A. 数组第一个元素的值　　　　　　　　B. 数组元素的个数

   C. 数组的首地址　　　　　　　　　　　D. 数组中全部元素的值

5. 函数定义如下：

```
int func(int x, float y)
{
    float z;
    z=x+y;
    return z;
}
```

此函数被调用结束后，返回主调函数的值类型是（　　　）型。

   A. float　　　　　　　　　　　　　　　B. int

   C. double　　　　　　　　　　　　　　D. 依实际参数的值而定

6. 以下程序的运行结果是（　　　）。

```
int func(int m, int n)
```

```
{
    return (m+n);
}
int main()
{
    int x=2,y=5,z=4,t=4,r;
    r=func(func(x,y),func(z,t));
    printf("%d\n",r);
    return 0;
}
```

    A. 12   B. 13   C. 14   D. 15

7. 函数 f()定义如下,执行语句

```
sum=f(4)+f(2);
```

后,sum 的值应为(　　)。

```
int f(int m)
{
    static int i=0;
    int s=0;
    for (;i<=m;i++)
        s+=i;
    return s;
}
```

    A.13   B.16   C.10   D. 8

二、编程题

1. 试用自定义函数的形式编程实现求 10 名学生 1 门课程成绩的平均分。

2. 编写一个函数,将一个矩阵转置,在主函数中输入和输出矩阵。

3. 试编写求 x^n 的递归函数,并在主函数中调用它。

4. 编写一个函数,使输入的一个字符串按反序存放,在主函数中输入和输出字符串。

5. 编写一个函数 saver(a,n),其中 a 是一维整型数组,n 是 a 数组的长度,要求通过全局变量 pave 和 nave 将数组 a 中正数的平均值和负值的平均值传递给调用程序。

第8章 指 针

指针是一种数据类型，是 C 语言的重要内容之一。恰当地运用指针，可使程序简洁、紧凑、灵活而高效。使用指针，可以有效地表示复杂的数据结构，动态地分配内存空间，为函数间各类数据的传递提供简捷便利的方法等。

通过本章学习，应掌握指针的相关概念、指针变量的声明与应用、指针的运算、指针与数组、指针与函数、指针与字符串、多级指针等内容。

本章知识体系如图 8-0 所示。

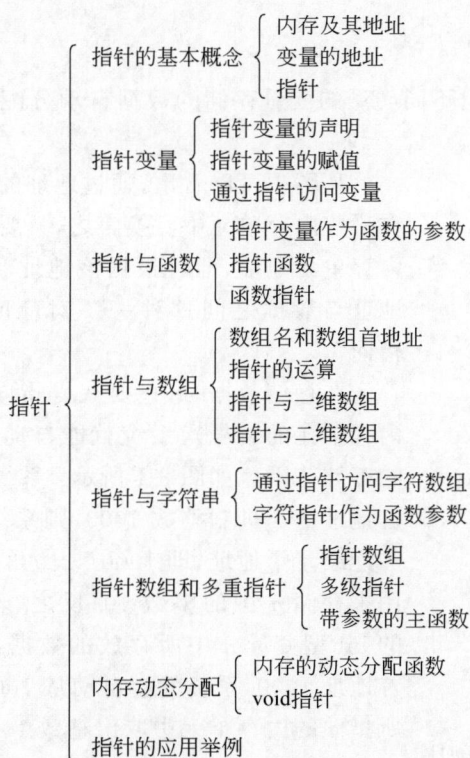

图 8-0　本章知识体系

8.1　指针是什么

内存是一个用来存储数据的容器，而数据则被存储在内存中。内存划分成若干同等大小的内存单元，每个内存单元可存储的数据容量为 1 字节。系统根据内存单元的编号作为标识进行区分。内存单元的编号从 0 开始，依次是 1、2、3……，内存单元的编号称为内存单元地址，简称地址，本章后面所述及的地址均指内存单元地址。地址值是一个整数，可用十进制或十六进制数表示或输出，如果将内存单元与存储在其中的数据比喻成电影院中的座位与观众，相应地，内存单元地址就是座位号。

编译程序时，系统根据用户声明的数据类型在内存中开辟相应大小的内存单元，将变量或数组的初值存入对应内存单元；若变量或数组未赋初值，仍然预留相应存储空间备用。以 Visual C++ 6.0 为例，int 与 float 类型的数据所占存储空间为 4 字节，因此，存储 1 个 int 类型或 float 类型的数据需要占据 4 个内存单元；同理，存储 1 个 char 类型的数据只需占据 1 个内存单元，存储 1 个 double 类型的数据则需占据 8 个内存单元，其余类型的数据所占内存单元数量以此类推。

设有以下类型的变量和数组声明：

```
int n=10;
float f=2.75;
int n[2]={76,83};
char c[3]={'a','b','c'};
```

程序编译时，系统为 3 组不同类型的变量存储的数据自动分配的内存单元及其对应地址，如图 8-1 所示。

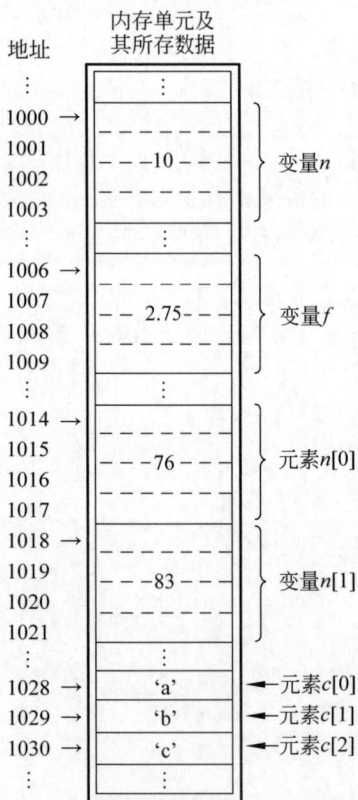

图 8-1　数据存储与内存单元地址

从图中可以看出，通过地址的标识可以了解数据存储在哪些内存单元中。换言之，只要获取了数据所存位置的内存单元地址，即可根据该地址获得存储在其中的数据，地址与数据之间这种一一对应的指向关系，称为"地址指向"。

在存储数据时，只要获得指向数据的首地址（第一个内存单元的编号），系统就能自动根据数据类型确定数据的存储范围。如图 8-1 所示：系统为 int 型变量 n 分配的首地址为十进制整数 1000，则系统会自动将从 1000 开始的连续 4 个地址，即 1000 ～ 1003 地址所指向的内存单元用来存储 n 中的整数 10；反之，若要取出首地址为 1000 的 int 型变量 n 中所存放的数据，只需获得 int 型变量的首地址 1000，系统就会自动从 1000 开始的连续 4 个地址所指向的内存单元中取出整数 10。

系统为数组内的数据分配连续的内存单元。如 int 型数组 n 中存储的 2 个整数，以及 char 型数组 c 中存储的 3 个字符，同组数组的数据都是连续存储的，所使用的地址也是连续的。基于同一个数组中数据存储的连续性，数组中所有元素的地址都能以数组的首地址为基础向后位移找到。上例中的数据存储使用的地址范围和首地址的对应关系，如表 8-1 所示。

表 8-1 数据存储使用的地址范围和首地址

对 象 名 称	对 象 类 型	占存储空间/字节	地 址 范 围	首 地 址
变量 n	int	4	1000～1003	1000
变量 f	float	4	1006～1009	1006
数组 n	int	8	1014～1021	1014
数组 c	char	3	1028～1030	1028

内存中地址与数据之间存在着一一对应指向的关系。生活中,可以利用北斗卫星[①]导航系统定位目标的经纬度,去往某一具体目的地;程序中利用变量地址可以对变量进行定位和访问。

通过内存单元的地址,可访问对应内存单元中的数据。因此,在 C 语言中,把地址形象地称为指向数据的指针,即"指针即地址"。

8.2 指 针 变 量

在 C 程序中,只需在使用地址之前预先将地址存放到一个变量中,以后使用此地址时,均以变量的形式表示该地址。存放地址的变量称为指针变量。在 C 程序中,使用指针变量实现地址访问的方式称为地址引用。

8.2.1 指针变量的声明

与普通变量一样,指针变量遵循先声明后使用的规则。声明指针变量时要在变量名前添加指针运算符" * ",以表示这个变量是一个指针变量而非普通变量。

格式如下:

数据类型 * 变量名;

该语句用于声明一个专门用来存放地址的指针变量。此指针变量可根据用户的设定指向与其基类型相同的变量或数组。

例如,以下类型指针变量的声明:

```
int * p;
char * q;
```

用于声明指针变量 p,p 必须指向 int 型变量或数组元素;声明指针变量 q,q 必须指向 char 型变量或数组元素。

指针变量的作用是存放变量或数组的首地址,而地址是计算机中的内存单元编号(整数),因此指针变量应该被声明成 int 型。但是实际上,在声明指针变量时,指针变量的类型必须与其所指向的变量或数组的类型相同,例如上例中的 int 型指针变量 p 和 char 型指针

---

① 北斗卫星导航系统是中国自主建设运行的全球卫星导航系统,是为全球用户提供全天候、全天时、高精度的定位、导航和授时服务的国家重要时空基础设施。

变量 q。在内存中,只要获得指向数据的首地址,系统就会自动根据数据类型确定数据的存储范围。因为指针变量存放的是某种类型的变量或数组的首地址,所以指针变量的基类型必须与其指向的变量或数组保持一致。

注意:

(1)在 C 程序中需使用地址的地方,均可以用指针变量代替。在本章内容所提及的地址均指变量或数组元素的首地址。

(2)"*",用在变量声明部分,功能是声明指针变量;而用在程序的执行语句部分,功能是取地址所指向内存单元中的数据。

(3)指针变量要在声明和赋值后才能使用。若使用未经赋值的指针变量,则会导致系统混乱出错。

8.2.2　指针变量的赋值

指针变量赋值的格式有两种。

格式 1:

```
指针变量=& 变量名;
```

格式 2:

```
指针变量=指针变量;
```

该语句用于获取变量或数组元素的地址。"&"的作用是获取变量的地址。指针变量赋值的 3 种方式。

方式 1,在声明阶段立即赋值(初始化):

```
float f=3.14, * pf=&f;
```

方式 2,先声明,后赋值:

```
float f=2.75, * pf;
pf=&f;
```

方式 3,指针变量之间的赋值。

指针变量和普通变量一样,相同类型的指针变量之间可以相互赋值。如图 8-2 所示,指针变量的声明与赋值:

```
int a=15, * p, * q;
p=&a;
q=p;                                              //指针变量之间的赋值
```

图 8-2　指针变量的赋值及指向

注意:

(1)不同类型的指针变量之间不可以相互赋值。例如,下面的赋值是不合法的:

```
int a=15;
char * q;
q=&a;                          //错误,不能为 char 型指针变量赋予 int 型变量的地址
```

(2) 对指针变量只能赋予内存单元地址,不能赋予其他类型数据,否则将引发错误。例如,下面的赋值是错误的:

```
int * p;
p=100;                         //错误,100 不是地址,不能赋给指针变量
```

(3) 避免"野指针"问题的不良影响。指针变量要在声明、赋值后才能使用,指向位置不可知的指针变量称为"野指针"。指针变量在定义时未经初始化,其值是随机的。此时,如果利用该指针变量访问一个不确定的地址中存储的数据,所得结果也是不可知的。例如,下面的赋值是错误的:

```
int * p;
* p=50;                        //错误,指针变量在定义时未经初始化,未明确指针变量的指向
```

C 语言语法自由度大,尤其是在程序设计中指针的使用,具有更大的灵活性,同时也暗藏着风险。自由具有相对性,"约束和自由是辩证统一的",严谨的态度和自由灵活的程序设计方法结合,才能设计出高效高质的程序。

8.2.3　通过指针访问变量

通过指针变量中存储的某个变量的地址,可以获取该地址所指向的内存单元中的数据,这种数据获取方式称为间接访问。在 C 语言中,间接访问是通过指针运算符"*"实现的。

例如:

```
int a=100, * p;
p=&a;                          /* 指针变量 p 指向变量 a */
printf(" * p=%d\n", * p);      /* 语句输出: * p=100 */
```

其中,p 为指针变量,用于存放变量 a 的地址。* p 为存放变量 a 的值,等同于变量 a。p 与 * p 以及 a 的关系如图 8-3 所示。

例 8-1　使用指针运算符"*"间接访问变量中数据示例。

程序代码如下:

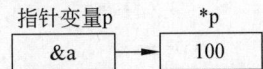

图 8-3　p、* p 与 a 的关系

```
#include <stdio.h>
int main()
{
    int a,b,sum;
    int * pa, * pb;
    a=15;
    b=20;
    sum=a+b;                           /* 直接访问变量 a、b */
    printf("a=%d,b=%d,sum=%d\n",a,b,sum);
    pa=&a;
```

```
pb=&b;
printf(" * pa=%d, * pb=%d\n", * pa, * pb);
 * pa=5;
 * pb=10;                                        /* 间接访问 a、b 变量,改变了 a、b 的值 */
printf(" * pa=%d, * pb=%d\n ", * pa, * pb);
sum=a+b;
printf("a=%d,b=%d,sum=%d\n",a,b,sum);
return 0;
}
```

运行结果如下:

```
a=15,b=20,sum=35
 * pa=15, * pb=20
 * pa=5, * pb=10
a=5,b=10,sum=15
```

说明:

(1) * pa、* pb 类似普通变量,可以像普通变量一样作赋值运算、算术运算等。

(2) 当 pa、pb 分别指向变量 a、b 时,对 * pa、* pb 重新赋值,相当于修改 a、b 变量的值。只要修改指针变量的指向,通过" * "即可动态地访问所指向变量的值,这正是指针变量的优势与特点,充分展现指针指向的动态与灵活。

例 8-2 从键盘输入任意两个整数,按升序输出两数。

程序代码如下:

```
#include <stdio.h>
int main()
{
    int * p, * q, * t,a,b;
    printf("请输入任意两个整数(以逗号分隔):");
    scanf("%d,%d",&a, &b);
    p=&a;
    q=&b;
    /* 实现 p 和 q 中地址交换,即使 p 与 q 交换指向 */
    if (a>b)
    {
        t=p;
        p=q;
        q=t;
    }
    printf("a=%d,b=%d\n",a,b);
    printf("两数按升序排列为%d,%d\n", * p, * q);
    return 0;
}
```

运行结果如下:

指针变量的交换过程与结果如图 8-4 所示。

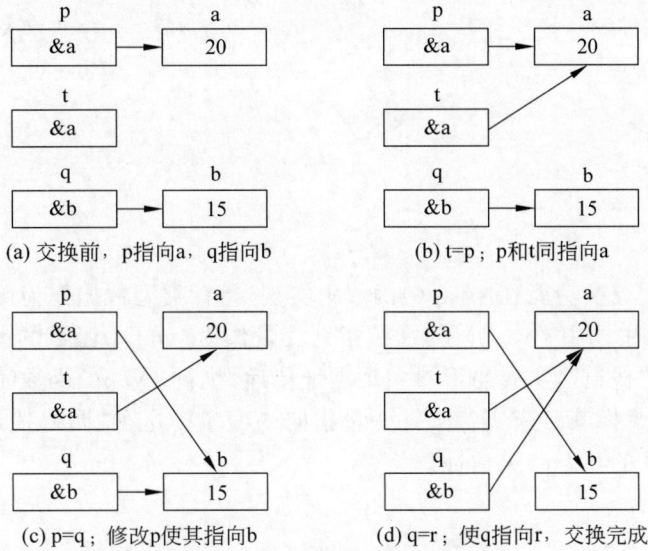

(a) 交换前，p指向a，q指向b   (b) t=p；p和t同指向a

(c) p=q；修改p使其指向b   (d) q=r；使q指向r，交换完成

图 8-4   p 和 q 借助 t 交换的过程

注意：本例中交换的是指针变量 p 和 q 的地址值，变量 a 与 b 并没有作交换。

8.3 指针与函数

8.3.1 指针变量作为函数的参数

将指针变量作为函数的参数进行传递，传递的不是数据，而是指针变量中的地址。这种传递方式要求函数的实参与形参的类型必须都是地址。

例 8-3 从键盘输入任意两个整数，然后将两数按升序输出。若两数有交换操作，要求在被调函数中实现，且应用指针类型数据作为函数参数。

程序代码如下：

```
#include <stdio.h>
int main()
{
    void swap(int * pa,int * qa);
    int a,b, * q, * p;
    printf("请输入任意两个整数(以逗号分隔):");
    scanf("%d,%d",&a,&b);
    p=&a;
    q=&b;
```

```
    if (a>b)
        swap(p,q);                                    /*将指针变量p、q作为函数实参传递*/
    printf("两数按升序排列为%d,%d\n",a,b);
    return 0;
}
/* swap()函数中形参pa、qa也要声明为指针变量,才可接收实参传递的地址 */
void swap(int * pa,int * qa)                          /*形参pa、pb接收实参传递的地址*/
{
    int temp;
    temp= * pa;
    * pa= * qa;
    * qa=temp;
}
```

在本例中,数据交换功能在 swap()函数中实现,指针类型数据作为函数参数。

在 main()函数中调用 swap()函数时,指针变量作为 swap()函数的参数,在主调函数和被调函数之间修建"栈道",实参与形参实现地址传递;执行 swap()函数时,通过形参指针变量可以间接访问和交换其对应实参指针变量指向的变量。这种"明修栈道,暗度陈仓"的方式,充分体现了指针的动态与灵活性。

运行结果如下:

请输入任意两个整数(以逗号分隔):**40,30**↙
两数按升序排列为 30 40

注意:swap()函数代码部分易出错的形式如图 8-5 所示。

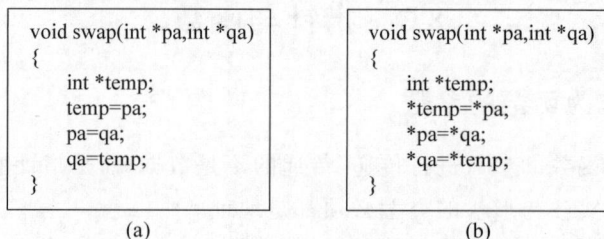

```
void swap(int *pa,int *qa)          void swap(int *pa,int *qa)
{                                   {
    int *temp;                          int *temp;
    temp=pa;                            *temp=*pa;
    pa=qa;                              *pa=*qa;
    qa=temp;                            *qa=*temp;
}                                   }
        (a)                                 (b)
```

图 8-5　swap()函数易出错

这两段代码在语句语法上并没有错误。如果仅从函数局部看,似乎已经实现交换的功能,但实际在 main()函数中调用运行时,却并不能实现 main()函数中变量 a、b 的交换。

8.3.2　指针函数

函数类型是指函数返回值的类型。C 语言允许函数的返回值是一个指针(即地址),这种返回指针的函数称为指针型函数。

格式如下:

类型说明符 *函数名(参数);

由于该语句返回的是一个地址,所以类型说明符一般都是 int。

例如：

```
int * GetDate();
int * aaa(int,int);
```

返回的都是地址值，经常使用在返回数组的某一元素地址上。

例 8-4 指针函数的应用。

程序代码如下：

```
#include<stdio.h>
int * GetDate(int week,int day);
int main()
{
    int week,day;
    do {
        printf("Enter week(1~5) day(1~7)\n");
        scanf("%d,%d",&week,&day);
        printf("%d\n", * GetDate(week,day));
    } while ((week>=1)&&(week<=5)&&(day>=1)&&(day<=7));
    printf("End!\n");
    return 0;
}
int * GetDate(int week,int day)
{
    static int WeekAndDay[5][7]=
    {
        {1,2,3,4,5,6,7},
        {8,9,10,11,12,13,14},
        {15,16,17,18,19,20,21},
        {22,23,24,25,26,27,28},
        {29,30,31,-1, -1}
    };
    return &WeekAndDay[week-1][day-1];
}
```

运行结果如下：

```
Enter week(1~5) day(1~7)
2,5↙
12↙
0,0↙
0↙
End!
```

8.3.3 函数指针

在 C 语言中，一个函数总是占用一段连续的内存区域。函数名就是该函数所占内存区域的首地址。将函数的首地址(或称入口地址)赋给一个指针变量,使指针变量指向该函数,然后通过指针变量就可以找到并调用这个函数。这种指向函数的指针变量称为函数指针。

函数指针的一般定义格式如下:

```
类型标识符 (*指针变量名)();
```

函数指针是一个特殊的指针,用于指向一个返回整型值的函数,指针的声明类型和它所指向的函数的声明类型保持一致。

例如:

```
double (*fptr)();
```

(1) 把函数的地址赋值给函数指针,可以采用如下形式:

```
double fun();
fptr=fun;
```

(2) 通过指针调用函数,必须包含"()"括起来的参数表,可以采用如下方式:

```
x=(*fptr)();
```

例 8-5 函数指针的应用。

程序代码如下:

```c
#include<stdio.h>
void (*funcp)();
void (*funcp1)(int iValue);
void FileFunc();
void EditFunc(int iValue);
int main()
{
    int iValue=0;
    funcp=FileFunc;
    (*funcp)();
    funcp1=EditFunc;
    (*funcp1)(iValue);
    return 0;
}
void FileFunc()
{
    printf("FileFunc\n");
}
void EditFunc(int iValue)
{
    printf("EditFunc\n");
    printf("%d\n",iValue);
}
```

运行结果如下:

8.4　指针与数组

将指针变量指向数组中的元素,不仅可对数组元素作动态灵活的访问,更能使程序占用内存少、运行速度快,从而提升程序的整体性能。

8.4.1　数组名与数组首地址

数组中下标为 0 的元素,它的地址就是整个数组的首地址,而 C 语言规定数组名也代表了整个数组的首地址,因此这两个地址是相同的。

前面提到,指针变量可以使用"＊"间接访问变量中的值,同样地,指针变量也可以使用"＊"间接访问数组元素中的值。

例 8-6　指针运算符"＊"访问数组元素举例。

程序代码如下:

```
#include <stdio.h>
int main()
{
    int a[5]={10,15,20,25,30};
    int * p, * q;
    p=a;
    q=&a[0];
    printf(" * p=%d, * q=%d\n", * p, * q);
    return 0;
}
```

运行结果如下:

```
 * p=10, * q=10
```

说明:p＝&a[0]意为 p 取数组下标为 0 的第一个元素的地址;而 q＝a 意为 q 取名为 a 的数组的首地址,p 和 q 中的地址值是相同的,p 和 q 同时指向数组 a 的第一个元素,指向效果如图 8-6 所示,＊p 与 ＊q 中的值也相同。

注意:

p=a;

不要写成

p=&a;

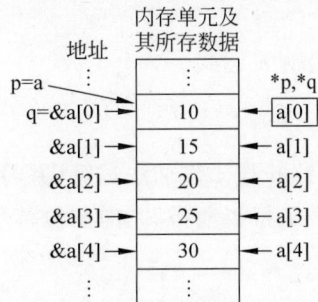

图 8-6　指针变量 p、q 的同时指向

两个语句的意义完全不同,数组名已经是代表该数组的首地址,不需在数组名前加"&"。若写成"&a",意义就变为取变量 a 的地址,a 不再表示数组之意。

8.4.2　指针的运算

地址即指针,存放在指针变量中,地址的运算实际上就是指针变量的运算,指针变量允许以下运算。

1) 指针变量与整数的加、减运算

例 8-7　指针加、减运算示例。

程序代码如下:

```
#include <stdio.h>
int main()
{
    int a[5], * p=a;
    printf("请输入 5 个任意整数到数组 a 中:");
    for (int i=0;i<=4;i++)
        scanf("%d,",&a[i]);
    printf("现将指针 p 指向数组 a 的首地址,则\n");
    p=p+0;
    printf("指针 p=p+0 后指向的元素是%d\n", * p);
    p=p+4;
    printf("指针 p=p+4 后指向的元素是%d\n", * p);
    p=p-2;
    printf("指针 p=p-2 后指向的元素是%d\n", * p);
    return 0;
}
```

运行结果如下:

请输入 5 个任意整数到数组 a 中: **10 15 20 25 30**↙
现将指针 p 指向数组 a 的首地址,则
指针 p=p+0 后指向的元素是 10
指针 p=p+4 后指向的元素是 30
指针 p=p-2 后指向的元素是 20

上例表达式

p=p+4;

中,指针 p 与 4 作加法运算,并将相加后结果赋予 p,直接改变了指针 p 的指向,类似的加法操作表示将当前指针"向前位移"若干位置;反之,

p=p-2;

中,指针 p 与 2 作减法运算后将结果赋予 p,再次直接改变指针 p 的指向,类似的减法操作表示将当前指针"向后位移"若干位置。

注意：数组名不可以和整数作加、减运算，因为在 C 语言中数组名是个常量。

p+i 与 p=p+i 的区别如下。

（1）p+i 不修改指针 p 的指向。指向的是以 p 为基础的第 i 个位置，指示效果如图 8-7 所示。

（2）p=p+i 直接修改指针 p 的指向。p 不再指向原位置，跳指到了 p+i 的位置，指示效果如图 8-8 所示。

2）指针变量之间的比较运算

比较运算可使用 <、>、>=、<=、== 等关系运算符。

指针变量之间的关系运算必须在一定条件下方可正常运算。所谓的一定条件是指指针变量必须指向同种类型对象才有意义。

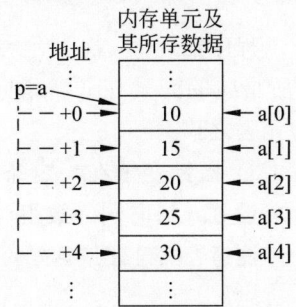

图 8-7　p=a,p+i 的指向

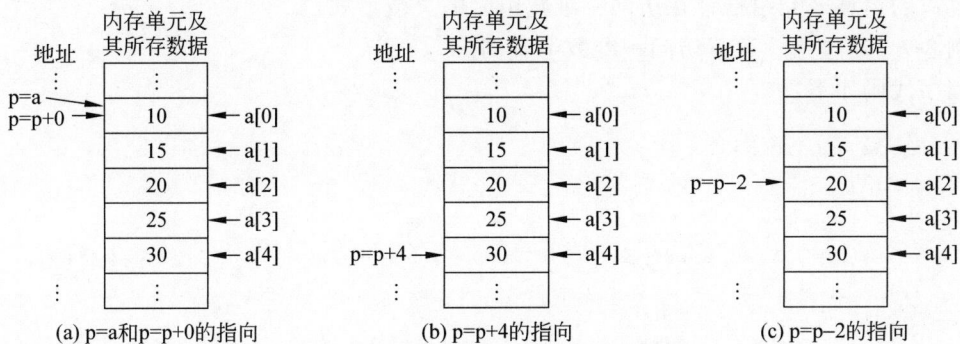

图 8-8　指针 p 运算后修改指向效果图

例 8-8　指针比较运算。

程序代码如下：

```c
#include <stdio.h>
int main()
{
    int a[5]={10,15,20,25,30};
    int * p=a, * q=p;
    q=p+5;
    printf("数组中能被 2 整除的数是");
    while ( p<q)
    {
        if ( * p%2==0)
            printf("%d ", * p);
        p=p+1;
    }
    return 0;
}
```

运行结果如下：

程序运行时,若 p==q 为真,则表示 p,q 指向数组中的同一元素;若 p<q 为真,则表示 p 所指向的元素在 q 所指向的元素之前;若 p>q 为真,则表示 p 所指向的元素在 q 所指向的元素之后。

3) 指针变量在一定条件下的减法运算

设 p,q 指向同一数组,则 p-q 的绝对值表示 p 所指元素与 q 所指元素之间的元素个数。

注意:不同数据类型的指针变量之间、指针变量与一般常数之间的关系运算是没有意义的。

8.4.3 通过指针访问一维数组

使用指针访问一维数组在前面的示例中已经提到,但访问的形式较为简单,下面结合指针与整数的运算来介绍指针在访问一维数组时的灵活形式。

例 8-9 通过指针运算访问一维数组举例。

程序代码如下:

```c
#include <stdio.h>
int main()
{
    int a[5]={15,20,25,30,35};
    int * p;
    int i;
    p=a;
    for (i=0;i<5;i++)
        printf("a[%d]=%d\n",i, * (p+i));
    return 0;
}
```

运行结果如下:

```
a[0]=15
a[1]=20
a[2]=25
a[3]=30
a[4]=35
```

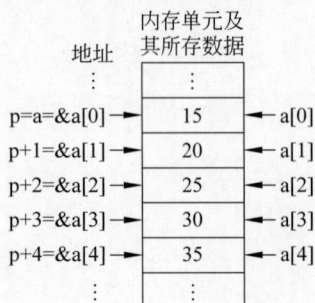

内存单元及其所存数据

地址

```
   :              :
p=a=&a[0]    15   ← a[0]
p+1=&a[1]    20   ← a[1]
p+2=&a[2]    25   ← a[2]
p+3=&a[3]    30   ← a[3]
p+4=&a[4]    35   ← a[4]
   :              :
```

图 8-9 指针变量 p 指向数组 a

说明:本例中,指针变量 p 取得了一维数组 a 的首地址,也就是数组元素 a[0] 的地址,p+1 是下一个数组元素 a[1] 的地址,p+2 是 a[2] 的地址,以此类推,*(p+i)是指取地址 p+i 指向的数据。p 的指向效果如图 8-9 所示。

注意:

(1) *(p+i) 与 *p+i 两个表达式的意义完全不同。前者是指取地址 p+i 指向的数据;后者是取地址为 p 所指向的数据,然后将数据与 i 相加。

（2）指针变量可与整数进行加、减运算。

```
//形式1
p=a;
for (int i=0;i<5;i++)
    printf("a[%d]=%d\n",i,*(p+i));
```

可以写成

```
//形式2
p=a;
for (int i=0;i<5;i++,p++)
    printf("a[%d]=%d\n",i,*p);
```

或

```
//形式3
p=a;
for (int i=0;i<5;i++)
    printf("a[%d]=%d\n",i,*p++);
```

3 种形式的运行结果都相同,区别在于是否修改了 p 的指向。

形式 1 不修改 p 的初始指向。p 初始指向数组 a 的首地址,在输出所有的数组值后,p 仍然指向数组 a 的首地址,未曾改变过。输出第 i 个元素的值是通过变量 i++,使 p 中首地址值不变的情况下作地址位移,来实现输出第 i 个元素的值。

形式 2 修改了 p 的初始指向。p 初始指向数组 a 的首地址,在输出所有的数组值后,p 中地址值被修改,p 指向了 a 的末地址+1 处。

原因是在循环语句的条件 3 处,作了 i++、p++ 操作,p++ 相当于 p=p+1,使得每循环一次 p 位移指向下一个数组元素,因此,当循环结束后,p 也指向了数组 a 的末地址加 1 处。

形式 3 修改了 p 的初始指向。p 初始指向数组 a 的首地址,在输出所有的数组值后,p 中地址值被修改,p 指向了 a 的末地址加 1 处。

原因是用 printf() 函数输出数组值时,使用的访问数组元素形式是 *p++,*p++ 相当于先得到 *p 的值,然后再对 p 中地址做 p++(即 p=p+1),使得每循环一次 p 位移指向下一个数组元素,因此,当循环结束后,p 也指向了数组 a 的末地址加 1 处。(注意" * "与" ++ "在此处的运算优先级别)

形式 2 与形式 3 都是一边访问数组元素,一边修改 p 中地址值的方法。

通过以上 3 种不同的写法可以看出,在指针变量访问数组元素时,可选择应用对指针变量初值修改或不修改的方式。由此也可看出,由于指针的应用动态灵活,因此形式多样,初学者较易混淆,应小心应用。

例 8-10 应用选择排序法,将键盘输入的 10 个整数按升序排序后输出。

程序代码如下:

```
#include <stdio.h>
#define N 10
```

```c
int main()
{
    void sort(int * p,int n);
    int a[N],i;
    printf("请随意输入%d个整数:",N);
    for (i=0;i<N;i++)
        scanf("%d",&a[i]);
    sort(a,N);                          /* a 代表数组首地址,作为函数实参传递 */
    printf("按升序排列结果为");
    for (i=0;i<N;i++)
        printf("%d ",a[i]);
    printf("\n");
    return 0;
}
void sort(int * p,int n)
{
    int min,temp,i,j;
    for (i=0;i<n;i++)
    {
        min=i;
        for (j=i+1;j<n;j++)
            if ( * (p+min)> * (p+j))
                min=j;
        if (min!=i)
        {
            temp= * (p+i);
            * (p+i)= * (p+min);
            * (p+min)=temp;
        }
    }
}
```

运行结果如下:

请随意输入 10 个整数:**12 8 2 147 -5 92 0 35 -13 7**↙
按升序排列结果为-13 -5 0 2 7 8 12 35 92 147

说明:在数组中,数组名 a 代表了该数组的首地址,因此允许作为函数参数传递给 sort()
函数的指针变量 p,应用 * p 对数组元素间接访问,而 * (p+i)则是间接访问以 p 为首地址、
向后位移 i 个位置的数组元素。

注意:下面代码中,sort()函数可以写成以下形式:

```c
void sort(int * p,int n)
{
    int * end, * min, * q,temp;
```

```
    end=p+n;                      /* end 指向数组最后一个元素的地址加 1 处, 即末地址加 1 */
    for (;p<end-1;p++)
    {
        min=p;
        for (q=p+1;q<end;q++)
            if (*min>*q)
                min=q;             /* min 总是取两数比较后值较小的元素的地址 */
        if (min!=p)
        {
            temp=*p;
            *p=*min;
            *min=temp;
        }
    }
}
```

此段代码使用指针变量 p 和 q 代替了普通变量 i 和 j, 通过 p++和 q++修改它们的地址值, 以使 * p 和 * q 访问相应的数组元素; 指针变量 end 的作用是限制 p 和 q 跳出数组的范围, 避免发生访问越界。

8.4.4 通过指针访问多维数组

多维数组在地址表示以及通过指针变量访问数组元素等, 比一维数组略显复杂。设有以下数组的声明与赋值:

```
int a[3][4]={{1,2,3,4},
             {5,6,7,8},
             {9,10,11,12}};
```

数组 a 是一个二维数组, 包含 3 行 4 列共 12 个元素, 如图 8-10 所示, 将二维数组 a 的结构以表格形式表示。二维数组可视为由若干一维数组组成, 二维数组 a 包含 3 行, 则将 a 视为由 3 个 1 行 4 列的一维数组组成。

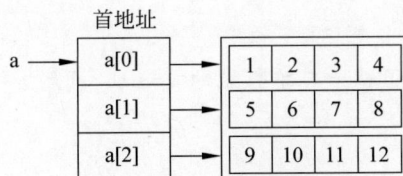

图 8-10   二维数组结构

a[0]可视为第 0 行对应一维数组的数组名, a[1]可视为第 1 行对应一维数组的数组名, a[2]可视为第 2 行对应一维数组的数组名。

C 语言规定, 数组名代表数组的首地址, a[0]、a[1]、a[2]可视为对应一维数组的数组名, 则 a[0]、a[1]、a[2]就代表了第 0、1、2 行的首地址, 而不是数组元素, 这是二维数组与一维数据地址表示的不同之处。二维数组 a[3][4]各元素的地址如表 8-2 所示。

表 8-2　二维数组 a[3][4]各元素的地址表示

行	列			
	第 0 列地址	第 1 列地址	第 2 列地址	第 3 列地址
第 0 行首地址 a[0]	a[0]+0	a[0]+1	a[0]+2	a[0]+3
第 1 行首地址 a[1]	a[1]+0	a[1]+1	a[1]+2	a[1]+3
第 2 行首地址 a[2]	a[2]+0	a[2]+1	a[2]+2	a[2]+3

由表 8-2 可知,二维数组 a 的各元素是 a[i][j],数组元素对应的地址是 a[i]+j。

例 8-11　通过指针变量访问二维数组元素举例。

程序代码如下:

```
#include<stdio.h>
int main()
{
    int a[3][4]={{1,2,3,4},{5,6,7,8},{9,10,11,12}};
    int * p;
    for (int i=0;i<3;i++)
    {
        p=a[i];                            /* 取第 i 行的首地址 */
        for (int j=0;j<4;j++)
            printf("%3d", * (p+j));        /* 访问数组元素 * (a[i]+ j) */
        printf("\n");
    }
    return 0;
}
```

运行结果如下:

```
1   2   3   4
5   6   7   8
9   10  11  12
```

注意:二维数组名 a 代表了整个二维数组的首地址,虽然 a 中的地址值与 a[0]或 a[0]+0 中地址值相同,但在程序中

```
p=a[0];
```

不允许写成

```
p=a;
```

否则程序在编译时会出错。

例 8-12　例 8-11 的另一种写法。

程序代码如下:

```
#include<stdio.h>
```

```
int main()
{
    int a[3][4]={{1,2,3,4},
                 {5,6,7,8},
                 {9,10,11,12}};
    int * p;
    p=a[0];
    for (int i=0;i<12;i++)
    {
        printf("%3d", * (p+i));          /* 访问数组元素 * (a[0]+ i) * /
        if ((i+1)%4==0)                  /* 控制每行输出 4 个数 * /
            printf("\n");
    }
    return 0;
}
```

该程序的输出结果与例 8-11 相同,这种写法不再将二维数组 a[3][4]看成是有 3 行 4 列,直接将其看作一个存储了 3 * 4 = 12 个数据的一维数组,a[0]既是该一维数组的数组名,也是一维数组的首地址。同样地,不允许令 p=a。

例 8-13 统计某部门 3 名职工在第一季度中每人的总工资与月平均工资。

程序代码如下:

```
#include <stdio.h>
#define n 3
#define m 3
int main()
{
    void count(int * q);
    int a[n][m]={{3105,3024,3086},
                 {2980,3020,3168},
                 {3098,3017,3217}};
    int * p,i;
    for (i=0;i<n;i++)
    {
        p=a[i];
        printf("第%d 名职工在第一季度中,",i+1);
        count(p);
    }
    return 0;
}
void count(int * q)
{
    float sum=0,average;
    int i;
    for (i=0;i<m;i++)
```

```
        sum=sum+ * (q+i);
    average=sum/m;
    printf("总工资是%7.2f元,平均工资是%7.2f元\n",sum,average);
    }
```

运行结果如下:

第1名职工在第一季度中,总工资是9215.00元,平均工资是3071.67元
第2名职工在第一季度中,总工资是9168.00元,平均工资是3056.00元
第3名职工在第一季度中,总工资是9332.00元,平均工资是3110.67元

8.5　指针与字符串

8.5.1　通过指针访问字符数组

1) 指针变量指向字符串方式1

例 8-14　字符指针指向字符数组。

程序代码如下:

```
#include<stdio.h>
int main()
{
    char s[]="I am a boy.";
    char * p;
    p=s;
    printf("第1次输出字符数组s:%s\n",s);
    printf("第2次输出字符数组s:%s\n",p);
    p=p+5;
    printf("改变指针p指向后结果:%s\n",p);
    return 0;
}
```

运行结果如下:

第1次输出字符数组s: I am a boy.
第2次输出字符数组s: I am a boy.
改变指针p指向后结果: a boy.

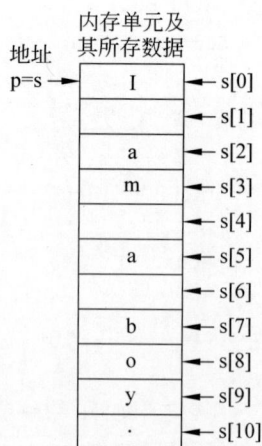

图 8-11　字符指针指向字符数组

如图 8-11 所示,当 p 指向字符数组 s 的首地址时,使用"%s"格式符能够输出首地址后的整个字符串;当 p 指向字符数组 s 中某个字符的地址时,使用"%s"格式符能够输出从 p 所指向字符开始往后的剩余字符。

由此可见,使用字符指针能够灵活、快速地指向和操作字符串,而字符数组 s[i]若不借助循环语句就无法实现对指定字符串作整批访问,相比之下字符指针更灵活。

注意：

① 指针变量 p 指向字符串首地址输出时：

```
printf("……%s",p);
```

不要写成

```
printf("……%s", * p);
```

② "%s"格式符与"%c"格式符在字符串输出时的区别："%s"格式符实现将当前字符串中指针 p 所指地址之后字符串的整串输出，直到碰到"\0"为止；而"%c"格式符则只是单个输出字符串中的某个字符，若使用"%c"和指针访问的方式输出整个字符串，则输出语句需修改如下：

```
printf("第 1 次输出字符数组 s:%s\n",s);
printf("第 2 次输出字符数组 s:");
for (int i=0;i<strlen(s);i++)
    printf("%c", * (p+i));
```

2）指针变量指向字符串方式 2

例 8-15 修改例 8-14。

程序代码如下：

```
#include<stdio.h>
int main()
{
    char * p;
    p="I am a boy.";                    /*指针 p 取字符串首地址,即 p 指向第 1 个字符'I'. */
    printf("第 1 次输出字符串:%s\n",p);
    p=p+5;
    printf("改变指针 p 指向后结果:%s\n",p);
    return 0;
}
```

运行结果如下：

```
第 1 次输出字符串：I am a boy.
改变指针 p 指向后结果：a boy.
```

说明：为指针变量 p 直接赋值字符串，代表将此字符串的首地址赋给 p，切勿认为是将字符串的内容赋予普通变量 p。指针变量 p 的指向效果仍如图 8-11 所示。

注意：

```
char * p;
p="I am a boy.";
```

可改为

```
char * p="I am a boy.";
```

这种形式是在声明指针变量 p 的同时使 p 指向字符串的首地址。

例 8-16 统计键盘输入的文字中大、小写字母及其他字符的个数。

程序代码如下：

```c
#include <stdio.h>
int main()
{
    char s[50], * p;
    int i,a,b,c;
    i=a=b=c=0;
    p=s;
    printf("请任意输入一串连续的字符:");
    scanf("%s",s);
    while (* (p+i)!='\0')
    {
        if (* (p+i)>='A' && * (p+i)<='Z')
            a++;
        else if (* (p+i)>='a' && * (p+i)<='z')
            b++;
        else
            c++;
        i++;
    }
    printf("此字符串有%d个大写字母,%d个小写字母,%d个其他字符\n",a,b,c);
    return 0;
}
```

运行结果如下：

请任意输入一串连续的字符：**Iamaboy.**↙
此字符串有1个大写字母,6个小写字母,1个其他字符

8.5.2　字符指针作为函数参数传递

例 8-17　从键盘任意输入一个字符串并将其进行逆序排列后输出。

程序代码如下：

```c
#include<stdio.h>
#include<string.h>
int main()
{
    void sort(char * p,int len);
    char s[50];
    printf("请任意输入一个字符串:");
    scanf("%s",s);
    sort(s,strlen(s));
    printf("此字符串逆序排列为%s\n",s);
    return 0;
```

```
}
void sort(char * p,int len)
{
    char * q,t;
    q=p+(len-1);
    for (;p<q;p++,q--)
    {
        t= * p;
        * p= * q;
        * q=t;
    }
}
```

运行结果如下：

字符串是特殊形式的字符数组，因此，如果要从主调函数传送字符串给被调函数处理，同样要采用字符串首地址作为实参的方式，当然对应的形参必须是 char 型指针或 char 型数组首指针。还有一个特别之处，字符串常量也可以作为实参。此时，表面上接收它的形参是 char 地址量，实际上是让此形参指向该字符串的首地址，使被调函数同样可以对这个字符串常量所占据的空间操作，如例 8-18 所示。

例 8-18 字符串在函数间传递的两种方式。

程序代码如下：

```
#include<stdio.h>
int strlen(char s[]);
int main()
{
    char * str="c program";
    int len;
    len=strlen(str);                              /* 字符串首指针为实参 */
    printf("The first string\'s length: %d\n",len);
    len=strlen("fortran language");               /* 字符串常量为实参 */
    printf("The second string\'s length: %d\n", len);
    return 0;
}
int strlen(char s[])                              /* 自定义求字符串长度函数 strlen() */
{
    for (int n=0; * s!='\0';s++)
        n++;
    return n;
}
```

运行结果如下：

```
The first string's length: 9
The second string's length: 16
```

在例 8-18 中先后两次调用 strlen() 函数,第一次以字符串首指针为实参,第二次以整个字符串常量为实参,传递的实质上都是指定字符串的串首地址。

注意：

```
char s[50], * p;
p=s;
printf("请任意输入一个字符串:");
scanf("%s",s);
```

不要写成

```
scanf("%s",p);
```

虽然这样写程序编译时不会报错,但是不提倡这种写法。这是因为将用户输入字符存入指针 p 指向的内存单元时,系统会将输入的所有字符全部存入,虽然 p 是指向数组 s,但数组长度 50 无法对指针 p 起到输入限制作用。若输入超过 50 个字符,超出的字符会将数组范围外其他数据覆盖,可能导致部分数据丢失。因此,在本例中,为了规避此类问题造成潜在风险,选择用

```
scanf("%s",s);
```

实现任意输入一个字符串。在设计程序解决问题时,要"透过现象看本质",抓住问题背后的根本性运作逻辑,全面了解其前因后果,能够不被表象影响判断。

8.6　指针数组和多重指针

8.6.1　指针数组

指针是变量,因此用指向同一数据类型的指针构成的数组就是指针数组。数组中的每个元素都是指针变量,根据数组的声明,指针数组中每个元素都为指向同一数据类型的指针。指针数组的声明格式如下：

类型标识 ＊数组名[整型常量表达式];

例如：

```
int * a[10];
```

声明了一个指针数组 a,数组中的每个元素都是指向整型变量的指针,该数组由 10 个元素组成,即 a[0]、a[1]、a[2]、⋯、a[9],它们均为指针变量。a 为该指针数组名,是指针数组元素 a[0] 的地址,＊a 就是 a[0]。和普通数组一样,a 在此处仍是个常量,不能对它作增量运算。同理,a+i 即为 a[i] 的地址,＊(a+i) 就是 a[i]。

指针数组处理字符串更方便、更灵活。使用二维数组处理长度不等的字符串效率是很低的,而指针数组由于其中每个元素都是指针变量,因此通过地址运算来操作字符串是十分

方便的。

例 8-19 用指针数组处理二维数组数据。

程序代码如下：

```c
#include<stdio.h>
int main()
{
    int iArray[3][4];
    int * iPoint[3];
    /* 给二维数组 iArray 赋初值: */
    for (int i=0;i<3;i++)
        for (int j=0;j<4;j++)
            iArray[i][j]=(i+1)*(j+1);
    /* 让指针数组 iPoint 分别指向 3 个一维数组: */
    iPoint[0]=iArray[0];
    iPoint[1]=iArray[1];
    iPoint[2]=iArray[2];
    /* 按行输出二维数组元素: */
    for (i=0;i<3;i++)
    {
        for (int j=0;j<4;j++)
            printf("iArray[%d][%d]=%d ",i,j, * (iPoint[i]+j));
    printf("\n");
    }
    return 0;
}
```

运行结果如下：

```
iArray[0][0]=1  iArray[0][1]=2  iArray[0][2]=3  iArray[0][3]=4
iArray[1][0]=2  iArray[1][1]=4  iArray[1][2]=6  iArray[1][3]=8
iArray[2][0]=3  iArray[2][1]=6  iArray[2][2]=9  iArray[2][3]=12
```

指针数组和一般数组一样,允许指针数组在声明时初始化,但由于指针数组的每个元素都是指针变量,它只能存放地址,所以对指向字符串的指针数组在赋初值时,是把存放字符串的首地址赋给指针数组的对应元素。

例 8-20 把 5 个国名按字母顺序排列输出。

程序代码如下：

```c
#include<stdio.h>
#include<string.h>
void sort(char * name[],int n);
void print(char * name[],int n);
static char * name[]={"CHINA","AMERICA", "AUSTRALIA","FRANCE", "GERMAN"};
int main()
{
```

```
        int iCount=5;
        print(name,iCount);
        sort(name,iCount);
        print(name,iCount);
        return 0;
    }
    void sort(char * name[],int n)
    {
        char * pt;
        int i,j,k;
        for (i=0;i<n-1;i++)
        {
            k=i;
            for (j=i+1;j<n;j++)
                if (strcmp(name[k],name[j])>0)
                    k=j;
            if (k!=i)
            {
                pt=name[i];
                name[i]=name[k];
                name[k]=pt;
            }
        }
    }
    void print(char * name[],int n)
    {
        int i;
        for (i=0;i<n;i++)
            printf("%s\t",name[i]);
        printf("\n");
    }
```

运行结果如下：

CHINA	AMERICA	AUSTRALIA	FRANCE	GERMAN
AMERICA	AUSTRALIA	CHINA	FRANCE	GERMAN

8.6.2 多级指针

如果一个指针变量存放的又是另一个指针变量的地址，则称这个指针变量为指向指针的指针变量。例如：

```
char **cp;
```

指针的指针需要用到指针的地址。通过指针的指针，不仅可以访问它指向的指针，还可以访问它指向的指针所指向的数据。例如：

```
char c='A';
char * p=&c;
char **cp=&p;
char c1=**cp;
```

利用指针的指针可以允许被调用函数修改局部指针变量和处理指针数组。

例 8-21 多级指针的应用。

程序代码如下：

```
#include<stdio.h>
void FindCredit(int **Point);
int main()
{
    int vals[]={7,6,5,-4,3,2,1,0};
    int * fp=vals;
    FindCredit(&fp);
    printf("%d\n", * fp);
    return 0;
}
void FindCredit(int ** Point)
{
    while (**Point!=0)
        if (**Point<0)
            break;
        else
            ( * Point)++;
}
```

运算结果如下：

```
- 4
```

上例中，首先用一个数组的地址初始化指针 fp,然后把该指针的地址作为实参传递给
FindCredit()函数。FindCredit()函数通过表达式**Point 间接地得到数组中的数据。为遍
历数组以找到一个负值,FindCredit()函数进行自增运算的对象是调用者的指向数组的指
针,而不是它自己的指向调用者指针的指针。语句(* Point)＋＋就是对形参指针指向的指
针进行自增运算的。

例 8-22 输出指针数组指向的各个字符串。

程序代码如下：

```
#include<stdio.h>
int main()
{
    char * chName_ptr[]={
        "WINDOWS",
        "MS-DOS",
```

```
        "UNIX",
        "LINUX"   };
    char **ptr;
    for (int i=0;i<4;i++)
    {
        ptr=chName_ptr+i;
        printf("%s\n", * ptr);
    }
    return 0;
}
```

运行结果如下：

```
WINDOWS
MS-DOS
UNIX
LINUX
```

注意：一级指针（直接存放数据变量的地址的指针）实现的是间接访问，又称"单级间接寻址"，简称"单级间址"。二级指针则是间接的间接的访问，称为"二级间址"。从理论上讲，间址方法可延伸到更多级。但三级及以上的指针极少用于程序，因为级数越多，越难理解，也更容易出错。

8.6.3　带参数的主函数

在操作系统状态下执行程序时，必须从键盘输入该程序的可执行文件名。

格式如下：

命令名　参数1　参数2…＜回车＞

例如，为了复制文件需从键盘输入一行字符：

copy file1.txt file2.txt✓

这行字符称为命令行。其中，copy 是命令名，一般是可执行程序的文件名，file1.txt、file2.txt 为命令行所带的参数，命令名和各个参数之间以空格分隔，整个命令以回车符结束。

当用 C 语言编写程序时，有时要求在启动该程序的命令行中带若干参数。

例 8-23　命令行中参数的传递。

程序代码如下：

```
#include<stdio.h>
int main(int argc,char * argv[])
{
    int i;
    printf("argc=%d\n",argc);
    printf("Command name: %s\n",argv[0]);
```

```
    for (i=1;i<argc;i++)
        printf("Argument No.%d: %s\n",i,argv[i]);
    return 0;
}
```

假定这个程序的可执行文件名为 cprog.exe,在操作系统下输入的命令行为

cprog book pen paper /s ↙

运行结果如下:

```
argc=5
Command name: cprog
Argument No.1: book
Argument No.2: pen
Argument No.3: paper
Argument No.4: /s
```

由于 C 程序总是从 main()函数开始执行,因此,C 语言在 main()函数中使用形式参数来接收命令中的实际参数。

带参数的 main()函数格式如下:

```
int main(int argc,char * argv[])
{
    ...
}
```

其中,形式参数 argc 是 int 型变量,含义是命令行中命令名和所带参数的个数之和。字符指针数组 argv 的各个指针分别依次指向命令行中命令名和各个参数的字符串。

例如,C 程序 exefile 带有 3 个命令行参数,其命令行如下:

```
exefile proc1.c proc2.c proc3.c
```

执行该命令行时,main()函数中的两个形式参数被初始化。argc 的值为 4,argv 中有 4 个元素,分别指向

```
argv[0]="exefile";
argv[1]="proc1.c";
argv[2]="proc2.c";
argv[3]="proc3.c";
```

main()函数中这两个形式参数的初始化过程是由系统在执行程序时自动完成的。这两个参数可以改用别的名字,但其数据类型不能改变,即要求一个为 int 型,另一个必须为 char 型指针数组。

8.7 指针的内存动态分配

8.7.1 内存的动态分配

存储数据的空间可以通过两种方式获得。一种是由 C 编译系统根据说明语句来预先安排规定大小的内存空间。这些空间一经分配,在变量的生存期内固定不变,这种分配方式称为"静态存储分配"。还有一种"动态存储分配"方式,程序执行中若需要空间存储数据,可向系统"申请"适当大小的存储空间;当有空间闲置时,可随时"释放"存储空间,由系统"收回"另作他用。下面介绍一些有关内存动态分配空间的函数。

1) 分配存储空间函数 malloc()

malloc()函数的原型如下:

```
void * malloc(unsigned size);
```

该函数的作用是在内存空间中申请一块大小为 size 字节的空间,并将此存储空间的起始地址作为函数值带回。若没有足够的内存空间分配,函数返回空(NULL)。

例如,malloc(10)的结果是分配了一个长度为 10 字节的内存空间,若系统设定的此内存空间的起始地址为 1800,则 malloc(10)的函数返回值就为 1800。

实际应用时,往往要给出存放数据的数据类型,这可以通过强制类型转换实现。

例如:

```
int * pi;
pi=(int * ) malloc(sizeof(int));              /* pi 指向一个 int 型的存储单元 */
if (pi!=NULL)
    * pi=123;
```

注意:(int *)中的 * 不可少,否则就是 int 型而非 int 指针型了。若已知数据类型所占字节数,也可直接指出。

例如:

```
pi=(int * )malloc(4);
```

2) 分配存储空间函数 calloc()

calloc()函数的原型如下:

```
void * calloc (unsigned n, unsigned size);
```

该函数的作用是在内存空间中申请可以容纳 n 个元素的空间,且每个元素长度一致,均为 size,并将此存储空间的起始地址作为函数值带回。若没有足够的内存空间分配,函数返回空(NULL)。

例如,calloc(10,10)的结果是分配了一个可以容纳 10 个元素,且每个元素的长度为 10 字节的内存空间,若系统设定的此内存空间的起始地址为 2000,则 calloc(10,10)的函数返回值就为 2000。

注意:由 calloc()函数分配的存储单元,系统自动置初值为 0。

例如：

```
char * pc;
/* pc 指向 80 个连续的 char 型存储单元:*/
pc=(char *)calloc(80,sizeof(char));
```

可见,使用 calloc() 函数动态开辟的存储单元相当于建立了一个一维数组。

3) 重新分配空间函数 realloc()

realloc() 函数的原型如下：

```
void * realloc(void * ptr,unsigned newsize);
```

该函数的作用是在内存空间中为已分配的指针 ptr 重新分配大小为 newsize 字节的空间。newsize 的大小可以比原来分配的空间或大或小,并将此存储空间的起始地址作为函数值带回。该首地址不一定就是原来的首地址,因为系统会根据情况自动进行移动。

例如,realloc(ptr,10) 的结果是为已分配空间的指针 ptr 重新分配了一个长度为 10 字节的内存空间,若系统设定的此内存空间的起始地址为 2020,则 realloc(ptr,10) 的函数返回值就为 2020。

```
int * pi;
float * pf;
/* pf 指向一个 float 型存储单元:*/
pf=(float *)malloc(sizeof(float));
/* 将 pf 指向的存储单元改变为一个 int 型存储单元 */
pi=(int *)realloc(pf,sizeof(int));
```

4) 释放空间函数 free()

该函数的原型如下：

```
void free(void * ptr);
```

该函数的功能是将指针 ptr 指向的存储空间释放,交还给系统,系统可以另行分配作他用。必须指出,ptr 值不能是随意的地址,而只能是程序在运行时通过动态申请分配到的存储空间的首地址。

free() 函数没有返回值。

下面的做法是正确的：

```
pt=(long *)malloc(10);
…
free(pt);
```

例 8-24   malloc() 和 free() 函数的使用。

程序代码如下：

```
#include<stdio.h>
#include<stdlib.h>
int main()
{
```

```
        int * p,t;
        p=(int * )malloc(10 * sizeof(int));
        if (!p)
        {
            printf("\t 内存已用完!\n");
            exit(0);
        }
        for (t=0;t<10;++t)
            * (p++)=t;
        p-=10;
        for (t=0;t<10;++t)
            printf("\t%d", * (p++));
        printf("\n");
        p-=10;
        free(p);
        return 0;
    }
```

运行结果如下：

| 0 | 1 | 2 | 3 | 4 | 5 | 6 | 7 | 8 | 9 |

8.7.2   void 指针类型

1) void 的含义

void 的字面意思是"空类型"，基类型为 void 的指针变量（void * 型变量），不指向任何确定类型的数据。

如果指针 p1 和 p2 的类型相同，则可以直接在 p1 和 p2 间互相赋值；如果 p1 和 p2 指向不同的数据类型，则必须使用强制类型转换运算符把赋值运算符右边的指针类型转换为左边指针的类型。而 void * 则不同，任何类型的指针都可以直接赋值给它，无须进行强制类型转换。例如：

```
void * p1;
int * p2;
p1=p2;
```

但这并不意味着，void * 也可以无须强制类型转换地赋给其他类型的指针。例如：

```
float x, * p1=&x;
void * p2;
p1=p2;
```

其中，p1＝p2 语句会编译出错，所以必须改为

```
p1=(float * )p2;
```

2) void 使用规则

(1) 按照 ANSI(American National Standards Institute)标准,不能对 void 指针进行算法操作,即下列操作都是错误的:

```
void * pvoid;
pvoid++;                                    / * ANSI:错误 * /
pvoid+=1;                                   / * ANSI:错误 * /
```

ANSI 标准之所以这样认定,是因为它坚持:进行算法操作的指针必须是确定知道其指向数据类型大小的。例如:

```
int * pint;
pint++;                                     / * ANSI:正确 * /
```

(2) 如果函数的参数可以是任意类型指针,那么应声明其参数为 void * 。
典型的如内存操作函数 memcpy()和 memset()的函数原型分别为

```
void * memcpy(void * dest, const void * src, size_t len);
```

和

```
void * memset(void * buffer, int c, size_t num);
```

因此,任何类型的指针都可以传入 memcpy()和 memset()函数中,真实地体现了内存操作函数的意义。

(3) void 不能代表一个真实的变量。
下面代码都试图让 void 代表一个真实的变量,因此都是错误的代码:

```
void a;                                     / * 错误 * /
function(void a);                           / * 错误 * /
```

void 的出现只是为了一种抽象的需要。

例 8-25　void 指针类型应用。
程序代码如下:

```
#include<stdio.h>
#include<stdlib.h>
int main()
{
    void * ptr=NULL;
    char chName[10]="Hello";
    char * chptr;
    chptr=chName;
    printf("chptr=chName\n");
    printf("chName=%s\tchptr=%s\n",chName,chptr);
    printf("chName's address is %d\tchptr's address is %d\tptr's address is %d\
        n",&chName,&chptr,&ptr);
    printf("\n");
    ptr=chptr ;
```

```
        printf("ptr=chptr\n");
        printf("ptr=%s\tchptr=%s\tchName=%s\n",ptr,chptr,chName);
        printf("chName's address is %d\tchptr's address is %d\tptr's address is %d\
            n",&chName,&chptr,&ptr);
        printf("\n");
        ptr=chName;
        printf("ptr=chName\n");
        printf("ptr=%s\tchptr=%s\tchName=%s\n",ptr,chptr,chName);
        printf("chName's address is %d\tchptr's address is %d\tptr's address is %d\
            n",&chName,&chptr,&ptr);
        printf("\n") ;
        return 0;
}
```

运行结果如下：

```
chptr=chName
chName=Hello chptr=Hello
chName's address is 1310576 chptr's address is 1310572 ptr's address is  1310588


ptr=chptr
ptr=Hello chptr=Hello chName=Hello
chName's address is 1310576 chptr's address is 1310572 ptr's address is 1310588


ptr=chName
ptr=Hello chptr=Hello chName=Hello
chName's address is 1310576 chptr's address is 1310572 ptr's address is 1310588
```

8.8   指针的应用举例

例 8-26   将两个字符串 string1 和 string2 连接，即 string2 字符串并接于 string1 字符串后，合成一个字符串。

程序代码如下：

```
#include<stdio.h>
int main()
{
    char string1[80],string2[80];
    char * ptr1, * ptr2;
    int ipoint;
    printf("输入第一个字符串(长度小于 40):");
    gets(string1);
    printf("输入第二个字符串(长度小于 40):");
    gets(string2);
    ptr1=string1;
```

```
    ptr2=string2;
    /*连接字符串操作:*/
    while (*ptr1!='\0')
        ptr1++;
    while ((*ptr1++=*ptr2++)!='\0');
        *ptr1='\0';
    printf("连接后的字符串是%s\n",string1);
    return 0;
}
```

运行结果如下:

输入第一个字符串(长度小于40):**Hello** ↙
输入第二个字符串(长度小于40): **World !**↙
连接后的字符串是 Hello World !

本示例可直接使用字符串的连接函数 strcat(string1,string2)求得。

例 8-27 用指定的一种字符替换字符串中的另一种字符。

程序代码如下:

```
#include<stdio.h>
int main()
{
    char ch1,ch2;
    char ptr1[]="C language program.",*ptr2;
    bool bFlag;                              /*判断是否有字符被替换*/
    printf("原字符串是%s\n",ptr1);
    printf("输入被替换的字符:");
    scanf("%c",&ch1);
    printf("输入替换的字符:");
    getchar();
    scanf("%c",&ch2);
    bFlag=false;
    ptr2=ptr1;
    /*字符替换过程:*/
    while (*ptr2!='\0')
    {
        if (*ptr2==ch1)
        {
            *ptr2=ch2;
            bFlag=true;
        }
        ptr2++;
    }
    if (bFlag)
        printf("替换后的字符串是%s\n", ptr1);
```

```
    else
        printf("原字符串中没有字符被替换!\n");
    return 0;
}
```

运行结果如下：

原字符串是 C language program.
输入被替换的字符:**a** ↙
输入替换的字符:**o** ↙
替换后的字符串是 C longuoge progrom.

例 8-28　多个字符串从小到大排序（选择法）。
程序代码如下：

```
#include<stdio.h>
#include<string.h>
#define COUNT 5
int main()
{
    char * name[]={"Li ming",
                   "Wang xiaoxiao",
                   "Che long",
                   "Shun li",
                   "Zhang zhiming"};
    char * temp;
    int ipoint1,ipoint2,ipoint3;
    printf("原字符串序列是\n");
        for (ipoint1=0;ipoint1<COUNT;ipoint1++)
        puts(name[ipoint1]);
        /* 排序过程:冒泡法排序 */
        for (ipoint1=0;ipoint1<COUNT-1;ipoint1++)
        {
            ipoint3=ipoint1;
            for (ipoint2=ipoint1+1;ipoint2<COUNT;ipoint2++)
                if (strcmp(name[ipoint2],name[ipoint3])<0)
                    ipoint3=ipoint2;
            if (ipoint3!=ipoint1)
            {
                temp=name[ipoint3];
                name[ipoint3]=name[ipoint1];
                name[ipoint1]=temp;
            }
        }
        printf("排序后字符串序列是\n");
        for (ipoint1=0;ipoint1<COUNT;ipoint1++)
```

```
            puts(name[ipoint1]);
        return 0;
}
```

运行结果如下：

原字符串序列是
Li ming
Wang xiaoxiao
Che long
Shun li
Zhang zhiming
排序后字符串序列是
Che long
Li ming
Shun li
Wang xiaoxiao
Zhang zhiming

本 章 小 结

本章主要学习要点如下。

（1）了解指针的基本概念。

（2）熟悉指针的类型。

（3）掌握指针的使用方法。

（4）掌握指针与数组关系。

（5）掌握字符串指针的使用方法。

（6）了解指针数组和指向指针的指针的使用方法。

（7）掌握指针与函数的使用方法。

（8）了解 void 指针类型的使用方法。

习 题 8

一、选择题

1. 若有

int a=4,b=3, * p, * q, * w;
p=&a;
q=&b;
w=q;
q=NULL;

则以下选项中,错误的语句是(　　)。

A. * q=0;　　　　B. w=p;　　　　C. * p=a;　　　　D. * p= * w;

2. 若有定义语句:

```
double x[5]={1.0,2.0,3.0,4.0,5.0}, * p=x;
```

则错误引用 x 数组元素的是(　　　　)。

A. * p　　　　B. x[5]　　　　C. * (p+1)　　　　D. * x

3. 若有以下定义语句:

```
char s[100]="String";
```

则下述函数调用中,(　　　　)是错误的。

A. strlen(strcpy(s,"Hello"));　　　　B. strcat(s,strcpy("s1",s));

C. puts(puts("Tom"));　　　　D. !strcmp("",s);

4. 设有以下程序段:

```
char str[]="Hello";
char * ptr;
ptr=str;
```

执行上面的程序段后, * (ptr+5)的值为(　　　　)。

A. 'o'　　　　B. '\0'　　　　C. 不确定的值　　　　D. 'o'的地址

5. 对于数据类型相同的两个指针变量之间,不能进行的运算是(　　　　)。

A. <　　　　B. =　　　　C. +　　　　D. -

6. 若有说明语句:

```
int a,b,c, * d=&c;
```

则能正确从键盘读入 3 个整数分别赋给变量 a、b、c 的语句是(　　　　)。

A. scanf("%d%d%d",&a,&b,d);　　　　B. scanf("%d%d%d",&a,&b,&d);

C. scanf("%d%d%d",a,b,d);　　　　D. scanf("%d%d%d",a,b, * d);

7. 若定义:

```
int a=511, * b=&a;
```

则

```
printf("%d\n", * b);
```

的输出结果是(　　　　)。

A. 无确定值　　　　B. a 的地址　　　　C. 512　　　　D. 511

二、填空题。

1. 有以下程序:

```
void fun(char * c,int d)
{
    * c= * c+1;
    d+=1;
```

```
        printf("%c,%c",*c,d);
}
int main()
{
    char a='A',b=a;
    fun(&b,a);
    printf("%c,%c\n",a,b);
    return 0;
}
```

程序运行后的输出结果是_____。

2. 有以下程序：

```
void fun(float *a,float *b)
{
    float *w;
    *a=*a+*a;
    w=a;
    *a=*b;
    *b=*w;
}
int main()
{
    float x=2.0,y=3.0;
    float *px=&x,*py=&y;
    fun(px,py);
    printf("%2.0f,%2.0f\n",x,y);
    return 0;
}
```

程序运行后的输出结果是_____。

3. 有以下程序：

```
void sub(int x,int y,int *z)
{
    *z=y-x;
}
int main()
{
    int a,b,c;
    sub(10,5,&a);
    sub(7,a,&b);
    sub(a,b,&c);
    printf("%d,%d,%d\n",a,b,c);
    return 0;
}
```

程序运行后的输出结果是_____。

4. 有以下程序：

```
void sub(int * a,int n,int k)
{
    if (k<=n)
        sub(a,n/2,2 * k);
    * a+=k;
}
int main()
{
    int x=0;
    sub(&x,8,1);
    printf("%d \n",x);
    return 0;
}
```

程序运行后的输出结果是_____。

5. 有以下程序：

```
int main()
{
    char ch[2][5]={"6937","8254"}, * p[2];
    int i,j,s=0;
    for (i=0;i<2;i++)
        p[i]=ch[i];
    for (i=0;i<2;i++)
        for (j=0;p[i][j]>'\0';j+=2)
            s=10 * s+p[i][j]-'\0';
    printf("%d \n",s);
    return 0;
}
```

程序运行后的输出结果是_____。

三、简答题

1. 什么是指针？

2. 指针变量和变量指针有何异同？

3. 指针运算的实质是什么？指针可以有哪些运算？

4. 写出下列数组元素使用 * 运算的等价形式。

(1) num[5]

(2) data[k+1]

(3) array[6][4]

四、编程题

1. 输入任意 10 个整数到数组中，将数组中数据逆序存放并输出。

2. 输入任意 10 个整数到数组中，找出其中最大元素和最小元素并输出它们的值与下标。

3. 输入一个字符串,按 0~9 的顺序统计其中偶数数字字符各自出现的次数,结果保存在数组 n 中并输出。

4. 输入一个字符串,删除其中所有的空格字符。

5. 从键盘输入一个任意字符串后,再输入一个指定字符,要求输出字符串中指定字符后剩余的字符。如输入指定字符为'a',则对字符串"Programming in C",输出"mming in C"。

6. 用函数实现将形参 str 所指字符串"Hello23are4y5o6u7"中的每个数字之后插入一个"#"。例如,执行结果为"Hello2#3#are4#y5#o6#u7#"。

7. 从一个给定的字符串中找出某一个字符串的位置(从 1 开始)。例如子串"efg"在字符串"abcdefghijk"中的位置为 5,若字符串中没有指定的子串,则位置为 0。

8. 找出一个字符串中最大的字符并把它放在最前面,其他字符向后顺序存放。例如字符串"student"处理后成为"ustdent"。

9. 从键盘输入 3 个字符串 str、s1 和 s2,用函数实现将 str 字符串中出现的 s1 字符串的内容全部替换成 s2 字符串中的内容。例如,str 字符串为"abdsabfab",s1 字符串为"ab",s2字符串为"22",则 str 字符串最终的内容应为"22ds22f22"。

10. 从任意输入的 5 个字符串中找出最短的一个,并将其逆序存放。

11. 任意输入 5 个字符串,按降序排列并输出。

第 9 章 复合数据类型

前面章节已经介绍了整型、实型、字符型等基本数据类型的定义和应用,以及一维数组、二维数组的定义和应用,这些数据类型的特点是,当定义某一特定数据类型时,就限定该类型变量的存储空间和取值范围。对于同类型的多个变量,可以定义数组,这样可以用下标进行循环访问数组元素。在实际问题中,通常需要处理多个不同类型的数据,例如在学生登记表中,姓名需要表示为字符型,学号可以是整型或字符型,年龄是整型,性别是字符型,成绩可以是整型或实型。由于数组中各元素的类型和长度必须一致,因此无法用一个数组来存储这组数据。为了解决这个问题,C 语言提供了一种复合数据类型结构,利用该结构可以将多个数据项组合在一起,方便处理这些数据项。

本章知识体系如图 9-0 所示。

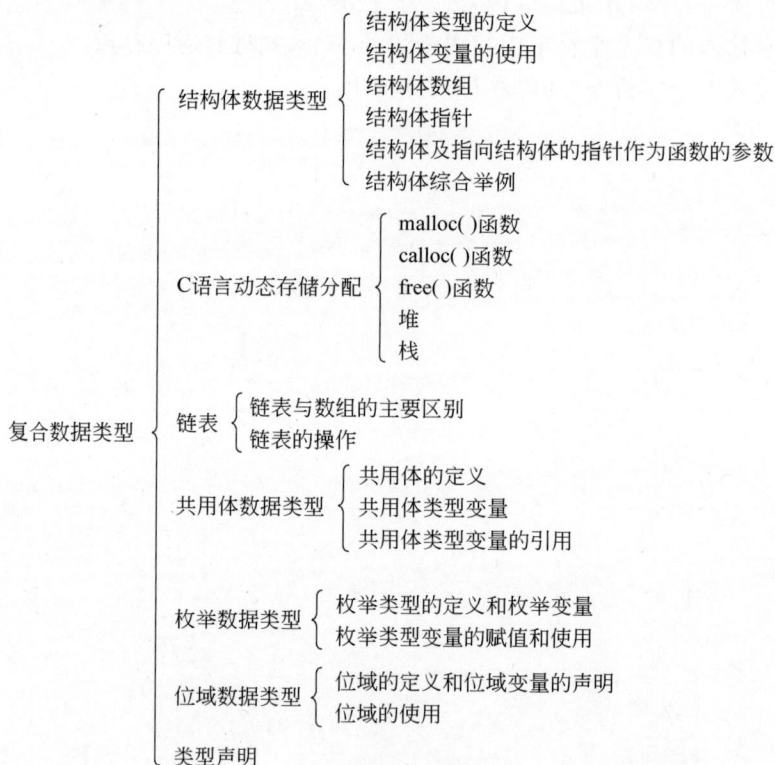

图 9-0　本章知识体系

9.1　结构体数据类型

结构(structure)又称结构体,相当于其他高级编程语言中的记录(record)。结构是一种构造类型,由多个"成员"组成。每个成员可以是基本数据类型或构造类型。结构是一种"构造"的数据类型,因此在使用前必须先定义,就像函数在使用和调用之前必须先定义一样。

9.1.1　结构体类型的定义

结构体类型的定义形式如下:

```
struct 结构体类型名 {
    成员声明列表
};
```

其中,"{}"内的内容是该结构体类型的成员声明,每个成员声明的形式如下:

```
类型符　成员名;
```

成员名的命名应符合标识符的规定。

例如,由年、月、日组成的结构体类型如下:

```
struct date {
    int year;
    int month;
    int day;
};
```

又如,一个职工实体的结构体类型如下:

```
struct employee {
    long no;                    /* 编号 */
    char name[10];              /* 姓名 */
    char sex;                   /* 性别 */
    struct date birth;          /* 出生日期 */
    char education[20];         /* 文化程度 */
    double salary;              /* 工资 */
    long IDcard;                /* 身份证号码 */
    char addr[40];              /* 住址 */
};
```

struct employee 是程序设计者自己定义的类型,它与系统预定义的 int、char、float 等标准类型一样,可用于定义变量,使变量具有 struct employee 类型。例如:

```
struct employee worker,workers[20];
```

例 9-1　struct employee 的定义同上,写出程序运行结果。

程序代码如下:

```
#include<stdio.h>
int main()
{
    struct employee worker,workers[20];
    printf("%d,%d\n",sizeof(struct date),sizeof(struct employee));
    printf("%d,%d\n",sizeof(worker),sizeof(workers));
    return 0;
}
```

输出结果如下：

```
12,104
104,2080
```

9.1.2 结构体变量的使用

1. 结构体变量的声明

声明结构体变量有以下 3 种方法。

（1）先定义结构，再声明结构体变量。例如：

```
struct stu {
    int num;
    char name[20];
    char sex;
    float score;
};
struct stu boy1,boy2;
```

声明了 boy1 和 boy2 两个变量为 stu 结构类型。也可以用宏定义使一个符号常量表示一个结构类型。例如：

```
#define STU struct stu
STU {
    int num;
    char name[20];
    char sex;
    float score;
};
STU boy1,boy2;
```

（2）在定义结构类型的同时声明结构体变量。例如：

```
struct stu {
    int num;
    char name[20];
    char sex;
    float score;
```

```
}boy1,boy2;
```

这种形式的声明的一般形式如下：

```
struct 结构名 {
    成员表列
}变量名表列;
```

（3）直接声明结构体变量。例如：

```
struct {
    int num;
    char name[20];
    char sex;
    float score;
}boy1,boy2;
```

这种形式的声明的一般形式如下：

```
struct {
    成员表列
}变量名表列;
```

第三种方法与第二种方法的区别在于第三种方法中省去了结构名，而直接给出结构体变量。3 种方法中声明的 boy1、boy2 变量都具有如图 9-1 所示的结构。

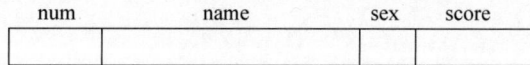

图 9-1　boy1 和 boy2 的结构

声明了 boy1、boy2 变量为 stu 类型后，即可向这两个变量中的各个成员赋值。在上述 stu 结构定义中，所有的成员都是基本数据类型或数组类型。

成员也可以又是一个结构，即构成了嵌套的结构。例如，图 9-2 给出了另一个数据结构。

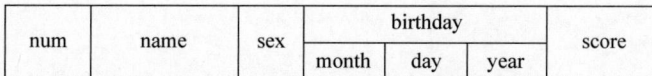

图 9-2　boy1 和 boy2 的另一种结构

按图 9-2 可给出以下结构定义：

```
struct date {
    int month;
    int day;
    int year;
};
struct {
    int num;
    char name[20];
```

```
        char sex;
        struct date birthday;
        float score;
    }boy1,boy2;
```

首先定义一个结构 date,由 month(月)、day(日)、year(年)3 个成员组成。在定义并声明变量 boy1 和 boy2 时,其中的成员 birthday 被声明为 data 结构类型。成员名可与程序中其他变量同名,互不干扰。

2. 结构体变量成员的表示方法

在程序中使用结构体变量时,往往不把它作为一个整体来使用。在 ANSI C 中除了允许具有相同类型的结构体变量相互赋值以外,一般对结构体变量的使用,包括赋值、输入、输出、运算等都是通过结构体变量的成员来实现的。

表示结构体变量成员的一般形式如下:

结构体变量名.成员名

例如:

```
boy1.num                              /* 即第一个人的学号 */
boy2.sex                              /* 即第二个人的性别 */
```

如果成员本身又是一个结构则必须逐级找到最低级的成员才能使用。

例如:

```
boy1.birthday.month
```

中,第一个人出生的月份成员可以在程序中单独使用,与普通变量完全相同。

3. 结构体变量的赋值

结构体变量的赋值就是给各成员赋值。可用输入语句或赋值语句来完成。

例 9-2   给结构体变量赋值并输出其值。

程序代码如下:

```
#include<stdio.h>
int main()
{
    struct stu {
        int num;
        char * name;
        char sex;
        float score;
    } boy1,boy2;
    boy1.num=102;
    boy1.name="Zhang ping";
    printf("Input sex and score\n");
    scanf("%c %f",&boy1.sex,&boy1.score);
    boy2=boy1;
    printf("Number=%d\nName=%s\n",boy2.num,boy2.name);
```

```
        printf("Sex=%c\nScore=%f\n",boy2.sex,boy2.score);
        return 0;
}
```

运行结果如下：

```
Input sex and score
M 78.5↙
Number=102
Name=Zhang ping
Sex=M
Score=78.500000
```

本程序中用赋值语句给 num 和 name 两个成员赋值，name 是一个字符串指针变量。
用 scanf 函数动态地输入 sex 和 score 成员值，然后把 boy1 的所有成员的值整体赋予 boy2。
最后分别输出 boy2 的各个成员值。本例表示了结构体变量的赋值、输入和输出的方法。

4. 结构体变量的初始化

和其他类型变量一样，对结构体变量可以在定义时进行初始化赋值。

例 9-3 对结构体变量初始化。

程序代码如下：

```
#include<stdio.h>
int main()
{
    struct stu {                              /*定义结构*/
        int num;
        char * name;
        char sex;
        float score;
    }boy2,boy1={102,"Zhang ping",'M',78.5};
    boy2=boy1;
    printf("Number=%d\nName=%s\n",boy2.num,boy2.name);
    printf("Sex=%c\nScore=%f\n",boy2.sex,boy2.score);
    return 0;
}
```

运行结果如下：

```
Number=102
Name=Zhang ping
Sex=M
Score=78.500000
```

本例中，boy2、boy1 均被定义为外部结构体变量，并对 boy1 作了初始化赋值。在 main()
函数中，把 boy1 的值整体赋予 boy2，然后用两个 printf()函数输出 boy2 各成员的值。

5. 复制结构体元素

结构体元素可以逐个复制,也可以一次性复制。下例展示了两种方法。

例 9-4 对结构体元素逐个复制和一次性复制。

程序代码如下:

```
#include <stdio.h>
#include <string.h>
int main()
{
    struct employee {
        char name[10];
        int age;
        float salary;
    };
    struct employee e1={ "Sanjay", 30, 5500.50};
    struct employee e2, e3;
    /* 逐个复制 */
    strcpy(e2.name,e1.name);
    //e3.name=e1.name; 是错误的,因为字符类型不能这样赋值
    e2.age=e1.age;
    e2.salary=e1.salary;
    /* 一次性复制 */
    e3=e1;
    printf("%s  %d  %f\n", e1.name, e1.age, e1.salary);
    printf("%s  %d  %f\n", e2.name, e2.age, e2.salary);
    printf("%s  %d  %f\n", e3.name, e3.age, e3.salary);
    return 0;
}
```

运行结果如下:

```
Sanjay  30  5500.500000
Sanjay  30  5500.500000
Sanjay  30  5500.500000
```

如果所有的元素都需要复制,则一次性复制的方法是首选。如果只需要复制一部分元素,则可以采用逐个复制的方法。

6. 嵌套的结构体

一个结构体可以嵌套在另一个结构体中。通过这种方式,可以创建复杂的数据类型。下面这个程序展示了嵌套的结构体是如何工作的。

例 9-5 嵌套的结构体。

程序代码如下:

```
#include <stdio.h>
int main()
```

```
{
    struct address {
        char phone[15];
        char city[25];
        int pin;
    };
    struct emp {
        char name[25];
        struct address a;
    };
    struct emp e={ "jeru", "531046", "nagpur", 10};
    printf("name=%s  phone=%s city=%s pin=%d\n", e.name, e.a.phone, e.a.city,
        e.a.pin);
    return 0;
}
```

运行结果如下：

```
name=jeru   phone=531046 city=nagpur pin=10
```

7. 传递结构体元素/结构体变量

可以把单独的结构体元素或整个结构体变量传递给函数，如下例所示。

例 9-6 传递结构体元素/结构体变量。

程序代码如下：

```
#include <stdio.h>
struct book {
    char name[25];
    char author[25];
    int pages;
};
void display1( char *, char *, int );
void display2(struct book);
void display3(struct book *);
int main()
{
    struct book b1={"Let us C", "YPK", 643};
    display1(b1.name, b1.author, b1.pages);
    display2(b1);
    display3(&b1);
    return 0;
}
void display1(char * n, char * a, int pg)
{
    printf("%s %s %d\n", n, a, pg);
}
```

```
void display2(struct book b)
{
    printf("%s %s %d\n", b.name, b.author, b.pages);
}
void display3(struct book * pb)
{
    printf("%s %s %d\n", pb->name, pb->author, pb->pages);
}
```

运行结果如下：

```
Let us C YPK 643
Let us C YPK 643
Let us C YPK 643
```

注意：在这个结构体的声明中，name 和 author 都是数组。因此，调用 display1()函数时，传递的是数组 name 和 author 的基地址，但 pages 是按值传递的。这是一个混合调用，也就是说，既存在传引用调用，也存在传值调用。

结构体变量 b1 被按值传递给 display2()函数，然后被按引用传递给 display3()函数。传递给 display2()函数的 b1 被保存到 struct book 类型的变量 b 中，类似地，传递给 display3()函数的 b1 的地址被保存到"结构体指针"或"指向结构体的指针"pb 中。

9.1.3 结构体数组

数组的元素也可以是结构类型的，因此可以构成结构体数组。结构体数组的每个元素都是具有相同结构类型的下标结构体变量。在实际应用中，经常用结构体数组来表示具有相同数据结构的一个群体，例如一个班的学生档案、一个车间职工的工资表等。

1. 结构体数组的定义

（1）先定义结构体，再定义结构体数组。例如：

```
struct employee workers[50];
```

（2）在定义结构体的同时，定义结构体数组。例如：

```
struct employee {
    long no;
    char name[10];
    char sex;
    struct date birth;
    char education[20];
    double salary;
    long IDcard;
    char addr[40];
}workers[50];
```

（3）直接定义结构体数组而不定义结构体名。例如：

```
struct {
    long no;
    char name[10];
    char sex;
    struct date birth;
    char education[20];
    double salary;
    long IDcard;
    char addr[40];
}workers[50];
```

2. 结构体数组的初始化

例如：

```
struct stu {
    int num;
    char * name;
    char sex;
    float score;
}boy[5];
```

定义了一个结构体数组 boy，共有 boy[0]～boy[4]这 5 个元素。每个数组元素都具有 struct stu 的结构形式。对结构体数组可以作初始化赋值。例如：

```
struct stu {
    int num;
    char *name;
    char sex;
    float score;
}boy[5]={
    {101,"Li ping",'M',45},
    {102,"Zhang ping",'M',62.5},
    {103,"He fang",'F',92.5},
    {104,"Cheng ling",'F',87},
    {105,"Wang ming",'M',58}};
```

在对全部元素作初始化赋值时，也可不给出数组长度。

例 9-7　计算 5 位学生的平均成绩和不及格的人数。

程序代码如下：

```
#include<stdio.h>
struct stu {
    int num;
    char *name;
    char sex;
    float score;
}boy[5]={
```

```
    {101,"Li ping", 'M',45},
    {102,"Zhang ping", 'M',62.5},
    {103,"He fang", 'F',92.5},
    {104,"Cheng ling", 'F',87},
    {105,"Wang ming", 'M',58}};
int main()
{
    int i,c=0;
    float ave,s=0;
    for (i=0;i<5;i++)
    {
        s+=boy[i].score;
        if (boy[i].score<60)
            c+=1;
    }
    printf("s=%f\n",s);
    ave=s/5;
    printf("average=%f\ncount=%d\n",ave,c);
    return 0;
}
```

运行结果如下：

```
s=345.000000
average=69.000000
count=2
```

本例程序中定义了一个外部结构数组 boy，共 5 个元素，并作了初始化赋值。在 main() 函数中用 for 语句逐个累加各元素的 score 成员值存于 s 之中，如 score 的值小于 60（不及格）即计数器 c 加 1，循环完毕后计算平均成绩，并输出全班总分、平均分及不及格人数。

3. 结构体数组的使用

（1）引用某个结构体数组元素的一个成员结构体数组名[元素下标].结构体成员名。例如：

```
workers[i].no;
```

（2）可以将一个结构体数组元素赋给同一结构体类型数组中的另一个元素，或赋给同一类型的变量。例如：

```
struct employee workers[5],workman;
workers[3]=workers[0];
workman=workers[1];
workers[4]=workman;
```

（3）不能把结构体数组元素作为一个整体直接进行输入或输出，只能以单个成员对象进行输入或输出。例如：

```
scanf(" %ld",&workers[0].no);
printf(" %ld",workers[0].no);
```

9.1.4　结构体指针

一个指针变量当用来指向一个结构体变量时,称为结构指针变量。结构指针变量中的值是所指向的结构体变量的首地址。通过结构指针即可访问该结构体变量,这与数组指针和函数指针的情况是相同的。

结构指针变量声明的一般形式如下:

```
struct 结构名 *结构指针变量名
```

例如,在前面的例题中定义了 stu 结构,如要声明一个指向 stu 的指针变量 pstu,可写为

```
struct stu *pstu;
```

当然也可在定义 stu 结构时同时声明 pstu。与前面讨论的各类指针变量相同,结构指针变量也必须要先赋值后才能使用。

赋值是把结构体变量的首地址赋予该指针变量,不能把结构名赋予该指针变量。如果 boy 是被声明为 stu 类型的结构体变量,则

```
pstu=&boy;
```

是正确的,而

```
pstu=&stu;
```

是错误的。

结构名和结构体变量是两个不同的概念,不能混淆。结构名只能表示一个结构形式,编译系统并不对它分配内存空间。只有当某变量被声明为这种类型的结构时,才对该变量分配存储空间。因此上面 &stu 这种写法是错误的,不可能去取一个结构名的首地址。有了结构指针变量,就能更方便地访问结构体变量的各个成员。

其访问的一般形式为

```
(*结构指针变量).成员名
```

或

```
结构指针变量->成员名
```

例如:

```
(*pstu).num
```

或者

```
pstu->num
```

应该注意(*pstu)两侧的"("和")"不可少,因为成员符"."的优先级高于"*"。如去掉

"("和")"后写作 * pstu.num,则等效于 *(pstu.num),意义就完全改变了。

下面通过例子来声明结构指针变量的具体声明和使用方法。

例 9-8 结构体指针的应用。

程序代码如下：

```c
#include<stdio.h>
struct stu {
    int num;
    char * name;
    char sex;
    float score;
}boy1={102,"Zhang ping", 'M',78.5}, * pstu;
int main()
{
    pstu=&boy1;
    printf("Number=%d\nName=%s\n",boy1.num,boy1.name);
    printf("Sex=%c\nScore=%f\n\n",boy1.sex,boy1.score);
    printf("Number=%d\nName=%s\n", ( * pstu) .num, ( * pstu) .name);
    printf("Sex=%c\nScore=%f\n\n", ( * pstu) .sex, ( * pstu) .score);
    printf("Number=%d\nName=%s\n",pstu->num,pstu->name);
    printf("Sex=%c\nScore=%f\n\n",pstu->sex,pstu->score);
    return 0;
}
```

运行结果如下：

```
Number=102
Name=Zhang ping
Sex=M
Score=78.500000

Number=102
Name=Zhang ping
Sex=M
Score=78.500000

Number=102
Name=Zhang ping
Sex=M
Score=78.500000
```

本例程序定义了一个结构 stu,定义了 stu 类型结构体变量 boy1 并作了初始化赋值,还定义了一个指向 stu 类型结构的指针变量 pstu。在 main()函数中,pstu 被赋予 boy1 的地址,因此 pstu 指向 boy1。然后在 printf()函数内用 3 种形式输出 boy1 的各个成员值。从运行结果可以看出

结构体变量.成员名

(*结构指针变量).成员名

结构指针变量->成员名

这3种用于表示结构成员的形式是完全等效的。

9.1.5 结构体及指向结构体的指针作为函数的参数

在 ANSI C 标准中,允许将结构体变量作为函数参数进行整体传递。然而,这种传递方式需要逐个传递结构体的全部成员,尤其是当成员为数组时,会导致传递的时间和空间成本非常高,严重降低程序的效率。因此,更好的做法是使用指针,即将指针变量作为函数参数进行传递。这种方式仅传递地址,从而减少时间和空间的开销。

例 9-9 计算一组学生的平均成绩和不及格人数。用结构指针变量作函数参数编程。

程序代码如下:

```c
#include<stdio.h>
struct stu
{
    int num;
    char * name;
    char sex;
    float score;
}boy[5]={{101,"Li ping",'M',45},
         {102,"Zhang ping",'M',62.5},
         {103,"He fang", 'F',92.5},
         {104,"Cheng ling", 'F',87},
         {105,"Wang ming", 'M',58}};
int main()
{
    struct stu * ps;
    void ave(struct stu * ps);
    ps=boy;
    ave(ps);
    return 0;
}
void ave(struct stu * ps)
{
    int c=0,i;
    float ave,s=0;
    for (i=0;i<5;i++,ps++)
    {
        s+=ps->score;
        if (ps->score<60)
            c+=1;
    }
    printf("s=%f\n",s);
```

```
    ave=s/5;
    printf("average=%f\ncount=%d\n",ave,c);
}
```

运行结果如下：

```
s=345.000000
average=69.000000
count=2
```

本程序中定义了 ave() 函数，其形参为结构指针变量 ps。boy 被定义为外部结构数组，因此在整个源程序中有效。在 main() 函数中定义声明了结构指针变量 ps，并把 boy 的首地址赋予它，使 ps 指向 boy 数组。然后以 ps 作实参调用 ave() 函数。在 ave() 函数中完成计算平均成绩和统计不及格人数的工作并输出结果。

由于本程序全部采用指针变量作运算和处理，故速度更快，程序效率更高。

9.1.6 结构体综合举例

例 9-10 分析下列程序，指出程序的输出结果。
程序代码如下：

```
#include<stdio.h>
int main()
{
    struct smail
    {
        char name[12];
        char addr[40];
        long zip;
        long tel;
    }teacher2,teacher1={"Li Ming","Blue Road 18",333403,8466611};
    teacher2=teacher1;
    printf("%s,%s\n",teacher2.name,teacher2.addr);
    printf("%ld,%ld\n",teacher2.zip,teacher2.tel);
    return 0;
}
```

运行结果如下：

```
Li Ming, Blue Road 18
333403, 8466611
```

例 9-11 建立同学通讯录。
程序代码如下：

```
#include<stdio.h>
#define NUM 3
```

```c
struct mem {
    char name[20];
    char phone[10];
};
int main()
{
    struct mem man[NUM];
    int i;
    for (i=0;i<NUM;i++)
    {
        printf("input name:\n");
        gets(man[i].name);
        printf("input phone:\n");
        gets(man[i].phone);
    }
    printf("name\t\t\tphone\n");
    for (i=0;i<NUM;i++)
        printf("%s\t\t\t%s\n",man[i].name,man[i].phone);
    return 0;
}
```

运行结果如下：

```
input name:
zhangsan ↙
input phone:
3414698 ↙
input name:
lisi ↙
input phone:
3414567 ↙
input name:
wangwu ↙
input phone:
3414256 ↙
name                    phone
zhangsan                3414698
lisi                    3414567
wangwu                  3414256
```

本程序中定义了一个结构 mem，它有两个成员 name 和 phone 用来表示姓名和电话号码。在主函数中定义 man 为具有 mem 类型的结构数组。在 for 语句中，用 gets()函数分别输入各个元素中两个成员的值。然后又在 for 语句中用 printf()函数输出各元素中两个成员值。

9.2 C语言动态存储分配

在前面的章节中曾介绍过数组的长度是预先定义好的,在整个程序中固定不变。但是在实际的编程中往往会发生需要动态存储空间。因此,C语言提供了一些内存管理函数,可以按需要动态分配内存空间,也可把不再使用的空间回收待用。

常用的内存管理函数有以下3个。

1. 分配内存空间函数 malloc()

调用形式如下:

```
(类型声明符 *)malloc(size)
```

其中,"类型声明符"表示把该区域用于何种数据类型。(类型声明符 *)表示把返回值强制转换为该类型指针。size 是一个无符号数。

该函数用于在内存的动态存储区中分配一块长度为 size 字节的连续区域。函数的返回值为该区域的首地址。

例如:

```
pc=(char *)malloc(100);
```

表示分配 100B 的内存空间,并强制转换为字符数组类型,函数的返回值为指向该字符数组的指针,把该指针赋予指针变量 pc。

2. 分配内存空间函数 calloc()

调用形式如下:

```
(类型声明符 *)calloc(n,size)
```

其中,(类型声明符 *)用于强制类型转换。calloc()函数和 malloc()函数的区别仅在于一次可以分配 n 块区域。

该函数用于在内存的动态存储区中分配 n 块长度为 size 字节的连续区域。函数的返回值为该区域的首地址。

例如:

```
pc=(struct student *)calloc(2,sizeof(struct student));
```

其中,sizeof(struct student)是求 student 的结构体长度。因此该语句用于按 student 的长度分配两块连续区域,强制转换为 student 类型,并把其首地址赋予指针变量 ps。

3. 释放内存空间函数 free()

调用形式如下:

```
free(void *ptr);
```

其中,ptr 是一个任意类型的指针变量,指向被释放区域的首地址。被释放区域应是由 malloc()或 calloc()函数所分配的区域。

该函数用于释放 ptr 所指向的一块内存空间。

例 9-12　分配一块区域,存储输入的一个学生数据。

程序代码如下：

```c
#include <stdio.h>
#include <malloc.h>                                    //动态分配地址头文件
int main()
{
    struct student {
        int num;
        char * name;
        char sex;
        float score;
    } * ps;                                            //定义结构体指针
    ps=(struct student *)malloc(sizeof(struct student));
    //申请内存空间
    ps ->num=102;
    ps ->name="zhang ping";
    ps ->sex='M';
    ps ->score=63.5;
    printf("Number=%d\nName=%s\n", ps ->num, ps ->name);
    //使用内存空间
    printf("Sex=%c\nScore=%f\n", ps ->sex, ps ->score);  //使用内存空间
    free(ps);                                          //释放内存空间
    return 0;
}
```

运行结果如下：

```
Number=102
Name=zhang ping
Sex=M
Score=63.500000
```

使用 malloc()等函数分配内存后，还需要使用 free()函数及时释放内存。如果不进行释放，就会造成内存泄漏，甚至会导致系统崩溃。free()函数可以实时地进行内存回收操作。如果程序很简单，程序结束之前不会使用过多的内存，不会降低系统的性能，可以不用写 free()函数。程序结束后，操作系统会自动释放内存。但是在开发大型程序时，如果不及时通过 free()函数释放内存，后果是很严重的，会极大地影响到系统的性能，甚至导致系统崩溃。

4. 堆

在计算机科学中，堆(heap)是一种用于动态内存分配的数据结构。它是一种通过链表或数组实现的可变大小的二叉树，通常用于存储动态分配的内存块。堆允许程序在运行时分配和释放内存，其大小可以根据程序的需求不断扩展或收缩。在内存中，程序可动态分配和释放的内存块称为自由存储空间，也称为堆。在 C 语言中，用 malloc()和 free()函数从堆中动态地分配和释放内存。

5. 栈

栈(stack)原来的意思是存储货物或供旅客住宿的地方,可引申为仓库、中转站,所以引入计算机领域里,就是指数据暂时存储的地方,所以才有进栈、出栈的说法。堆栈是计算机科学中的一种抽象数据类型,只允许在有序的线性数据集合的一端(称为堆栈顶端,top)进行插入数据(push)和删除数据(pop)的运算。

9.3 链 表

一种常用的、能够实现动态存储分配的数据结构,在"数据结构"课程中详细介绍。为了方便没有学过"数据结构"课程的读者,本书从应用角度,对链表进行简单介绍。

(1) 头指针变量 head:用于指向链表的首结点。

(2) 每个结点由两个域组成。

① 数据域:用于存储结点本身的信息。

② 指针域:用于指向后继结点的指针。

(3) 尾结点的指针域置为"NULL(空)",作为链表结束的标志。

例如,一个存放学生学号和成绩的结点应为以下结构:

```
struct stu {
    int num;
    int score;
    struct stu * next;
}
```

前两个成员项组成数据域,后一个成员项 next 构成指针域,它是一个指向 stu 类型结构的指针变量。

9.3.1 链表与数组的主要区别

二者都属于一种数据结构。

1. 从逻辑结构分析

(1) 数组必须事先定义固定的长度(元素个数),不能适应数据动态地增减的情况。当数据增加时,可能超出原先定义的元素个数;当数据减少时,造成内存浪费;数组可以根据下标直接存取。

(2) 链表动态地进行存储分配,可以适应数据动态地增减的情况,且可以方便地插入、删除数据项(数组中插入、删除数据项时,需要移动其他数据项,非常烦琐)。链表必须根据 next 指针找到下一个元素。

2. 从内存存储分析

(1) (静态)数组从栈中分配空间,对于程序员方便快速,但是自由度小。

(2) 链表从堆中分配空间,自由度大但是申请管理比较麻烦。

从上面的比较可以看出,如果需要快速访问数据,很少或不插入和删除元素,就应该用数组;相反,如果需要经常插入和删除元素就需要用链表数据结构了。

9.3.2 链表的操作

对链表的基本操作有创建、检索(查找)、插入、删除和修改等。

(1) 创建链表是指从无到有地建立起一个链表,即往空链表中依次插入若干结点,并保持结点之间的前驱和后继关系。

(2) 检索操作是指按给定的结点索引号或检索条件,查找某个结点。如果找到指定的结点,则称为检索成功;否则,称为检索失败。

(3) 插入操作是指在结点 k_{i-1} 与 k_i 之间插入一个新的结点 k,使线性表的长度增 1,且 k_{i-1} 与 k_i 的逻辑关系发生如下变化:

插入前,k_{i-1} 是 k_i 的前驱,k_i 是 k_{i-1} 的后继;插入后,新插入的结点 k 成为 k_{i-1} 的后继、k_i 的前驱。

(4) 删除操作是指删除结点 k_i,使线性表的长度减 1,且 k_{i-1}、k_i 和 k_{i+1} 之间的逻辑关系发生如下变化:

删除前,k_i 是 k_{i+1} 的前驱、k_{i-1} 的后继;删除后,k_{i-1} 成为 k_{i+1} 的前驱,k_{i+1} 成为 k_{i-1} 的后继。

在 C 语言中,用结构类型来描述结点结构。例如:

```
struct grade
{
    char no[7];                        /*学号*/
    int score;                         /*成绩*/
    struct grade * next;               /*指针域*/
};
```

1. 创建一个新链表

例 9-13 编写一个 create()函数,按照规定的结点结构,创建一个单链表(链表中的结点个数不限)。

基本思路如下:首先向系统申请一个结点的空间,然后输入结点数据域的(两个)数据项,并将指针域置为空(链尾标志),最后将新结点插到链表尾。对于链表的第一个结点,还要设置头指针变量。

另外,案例代码中的 3 个指针变量 head、new 和 tail 的说明如下。

(1) head:头指针变量,用于指向链表的第一个结点,用作函数返回值。

(2) new:用于指向新申请的结点。

(3) tail:用于指向链表的尾结点,用 tail->next=new,实现将新申请的结点,插到链表尾,使之成为新的尾结点。

程序代码如下:

```
#include<stdio.h>
#include<malloc.h>
#include<string.h>
#define NULL 0
#define LEN sizeof(struct grade)          /*定义结点长度*/
```

```
/*定义结点结构*/
struct grade {
    char no[7];                                    /*学号*/
    int score;                                     /*成绩*/
    struct grade * next;                           /*指针域*/
};
/* create()函数：创建一个具有头结点的单链表*/
/*形参：无*/
/*返回值：返回单链表的头指针*/
struct grade * create(void) {
    struct grade * head=NULL, * New, * tail;
    int count=0;                                   /*链表中的结点个数(初值为0)*/
    for ( ; ; )                                    /*省略3个表达式的for语句*/
    {
        New=(struct grade *)malloc(LEN);    /*申请一个新结点的空间*/
        /*1.输入结点数据域的各数据项*/
        printf("Input the number of student No.%d(6 bytes): ",count+1);
        scanf("%6s",New->no);
        if (strcmp(New->no,"000000")==0)    /*如果学号为6个0,则退出*/
        {
            free(New);                             /*释放最后申请的结点空间*/
            break;                                 /*结束for语句*/
        }
        printf("Input the score of the student No.%d: ",count+1);
        scanf("%d",&New->score);
        count++;                                   /*结点个数加1*/
        New->next=NULL;                            /*2.置新结点的指针域为空*/
        /*3.将新结点插入链表尾,并设置新的尾指针*/
        if (count==1)
            head=New;                              /*是第一个结点,置头指针*/
        else
            tail->next=New;                        /*非首结点,将新结点插入链表尾*/
        tail=New;                                  /*设置新的尾结点*/
    }
    return (head);
}
```

2. 对链表的插入操作

　　例 9-14　编写一个 insert()函数,完成在单链表的第 i 个结点后插入 1 个新结点的操作。当 $i=0$ 时,表示新结点插入第一个结点之前,成为链表新的首结点。

　　基本思路如下：通过单链表的头指针,首先找到链表的第一个结点;然后顺着结点的指针域找到第 i 个结点,最后将新结点插入第 i 个结点之后。

　　程序代码如下：

```
/*函数功能：在单链表的第 i 个结点后插入 1 个新结点*/
```

```
/* 函数参数: head 为单链表的头指针, new 指向要插入的新结点, i 为结点索引号 */
/* 函数返回值: 单链表的头指针 */
struct grade * insert(struct grade * head, struct grade * New, int i) {
    struct grade * pointer;                 /* 将新结点插入链表中 */
    if (head==NULL)
        head=New; New->next=NULL;           /* 将新结点插入 1 个空链表中 */
    else if (i==0)                          /* 非空链表 */
        New->next=head; head=New;           /* 使新结点成为链表新的首结点 */
    else                                    /* 其他位置 */
    {
        pointer=head;
        /* 查找单链表的第 i 个结点(pointer 指向它) */
        for (; pointer!=NULL && i>1; pointer=pointer->next, i--);
        if (pointer==NULL)                  /* 越界错 */
            printf("Out of the range, can't insert new node! \n");
        else                                /* 一般情况: pointer 指向第 i 个结点 */
            New->next=pointer->next, pointer->next=New;
    }
    return (head);
}
```

9.3.3 链表应用举例

例 9-15 建立一个有 3 个结点的链表, 存放学生数据。为简单起见, 假定学生数据结构中只有学号和年龄两项。可编写一个建立链表的函数 creat()。

程序代码如下:

```
#include<stdio.h>
#include<malloc.h>
#define NULL 0
#define TYPE struct stu
#define LEN sizeof(struct stu)
struct stu {
    int num;
    int age;
    struct stu * next;
};
TYPE * creat(int n) {
    struct stu * head, * pf, * pb;
    int i;
    for (i=0; i<n; i++)
    {
        pb=(TYPE * )malloc(LEN);
        printf("input Number and  Age\n");
        scanf("%d%d", &pb->num, &pb->age);
```

```
        if (i==0)
            pf=head=pb;
        else
            pf->next=pb;
        pb->next=NULL;
        pf=pb;
    }
    return(head);
}
```

在函数外首先用宏定义对 3 个符号常量作了定义。这里用 TYPE 表示 struct stu,用 LEN 表示 sizeof(struct stu)主要的目的是在以下程序内减少书写并使阅读更加方便。结构 stu 定义为外部类型,程序中的各个函数均可使用该定义。

creat()函数用于建立一个有 n 个结点的链表,它是一个指针函数,它返回的指针指向 stu 结构。在 creat()函数内定义了 3 个 stu 结构的指针变量。head 为头指针,pf 为指向两相邻结点的前一结点的指针变量。pb 为后一结点的指针变量。

9.4 共用体的定义和共用体变量的声明

9.4.1 共用体的定义

共用体使几种不同类型的值存放在同一内存区域中。例如,把一个整型值和实型值放在同一个存储区域,既能以整数存取,又能以实整存取。即共用体是多种数据值覆盖存储,几种不同类型的数据值从同一个地址开始存储,但任意时刻只存储其中一种数据,而不是同时存放多种数据。分配给共用体的存储区域大小至少要有存储其中最大一种数据所需的存储空间量。

其定义的一般形式如下:

```
union 共用体类型名
{
    成员变量声明列表
};
```

例如:

```
union data
{
    int i;
    char ch;
    float f;
};
```

9.4.2 共用体类型变量

同定义结构体类型变量一样,共用体变量也有 3 种方式。

（1）先定义共用体类型，再定义共用体变量。例如：

```
union data
{
    int i;
    char ch;
    float f;
};
union data   a,b,c;
```

（2）在定义共用体类型的同时定义共用体类型变量。例如：

```
union data
{
    int i;
    char ch;
    float f;
}a,b,c;
```

（3）定义共用体类型时，省略共用体类型名，同时定义共用体类型变量。例如：

```
union
{
    int i;
    char ch;
    float f;
}a,b,c;
```

9.4.3 共用体类型变量的引用

一个共用体变量不是同时存放多个成员变量的值，而只能存放其中某个成员变量的一个值，这就是最后赋给它的值。例如：

```
a.i=168;
a.ch='F';
a.f=8.58;
```

那么，共用体变量中最后的值是 8.58。

也可以通过指向共用体的指针变量引用共用体变量中的成员，例如：

```
union data * pt,x;
pt=&x;
pt->i=168;
pt->ch='F';
pt->f=8.58;
```

共用体与结构体的区别如下。

（1）共用体变量 a 所占的内存单元的字节数不是 3 个成员的字节数之和，而是等于 3 个成员中最长字节的成员所占内存空间的字节数，也就是说 a 的 3 个成员共享 4 字节的内存空间。

（2）变量a中不能同时存在3个成员,只是可以根据需要用a存放一个整型数,或存放一个字符数据,或存放一个浮点数。

例如:

```
a.ch='F';
a.i=200;
a.f=2.7;
```

（3）可以对共用体变量进行初始化,但在"{}"中只能给出第一个成员的初值。

```
union data
{
    char ch;
    int i;
    float f;
}yy={'b'};
```

例 9-16 写出下列程序的运行结果。

程序代码如下:

```
#include<stdio.h>
int main()
{
    union data {
        int a,b;
        struct {
            int c,d;
        }tt;
    }e={2};
    e.b=e.a+3;
    e.tt.c=e.a+e.b;
    e.tt.d=e.a*e.b;
    printf("%d,%d\n",e.tt.c,e.tt.d);
    return 0;
}
```

输出结果如下:

```
10,100
```

共用体的主要用途是节省内存空间和数据类型转换。当多个成员变量不会同时使用,但需要共享同一块内存空间时,可以使用共用体来节省内存。共用体也可以用于不同类型之间的转换,通过存储一个成员变量,然后通过另一个成员变量来读取转换后的值。

9.5 枚举数据类型

在实际问题中,有些变量的取值被限定在一个有限的范围内。例如,一个星期内只有7天,一年只有12个月,一个班每周有6门课……如果把这些量声明为整型、字符型或其他类型显然是不妥当的。为此,C语言提供了一种称为枚举的类型。在枚举类型的定义中列举出所有可能的取值,被声明为该枚举类型的变量取值不能超过定义的范围。

9.5.1　枚举类型的定义和枚举变量的声明

定义枚举类型的一般格式如下:

enum 枚举类型名{标识符 1,标识符 2,…,标识符 n};

例如:

enum bool{false,true};

枚举变量的定义有 3 种形式(与结构体类似)。

(1) 先定义枚举类型,再定义枚举变量。例如:

```
enum color {
    red,green,blue,yellow,white
};
enum color select,change;
```

(2) 定义枚举类型的同时定义枚举变量。例如:

```
enum color {
    red,green,blue,yellow,white
}select,change;
```

(3) 不指定枚举类型名,直接定义枚举变量。例如:

```
enum {
    red,green,blue,yellow,white
}select,change;
```

9.5.2　枚举类型变量的赋值和使用

枚举类型在使用中有以下规定。

(1) 枚举值是常量,不是变量。不能在程序中用赋值语句再对它赋值。

例如,对枚举 weekday 的元素再作以下赋值:

```
sun=5;
mon=2;
sun=mon;
```

都是错误的。

(2) 枚举元素本身由系统定义了一个表示序号的数值,从 0 开始顺序定义为 0,1,2……如在 weekday 中,sun 值为 0,mon 值为 1,…,sat 值为 6。

例 9-17　写出下列程序的运行结果。

程序代码如下:

```
#include<stdio.h>
```

```
int main()
{
    enum weekday {
        sun,mon,tue,wed,thu,fri,sat
    }a,b,c;
    a=sun;
    b=mon;
    c=tue;
    printf("%d,%d,%d",a,b,c);
    return 0;
}
```

输出结果如下：

```
0,1,2
```

枚举类型应用的几点说明。

（1）定义枚举类型必须以 enum 开头。

（2）在定义枚举类型时"{}"中的名字称为枚举元素或枚举常量。命名规则与标识符相同，仅是为了提高程序的可读性才使用这些名字。

（3）枚举元素不是变量，不能改变其值。下面是不对的：

```
red=8;
yellow=9;
```

作为常量，枚举元素是有值的。从"{}"中的第一个元素开始，值分别是 0、1、2、3、4，这是系统自动赋给的，可以输出。例如：

```
printf("%d",blue);
```

输出的值是 2。

但是枚举类型不能写成

```
enum colorname{0,1,2,3,4};
```

可以在定义类型时对枚举常量初始化：

```
enum colorname{red=3,green,blue,yellow =8,white};
```

（4）枚举常量可以进行比较。例如：

```
if (color==red) printf("red");
if (color!=white) printf("it is not white! ");
if (color>yellow) printf("it is white! ");
```

是按所代表的整数进行比较的。

（5）一个枚举变量的值只能是这几个枚举常量之一，可以将枚举常量赋给一个枚举变量。但不能将一个整数赋给它。例如：

```
color=white;(正确)
color=5;(错误)
```

（6）枚举常量不是字符串，不能用下面的方法输出字符串"red"：

```
printf("%s",red);
```

9.6 位 域

有些信息在存储时，并不需要占用一个完整的字节，而只需占用几个或一个二进制位。例如，在存放一个开关量时，只有 0 和 1 两种状态，用一个二进制位即可。为了节省存储空间，并使处理简便，C 语言提供了一种数据结构，称为"位域"或"位段"。

1. 位域的定义和位域变量的声明

位域定义与结构体定义相似，其形式如下：

```
struct 位域结构名 {
    类型声明符 位域名:位域长度;
};
```

例如：

```
struct bitsec {
    int a:6;
    int b:2;
    int c:8;
};                              //先定义后声明
struct bitsec {
    int a:6;
    int b:2;
    int c:8;
}data;                          //同时定义说明
```

说明：

（1）data 为 bitsec 变量，共占 2 字节。其中，位域 a 占 8 位，位域 b 占 2 位，位域 c 占 6 位。

（2）一个位域必须存储在同一字节中，不能跨两字节。如果一字节所剩空间不够存放，应从下一单元起存放该位域，也可有意使某位域从下一单元开始。例如：

```
struct bitsec {
    unsigned a:4;               //a 占第一字节的 4 位,后 4 位填 0,表示不使用
    unsigned :0;                //空域,不使用的部分
    unsigned b:4;               //从下一单元开始存放
    unsigned c:4;
}
```

（3）位域不允许跨两字节。

（4）位域可以无位域名，这时它只用来作填充或调整位置。例如：

```
sturct k {
    int a:1;
    int :2;
    int b:3;
    int c:2;
};
```

2. 位域的使用

位域的使用和结构体成员的使用相同，其一般形式如下：

位域变量名.位域名

例 9-18　位段的格式化输出。

程序代码如下：

```
#include <stdio.h>
#include <stdlib.h>
struct bs {
    unsigned a:1;
    unsigned b:3;
        unsigned c:4;
}bit;

int main()
{
    bit.a=1;
    bit.b=7;
    bit.c=15;
    printf("%d, %d, %d\n", bit.a, bit.b, bit.c);
    return 0;
}
```

输出结果如下：

```
1, 7, 15
```

9.7　类型声明

前面介绍的结构体、共用体、枚举等类型定义或声明变量时要冠以表明数据类型的关键字，如 struct、union、enum 等。但 C 语言也提供用 typedef 定义类型，为类型命名的机制。

1. 简单的名字替换

```
typedef int INTEGER;
INTEGER x,y;
```

相当于

```
int x,y;
```

2. 定义一个类型名代表一个结构体类型

```
typedef struct {
    long num;
    char name[20];
    float score;
}STUDENT;
STUDENT student1,student2, * p;
```

3. 定义数组类型

例如：

```
typedef int COUNT[20];
COUNT a,b;
```

4. 定义指针类型

```
typedef char * STRING;
STRING p1,p2,p[10];
```

用 typedef 定义一个新类型名的方法如下。

(1) 先按定义变量的方法写出定义体(如 char a[20])。

(2) 将变量名换成新类型名(如 char NAME[20])。

(3) 在最前面加上 typedef(如 typedef char NAME[20];)。

(4) 然后可以用新类型名定义变量(NAME c,d)。

例如：

```
typedef int ( * POINTER) ();
POINTER p1,p2;
```

本 章 小 结

本章主要学习要点如下。

(1) 结构体和共用体的概念,其类型和变量的定义方法。

(2) 结构体变量赋值的方法和结构体成员的引用。

(3) 结构体数组的定义和引用方法。

(4) 指向结构体变量的指针及其使用

(5) 链表的基本概念和链表的基本操作(建立链表、访问链表、插入接点、删除接点)。

(6) 枚举类型和自定义类型的定义方法和使用。

(7) 位段的定义和使用。

(8) typedef 的使用方法。

习 题 9

一、选择题

1. 有以下定义和语句：

```
struct workers {
    int num;
    char name[20];
    char c;
    struct {
        int day;
        int month;
        int year;
    }s;
};
struct workers w, * pw;
pw=&w;
```

能给 w 中的成员 year 赋值为 1980 的语句是(   )。

    A. * pw.year＝1980;   B. w.year＝1980;

    C. pw－＞year＝1980;   D. w.s.year＝1980;

2. 下面结构体的定义语句中,错误的是(   )。

    A. struct ord {int x;int y;int z;};struct ord a;

    B. struct ord {int x;int y;int z;}struct ord a;

    C. struct ord {int x;int y;int z;}a;

    D. struct {int x;int y;int z;}a;

3. 有以下程序：

```
struct A {
    int a;char b[10];double c;
};
struct A f(struct A t);
int main()
{
    struct A a={1001,"ZhangDa",1098.0};
    a=f(a);
    printf("%d,%s,%6.1f\n",a.a,a.b,a.c);
    return 0;
}
struct A f(struct A t) {
    t.a=1002;strcpy(t.b,"ChangRong");
    t.c=1202.0;return t;
}
```

程序运行后的输出结果是(　　)。

    A. 1001,ZhangDa,1098.0　　　　 B. 1002,ZhangDa,1202.0

    C. 1001,ChangRong,1098.0　　　 D. 1002,ChangRong,1202.0

4. 有以下程序：

```
struct ord {
    int  x,y;
}dt[2]={1,2,3,4};
int main()
{
    struct ord * p=dt;
    printf("%d,",++p->x);
    printf("%d\n",++p->y);
    return 0;
}
```

程序的运行结果是(　　)。

    A. 1,2　　　　　　B. 2,3　　　　　　C. 3,4　　　　　　D. 4,1

5. 有以下程序：

```
struct A {
    int a;
    char b[10];
    double c;
};
void f(struct A t);
int main()
{
    struct A a={1001,"ZhangDa",1098.0};
    f(a);
    printf("%d,%s,%6.1f\n",a.a,a.b,a.c);
    return 0;
}
void f(struct A t)
{
    t.a=1002; strcpy(t.b,"ChangRong");t.c=1202.0;
}
```

程序运行后的输出结果是(　　)。

    A. 1001,ZhangDa,1098.0　　　　 B. 1002,ChangRong,1202.0

    C. 1001,ChangRong,1098.0　　　 D. 1002,ZhangDa,1202.0

6. 已知函数的原形如下，其中结构体 a 为已经定义过的结构，且有下列变量定义

```
struct a * f(int t1,int * t2,strcut a t3,struct a * t4)
struct a p, * p1;int i;
```

则正确的函数调用语句为(　　)。

A. &p=f(10,&i,p,p1);

B. p1=f(i++,(int *)p1,p,&p);

C. p=f(i+1,&(i+2),* p,p);

D. f(i+1,&i,p,p);

二、填空题

1. 下列程序的运行结果为_____。

```
struct A {
    int a;
    char b[10];
    double c;
};
void f(struct A * t);
int main()
{
    struct A a={1001,"ZhangDa",1098.0};
    f(&a);
    printf("%d,%s,%6.1f\n",a.a,a.b,a.c);
    return 0;
}
void f(struct A *t)
{
    strcpy(t->b,"ChangRong");
}
```

2. 下列程序的运行结果为_____。

```
union un {
    char s[10];
    long d[3];
}ua;
struct std {
    char c[10];
    double d;
    int a;
    union un vb;
}a;
int main()
{
    printf("%d\n",sizeof(struct std)+sizeof(union un));
    return 0;
}
```

3. 下列程序的运行结果为_____。

```
union pw {
    int i;
```

```
    char ch[2];
}a;
int main()
{
    a.ch[0]=13;
    a.ch[1]=1;
    printf("%d\n",a.i);
    return 0;
}
```

4. 下列程序的运行结果为_____。

```
typedef struct {
    int num;
    double s;
}REC;
void fun1(REC x)
{
    x.num=23;
    x.s=88.5;
}
int main()
{
    REC a={16,90.0};
    fun1(a);
    printf("%d\n",a.num);
    return 0;
}
```

5. 下列程序的运行结果为_____。

```
struct ty {
    int data;
    char c;
};
fun(struct ty b)
{
    b.data=20;
    b.c='y';
}
int main()
{
    struct ty a={30,'x'};
    fun(a);
    printf("%d%c",a.data,a.c);
    return 0;
}
```

三、编程题

1. 编写程序,从键盘上输入 $n(n<=100)$ 个职工的信息,然后输出每个职工的信息(包括编号、姓名、性别、出生日期、工资等数据项)。

2. 编写程序,在选举中进行投票,包含候选人姓名、得票数,假设有多位候选人,用结构体数组统计各候选人的得票数。本题假设有 4 位候选人,有 10 个人参加投票。

第 10 章 文 件

前面章节中访问的数据均为程序内部赋值,本章将介绍如何从程序外部获取数据。在软件开发的过程中,文件是程序设计中的一个重要概念。本章以文件操作的相关函数为例介绍文件的打开、读取、写入和关闭等基本操作。

本章知识体系如图 10-0 所示。

文件(file)是指存储在计算机外部存储介质(磁盘、磁带等)上以字节为单位的一组相关数据的集合。C 语言中,外部设备(如打印机、显示器、键盘等)也被看作文件处理。外部设备的输入和输出可看成是对磁盘文件的读和写。通常把显示器定义为标准的输出文件,键盘指定为标准的输入文件。

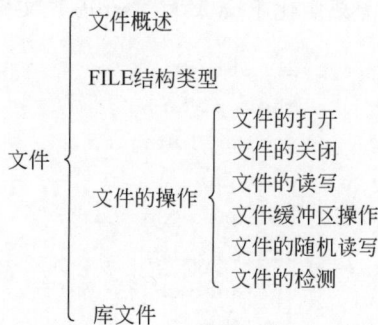

文件
- 文件概述
- FILE结构类型
- 文件的操作
  - 文件的打开
  - 文件的关闭
  - 文件的读写
  - 文件缓冲区操作
  - 文件的随机读写
  - 文件的检测
- 库文件

图 10-0　本章知识体系

根据文件组织形式,C 语言的文件分为 ASCII 码文件(又称文本文件)和二进制文件。

(1) ASCII 码文件(文本文件)。ASCII 码文件以字符的方式进行存储,一个字符对应一个 ASCII 码,一个 ASCII 码占 1 字节。例如,整数 678 按照 ASCII 的方式存储时占 3 字节。ASCII 码文件可用文本编辑器如记事本等程序打开查看,例如文本文件(.txt)、C++ 源程序文件(.cpp)、配置文件(.ini)等都属文本文件。

(2) 二进制文件。二进制文件是将内存中的数据按照其在内存中的存储形式原样输出并保存在文件中。二进制文件占用空间少,内存数据和磁盘数据交换时无须转换,可以节省外存空间和转换时间。这种文件不能用文本编辑器如记事本等打开查看,如强行打开将产生乱码,无法读懂。

例如,整数 1200,如果按照 ASCII 码形式存入文件,要占 4 字节,其存储形式如图 10-1 所示。

ASCII码:	00110001	00110010	00000000	00000000
十进制数:	1	2	0	0

图 10-1　整数 1200 的 ASCII 码形式

若按照二进制形式存储文件,则只占 2 字节,其存储形式如图 10-2 所示。

00000100	10110000

图 10-2　整数 1200 的二进制形式

10.1　FILE 结构类型

每个文件在输入和输出过程中都需要在内存中开辟一个缓冲区,用于存放该文件的相关信息,这些信息保存在 FILE 数据类型的变量中。C 语言中文件结构体的声明和文件操作的相关函数都包含在标准库文件 stdio.h 中,不同的 C 编译器,可能使用不同的声明,但基本含义变化不会太大。stdio.h 文件中 FILE 类型定义如下:

```
typedef struct {
    short level;
    unsigned flags;
    char fd;
    unsigned char hold;
    short bsize;
    unsigned char * buffer;
    unsigned char * curp;
    unsigned istemp;
    short token;
}FILE;
```

FILE 结构体内的各字段均表示文件的相关属性,这些字段供 C 语言内部使用,用户不直接操作相应字段,具体含义可其参照其他资料。

每个文件对应唯一的文件类型指针变量,通过该指针实现文件的各种操作。文件型指针变量定义的格式如下:

```
FILE  *指针变量名;
```

例如:

```
FILE  * fp;
```

表示定义了一个指向 FILE 类型结构体的指针变量 fp,通过该指针可以访问文件,实现文件的各种操作。一般情况下,称 fp 为一个文件的指针。

10.2　文件的操作

在进行文件的读写操作或者要使用文件操作相关的函数之前都要需用 ♯ include
＜stdio.h＞将 stdio.h 包含到程序的头文件中。

声明一个文件的变量:

```
FILE * file_variable;
```

其实就是定义一个文件指针,用来指向打开的文件。例如:

```
#include<stdio.h>
FILE * in_file;
```

10.2.1　文件的打开

在进行文件的读写操作之前,先要打开文件。打开一个文件就是使文件指针指向该文件,以便进行其他操作。C 语言中,使用库函数 fopen()打开一个文件,并返回一个指向此打开文件的指针。fopen()函数的使用格式如下:

文件指针名=fopen(文件名,文件的打开方式);

其中,文件指针名是 FILE 定义的一个文件指针变量;文件名是被打开的文件的名称;文件的打开方式是指文件的类型和操作要求,也就是指定对文件进行读或写的方式。例如:

```
FILE * fp1;
fp1=fopen ("file1.txt","r");
```

的意义是,在当前目录下打开文件 file1.txt,且只允许进行读操作,fopen()函数打开成功则返回一个指向文件 file1.txt 的指针,失败则返回空 NULL。

又如:

```
FILE * fp2;
fp2=("c:\\file2.dat","rb");
```

的意义是打开 C 盘的根目录下的文件 file2.dat。这是一个二进制文件,只允许按二进制方式进行读操作。"\\"中的第一个"\"表示转义字符,第二个"\"表示根目录,并使文件指针fp2 指向该文件。

文件使用方式共有 12 种,表 10-1 给出了它们的符号和意义。

表 10-1　文件的使用方式

文件使用方式	操 作 含 义
"rt"(只读文本)	打开一个文本文件,只允许读数据
"wt"(只写文本)	打开或建立一个文本文件,只允许写数据
"at"(追加文本)	打开一个文本文件,并在文件末尾写数据
"rb"(只读二进制)	打开一个二进制文件,只允许读数据
"wb"(只写二进制)	打开或建立一个二进制文件,只允许写数据
"ab"(追加二进制)	打开一个二进制文件,并在文件末尾写数据
"rt+"(读写文本)	打开一个文本文件,允许读和写
"wt+"(读写文本)	建立一个文本文件,允许读写
"at+"(读写追加文本)	打开一个文本文件,允许读,或在文件末追加数据
"rb+"(读写二进制)	打开一个二进制文件,允许读和写
"wb+"(读写二进制)	建立一个二进制文件,允许读和写
"ab+"(读写追加二进制)	打开一个二进制文件,允许读,或在文件末追加数据

文件使用方式由 r、w、a、t、b、+这 6 个字符组合二乘,各字符的含义如下。

（1）r(read)：读。

（2）w(write)：写。

（3）a(append)：追加。

（4）t(text)：文本文件，可省略不写。

（5）b(banary)：二进制文件。

（6）＋：读和写。

注意：

（1）用"r"打开的文件必须已经存在，且只能从该文件读出。

（2）用"w"打开的文件只能向该文件写入数据。若打开的文件不存在，则以指定的文件名建立该文件，若打开的文件已经存在，则将该文件删去，重建一个新文件。

（3）向一个已存在的文件追加新的信息（文件中原来的数据不删除），只能用"a"方式打开文件。但此时该文件必须是存在的，否则将会出错。

（4）用"r＋"、"w＋"、"a＋"方式打开的文件既可以写入数据，也可以输出数据。

（5）打开一个文件时会发生意外导致文件打开不成功，导致返回空指针。因此在进行文件打开操作时养成查错的习惯。常用如下程序段来进行文件打开操作：

```
fp3=fopen("file3","rb");
 if (fp3==NULL)
 {
    printf("\n error on open the file3! ");
    exit(0);
 }
```

10.2.2　文件的关闭

在文件操作完成之后，用关闭文件函数把文件关闭，避免文件的数据丢失。其实，文件的关闭操作就是使文件指针变量不再指向该文件。在上文中已经介绍，使用文件的输入和输出是靠内存中的缓冲区作为中介的。因此，在终止对文件的操作后，缓冲区内的数据需要写入对应的外部文件。而文件的关闭操作正是完成此工作，使停留在缓冲区的内容写入对应文件（不论缓冲区此时满还是不满），保证文件的完整性。另外，文件的关闭操作释放其对应的 FILE 结构体，使关闭的文件得到保护。

文件关闭操作调用的一般形式如下：

```
fclose(文件指针);
```

例如：

```
fclose(fp1);
```

用于关闭文件，即 fp1 不再指向该文件。若关闭文件成功，则函数返回值为 0；否则返回非零值。

文件操作一般分为如下几个步骤。

（1）定义文件指针：

```
FILE * fp;
```

（2）打开文件（使文件指针关联文件）：

```
fp=fopen(文件名,打开方式);
```

（3）读写文件。通过调用系统库函数读写文件,函数中都需要一个文件指针参数 fp。
（4）关闭文件（断开文件指针与文件的关联）：

```
fclose(fp);
```

10.2.3 文件的读写

C 语言中提供了多种文件的读写操作函数,有字符读写函数（fgetc()和 fputc()）、字符串读写函数（fgets()和 fputs()）、数据块读写函数（fread()和 fwrite()）以及格式化读写函数（fscanf()和 fprintf()）等。在程序中使用以上函数时,都要求包含头文件 stdio.h。

1. 字符读写函数 fgetc()和 fputc()

字符读写函数是以字符为单位的读写函数,一次只读写文件中的一个字符。

（1）字符读函数 fgetc()：从指定文件中读一个字符,调用形式如下：

```
字符变量=fgetc(文件指针);
```

例如：

```
ch=fgetc(fp);
```

表示将指针 fp 指向的文件中的一个字符读出,并赋给 ch。其中,fp 为文件型指针变量,ch 为字符变量。当执行 fgetc()函数时,若当时文件指针指到文件尾,即遇到文件结束标志 EOF（其对应值为-1）,该函数返回-1 给 ch,在程序中常用检查 fgetc()函数返回值是否为 -1 来判断是否已读到文件尾,从而决定是否继续往后读取。

例 10-1 从指定文件中依次读出字符直至文件结束。

程序代码如下：

```
#include <stdio.h>
#include <stdlib.h>
int main()
{
    FILE * fp;                      /*定义文件指针 */
    int ch;
    fp=fopen("input.txt","r");
    if (fp==NULL)                   /* 检查文件是否打开 */
    {
        printf("文件打开失败 \n");
        exit(0);
    }
    while (1)
```

```
    {
        ch=fgetc(fp);                      /* 在文件 input.txt 中获取一个字符赋值给 ch */
        if (ch==EOF)
            break;
        putchar(ch);
    }
    fclose(fp);
    return 0;
}
```

运行结果如下：

```
hello,world!
```

上述例程以只读方式打开一个称为 input.txt 的文件,并用 fgetc()函数从文件中读取字符赋值给字符变量 ch,将读取到的字符输出,并在程序中检测了 fgetc()函数得到的字符是不是 EOF(文件结束标志),如果是文件结束,则停止读取。

注意:这里使用 int ch,其实是因为最后判断结束标志时,是看 ch!= EOF,而 EOF 的值为-1,这显然不用 char 定义。所以,使用时都声明成 int ch。

(2) 字符写函数 fputc( ):指把一个字符写入指定的文件中,调用形式如下:

```
fputc(字符,文件指针);
```

其中,"字符"可以是字符变量或字符常量。

例如:

```
fputc('a',fp);
```

或者

```
fputc(ch,fp);
```

把字符常量'a'或字符变量 ch 的值写入 fp 所指向的文件中。若写入成功,则返回写入的字符;否则,返回 EOF。

例 10-2 从键盘上输入字符并依次写入文件中,以"\n"(回车)为输入结束标志。输入完成后从指定文件中依次读出字符并显示在屏幕上。

程序代码如下:

```
#include<stdio.h>
#include<stdlib.h>
int main()
{
    FILE * fp;
    char ch;
    if ((fp=fopen("file.txt","w"))==NULL)
    {
        printf("Cannot open file\n");
```

```
        exit(0);
    }
    printf("Input the char:\n");
    while (ch!='\n')
    {
        ch=getchar();
        fputc(ch,fp);
    }
    fclose(fp);
    if ((fp=fopen("file.txt","w"))==NULL)
    {
        printf("Cannot open file\n");
        exit(0);
    }
    printf("The Output is:\n");
    ch=fgetc(fp);
    while (ch!=EOF)
    {
        putchar(ch);
        ch=fgetc(fp);
    }
    fclose(fp);
    return 0;
}
```

运行结果如下：

```
Input the char:
Hello world! ↙
The Output is:
Hello world! ↙
```

在当前目录下打开文件名为 file.txt 的文件,在文件中可以看到"Hello world!"已经成功地被写到文件中了。

2. 字符串的读写函数 fgets()和 fputs()

(1) 读字符串 fgets()函数。从指定的文件中读一个字符串到字符数组中,调用的形式如下：

```
fgets(字符串数组名,n,文件指针);
```

其中,n 为正整数,表示从文件中读出字符串不超过 $n-1$ 个字符,在最后一个字符后加上结束标志'\0'形成一个有 n 个字符的字符串,读取出的字符串存放在字符数组里。

例如：

```
fgets(str,n,fp);                    /* 从 fp 指向的文件中读取 n-1 个字符送入字符数组 str 中 */
```

fgets()函数读到'\n'或者 EOF 就停止,而不管是否达到数目要求。同时在读取字符串的最后加上'\0'。fgets()函数执行完以后,返回一个指向该串的指针。如果读到文件尾或出错,则均返回一个空指针 NULL。

例 10-3　从文本文件 file1.txt 中读出一个含有 15 个字符的字符串,并在屏幕中输出。

程序代码如下:

```
#include<stdio.h>
#include<stdlib.h>
int main()
{
    FILE * fp;
    char str[50];
    if ((fp=fopen("file.txt ","r"))==NULL)
    {
        printf("Cannot open file \n");
        exit(0);
    }
    fgets(str,15,fp);
    printf("%s",str);
    fclose(fp);
    return 0;
}
```

运行结果如下:

```
Hello world!
```

(2) 写字符串的 fputs()函数。向指定文件写入一个字符串的操作,函数的调用形式如下:

```
fputs(字符串,文件指针);
```

其中,字符串可以是字符串常量,也可以是字符数组名或指针变量,fp 为文件型指针变量。字符串末尾的'\0'不输出,若输出成功,函数值返回为 0;否则,则返回 EOF。

例如:

```
fputs("hello,everyone!",fp);
```

把字符串"hello,everyone!"写入 fp 指向的文件中。

例 10-4　从文本文件 file1.txt 中读出字符串并写入文本文件 file2.txt 中。

程序代码如下:

```
#include<stdio.h>
#include<stdlib.h>
int main()
{
    FILE * fp;
    char str[50];
```

```
    if ((fp=fopen("file1.txt","w"))==NULL)
    {
        printf("Cannot open file \n");
        exit(0);
    }
    printf("请输入字符串:");
    gets(str);
    fputs(str,fp);
    fclose(fp);
    return 0;
}
```

运行结果如下：

请输入字符串:好好学习,天天向上!↙

在当前目录下打开文件名为 file1.txt 的文件,在文件中可以看到"好好学习,天天向上!"已经成功地被写入文件 file1.txt 中。

3. 数据块的读写函数 fread()和 fwrite()

1) 读数据块函数 fread()

fread()函数调用的一般格式如下：

```
fread(ptr, size, n, fp);
```

该函数用于从 fp 指向的文件中读取长度为 size 大小的 n 个数据项,并存入 ptr 所指的内存地址中。函数的返回值是实际读出的数据项个数。

例如：

```
fread(num,4,5,fp);
```

从 fp 指向的文件中,每次读 4 字节(一个实数)送入数组 num 中,连续读 5 次,即读 5 个实数到 num 中。

2) 写数据块函数 fwrite()

fwrite()函数调用的一般格式如下：

```
fwrite (ptr, size, n, fp);
```

该函数用于将 ptr 中存放的长度为 size 字节的 n 个数据项输出到 fp 指向的文件中。函数的返回值是实际写入的数据项个数。

注意：在调用 fwrite()函数和 fread()函数时,应该知道要操作的数据的类型格式,这样才能把处理数据进行写入或读入操作。

例 10-5　从键盘输入 5 个学生的信息,并用这些信息建立一个名为 student.dat 的磁盘文件。然后再从文件读出信息并显示在屏幕上。

程序代码如下：

```
#include<stdio.h>
#include<stdlib.h>
```

```c
#define N 5
struct stu {
    int num;                              /*学号*/
    char name[30];                        /*姓名*/
    float score[3];                       /*3门课成绩*/
}boy[N];
/*输入信息的函数*/
void input()
{
    int i,j;
        for (i=0;i<N;i++)
        {
            scanf("%d%s",&boy[i].num,&boy[i].name);
            for (j=0;j<3;j++)
                scanf("%f",&boy[i].score[j]);
        }
}
/*建立 student.dat 文件,将 n 个 boy 元素的数据写入该文件中*/
int savedata(struct stu boy[],int n)
{
    int i;
    FILE *fp;
    fp=fopen("student.dat","wb");
    if (fp==NULL)
    {
      printf("Cannot open file \n");
      return 0;
    }
    for (i=0;i<n;i++)
        fwrite(&boy[i],sizeof(struct stu),1,fp);
    fclose(fp);
    return 0;
}
/*将文件 student.dat 的内容读出并显示*/
void readprint(int n)
{
    int i,j;
    struct stu boy1[N];
    FILE *fp;
    fp=fopen("student.dat","rb");
    fread(&boy1,sizeof(struct stu),n,fp);
    printf("学号  姓名  成绩1成绩2成绩3\n");
    for (i=0;i<n;i++)
    {
        printf("%d%7s",boy1[i].num,boy1[i].name);
```

```
        for (j=0;j<3;j++)
            printf("%5.0f ",boy1[i].score[j]);
        printf("\n");
    }
    fclose(fp);
}
int main()
{
    printf("输入%d名学生\n学号 姓名 成绩1成绩2成绩3\n",N);
    input();
    if (savedata(boy,N)==1)
        readprint(N);
    return 0;
}
```

运行结果如下：

```
输入5名学生
学号    姓名      成绩1   成绩2   成绩3
101    li       56      75      43↙
102    luo      75      67      89↙
103    zhang    87      67      98↙
104    he       98      78      65↙
105    no       98      76      78↙
学号    姓名      成绩1   成绩2   成绩3
101    li       56      75      43
102    luo      75      67      89
103    zhang    87      67      98
104    he       98      78      65
105    no       98      76      78
```

4. 格式化读写函数 fprintf()和 fscanf()

格式化输入输出函数 fscanf()和 fprintf()与前面章节中的 scanf()和 printf()函数功能相似,区别在于读写对象由键盘和显示器变成了磁盘文件。

格式化读写函数调用形式如下：

fscanf(文件指针,格式字符串,输入表列);
fprintf(文件指针,格式字符串,输出表列);

例如：

fscanf(fp,"%d%c",&i,&ch);

从 fp 指向的文件中读出一个整数和一个字符,分别写入整型变量 i 和字符变量 ch 中。

fprintf(fp,"%d%s",j,str);

把整型变量 j 和字符串变量的值按照给定的格式输出到 fp 指向的文件中。

例 **10-6** 将自然数 1~5 及它们的平方数写入文件 myfile.dat 中,然后从文件中读出并计算它们的和,并将计算结果显示到屏幕上。

程序代码如下:

```
#include<stdio.h>
#include<stdlib.h>
int main()
{   FILE * fp;
    int i,a,n,sum=0;
    if ((fp=fopen("myfile.dat","w"))==NULL)      /* 以"w"打开文件,写入数据 */
    {
        printf("Cannot open file \n");
        exit(0);
    }
    for (i=1; i<=5; i++)
        fprintf(fp, "%d     %d\n", i, i * i );    /* 写入一行 */
    fclose(fp);                                   /* 写入结束,关闭文件 */

    if ((fp=fopen("myfile.dat", "r"))==NULL)      /* 以"r"重新打开文件,读取数据 */
    {
        printf("Cannot open file \n");
        exit(0);
    }
    for (i=1; i<=5; i++)
    {
        fscanf(fp,"%d %d",&n,&a);                 /* 读取一行 */
        sum+=a;
    }
    fclose(fp);                                   /* 读取结束,关闭文件 */
    printf("sum=%d\n", sum);                      /* 输出总和到屏幕 */
    return 0;
}
```

运行结果如下:

```
sum=55
```

10.2.4   文件缓冲区操作

C 语言提供了对文件缓冲区的两种操作方式,即缓冲区的清除与设置。

1. 文件缓冲区的清除

缓冲区的清除函数有两种:

```
int fflush(FILE * stream);
int flushall();
```

fflush()函数将清除由流指针 stream 指向的文件缓冲区里的内容,常用于写完一些数据后,立即用该函数清除缓冲区,以免误操作时,破坏原来的数据。

flushall()函数将清除应用程序打开的所有文件所对应的文件缓冲区。

fflush()函数用来强制刷新缓冲区数据。如果需要在每次 I/O 操作前后不希望缓冲中存在历史数据或者为了清除缓存等的时候使用,通常是为了确保不影响后面的数据读取。例如,在读完一个字符串后紧接着又要读取一个字符,此时应该先执行

```
fflush(stdin);
```

2. 文件缓冲区的设置

缓冲区的设置函数也有两种:

```
void setbuf (FILE * stream,char * buf);
void setvbuf(FILE * stream,char * buf,int type,unsigned size);
```

程序输出有两种方式:一种是即时处理方式,另一种是先暂存起来,然后再大块写入的方式,前者往往造成较高的系统负担。因此,C语言实现通常都允许程序员进行实际的写操作之前控制产生的输出数据量。这种控制能力一般是通过库函数 setbuf()实现的。

这两个函数将使应用程序打开文件后,用户可建立自己的文件缓冲区,而不使用 fopen()函数打开文件设定的默认缓冲区。

对于 setbuf()函数,buf 指出的缓冲区的长度,由头文件 stdio.h 中声明的宏 BUFSIZE 的值决定,默认值为 512 字节。当选定 buf 为空时,setbuf()函数将使文件 I/O 不带缓冲区。而对 setvbuf()函数,则由 malloc()函数分配缓冲区。参数 size 指明了缓冲区的长度(必须大于 0),而参数 type 则表示了缓冲的类型。具体如下。

(1) _IOFBF:文件全部缓冲,即缓冲区装满后,才能对文件读写。

(2) _IOLBF:文件行缓冲,即缓冲区接收到一个换行符时,才能对文件读写。

(3) _IONBF:文件不缓冲,此时忽略 buf,size 的值,直接读写文件,不再经过文件缓冲区缓冲。

例 10-7 将输入数据流关联至一个缓冲区,随后清除该缓冲区。

程序代码如下:

```
#include<stdio.h>
char inbuf[BUFSIZ];
int main(void)
{
    char a[100];
    setbuf(stdin, inbuf);
    printf("Input a string=");
    scanf("%s",a);
    puts(inbuf);                          /* 往缓冲区写入数据 */
    if (0==flushall())                    /* 清空文件缓冲区 */
        puts(inbuf);
    return 0;
}
```

运行结果如下：

```
Input a string=clear↙
clear
```

程序将缓冲区与输出流关联，提示用户输入字符串，待用户输入完成后，字符串保存在缓冲区中，puts()函数将其输出，flush all()函数用于清空缓冲区后输出结果为空。

10.2.5 文件的随机读写

前面介绍的是对文件的字符或字符串进行读写操作，均是进行文件的顺序读写，即总是从文件的开头开始进行读写。本节主要讲述另一种文件读写操作——随机读写操作。

C语言提供了移动文件指针的函数具体如下：

```
long ftell(FILE *stream);
int rewind(FILE *stream);
int fseek(FILE *stream,long offset,int origin);
```

ftell()函数用来得到流指针 stream 指向的文件中，文件指针离文件开头的偏移量。当返回值是-1时表示出错。调用此函数就能很容易的确定文件指针的当前位置。

rewind()函数用于流指针 stream 指向的文件中，文件指针移到文件的开头，当移动成功时，返回 0，否则返回一个非 0 值。

fseek()函数用于流指针 stream 指向的文件中，把文件指针以 origin 为起点移动 offset 个字节的操作。其中 origin 指出的位置可有以下几种。

（1）SEEK_SET 为 0：表示位置在文件开头。

（2）SEEK_CUR 为 1：表示位置在文件指针当前位置。

（3）SEEK_END 为 2：表示位置在文件尾。

例 10-8 获取文件的指针的当前位置。

程序代码如下：

```
#include<stdio.h>
int main()
{
    FILE * stream;
    stream=fopen("MYFILE.TXT","w+");
    fprintf(stream,"This is a test");
    printf("The file pointer is at byte %ld\n",ftell(stream));
    fclose(stream);
    return 0;
}
```

运行结果如下：

```
The file pointer is at byte 14
```

上述例子以可写的方式打开一个名为 MYFILE.TXT 的文件，并用 ftell 返回当前文件指针所在的位置，用 printf 打印出来。

例 10-9 文件指针的定位操作。

程序代码如下：

```c
#include<stdio.h>
#include<stdlib.h>
int main()
{
    FILE * fp;
    int flen;
    char * p;
    if ((fp=fopen("myfile.txt","r"))==NULL)
    {
        printf("file open error\n");
        exit(0);
    }
    fseek(fp,0L,SEEK_END);
    flen=ftell(fp);
    p=(char *)malloc(flen+1);
    if (p==NULL)
    {
        fclose(fp);
        return 0;
    }
    fseek(fp,0L,SEEK_SET);
    fread(p,flen,1,fp);
    p[flen]=0;
    printf("%s\n",p);
    fclose(fp);
    free(p);
    return 0;
}
```

运行结果如下：

```
hello world!
```

上述例程以可读的方式打开 myfile.txt 文件，fseek() 函数先将文件指针定位到文件尾，再用 ftell() 函数读出文件指针的偏移量。然后将文件指针指到文件开头，并读取 1 字节到 p 所指的开辟的空间中，然后打印出来。由于 fseek() 函数的第二个参数要求是长整型数，故其数后带 L。

例 10-10 学生信息文件 student.dat 中追加写入一个学生的信息，然后将文件中所有学生信息显示在屏幕上。

程序代码如下：

```c
#include<stdio.h>
#include<stdlib.h>
struct stu
{
    int num;                                    /*学号*/
    char name[30];                              /*姓名*/
    float score[3];                             /*3门课成绩*/
};
int main()
{
    struct stu st;
    int j;
    FILE * fp;
    printf("输入学生\n学号 姓名 成绩1 成绩2 成绩3\n");
    scanf("%d%s",&st.num,&st.name);
    for (j=0;j<3;j++)
        scanf("%f",&st.score[j]);
    fp=fopen("student.dat","ab+");              /* "ab+"方式打开磁盘文件*/
    if (fp==NULL)
    {
      printf("Cannot open file \n");
      exit(0);
    }
    fwrite(&st,sizeof(struct stu),1,fp);        /*将数据追加写入磁盘文件*/
    rewind(fp);                       /*重置文件位置指针于文件开始处,以便读取文件*/
    printf("学号  姓名  成绩1 成绩2 成绩3\n");
    while (fread(&st,sizeof(struct stu),1,fp))  /*读取一个struct student数据*/
    {
        printf("%d%7s",st.num,st.name);
        for (j=0;j<3;j++)
            printf("%5.0f ",st.score[j]);
        printf("\n");
    }
    fclose(fp);
    return 0;
}
```

运行结果如下：

```
输入学生
学号    姓名    成绩1  成绩2  成绩3
106   cheng    87     89     90↙
```

学号	姓名	成绩1	成绩2	成绩3
101	li	56	75	43
102	luo	75	67	89
103	zhang	87	67	98
104	he	98	78	65
105	no	98	76	78
106	cheng	87	89	90

例 10-11 输出学生信息文件 student.dat 中的所有学生学号,其他信息忽略。

分析:student.dat 文件是由 struct stu 类型的数据建立的,struct stu 总长度为 48 字节,其中 num 成员长度为 4 字节,即意味着每读完一个学号,必须由当前位置移动 44 字节才是下一个学生的学号。

程序代码如下:

```c
#include<stdio.h>
#include<stdlib.h>
struct stu
{
    int num;                                    /* 学号 */
    char name[30];                              /* 姓名 */
    float score[3];                             /* 3门课成绩 */
};
int main()
{
    int stu_num;
    FILE * fp;
    if ((fp=fopen("student.dat","rb"))==NULL)   /* "rb"方式打开磁盘文件 */
    {
        printf("Cannot open out file!\n");
        exit(0);
    }
    printf("学号:\n");
    while (fread(&stu_num,4,1,fp))               /* 读取一个 num 数据 */
    {
        printf("%d\n",stu_num);                 /* 显示 */
        fseek(fp,44L,1) ;
    }
    printf("\n");
    return 0;
}
```

运行结果如下:

```
学号：
101
102
103
104
105
106
```

10.2.6 文件的检测

C 语言中常用的文件检测函数有以下几个。

1. 文件结束检测函数 feof()

调用格式如下：

```
feof(文件指针);
```

该函数用于判断文件是否处于文件结束位置，若文件结束，则返回值为 1；否则，返回值为 0。

2. 读写文件出错检测函数 ferror()

调用格式如下：

```
ferror(文件指针);
```

该函数用于检查文件在用各种输入输出函数进行读写时是否出错。若 ferror() 函数返回值为 0，则表示未出错；否则，表示有错。

3. 文件出错标志和文件结束标志置 0 函数 clearerr()

调用格式如下：

```
clearerr(文件指针);
```

该函数用于清除出错标志和文件结束标志，使它们为 0 值。

例 10-12 从键盘输入一些字符值，将它们写入磁盘文件，当从键盘输入"♯"时结束。

程序代码如下：

```
#include<stdio.h>
int main()
{
    FILE * fp;
    char ch,fname[10],err_flag=0;           /* err_flag 为读写磁盘文件出错标志 */
    printf("\nEnter a filename: ");
    scanf("%s",fname);
    if ((fp=fopen(fname,"w"))==NULL)       /* 打开(建立)磁盘文件 */
        printf("Cannot open out file! \n");
    while ((ch=getchar())!='#')
    {
        fputc(ch, fp);                      /* 写入磁盘文件 */
```

```
        if (ferror(fp))                    /* 测试读写磁盘文件是否有错 */
        {
            err_flag=1;                    /* 错误处理 */
            break;
        }
        putchar(ch);
    }
    if (err_flag)
        printf("\nWrite disk err! \n");    /* 屏幕提示读写错误 */
    else
        printf("\nO.K! \n");               /* 屏幕提示读写正确 */
    return 0;
}
```

运行结果如下：

```
Enter a filename: mywords.c↙
I love china #
I love china
O.K!
```

10.3　库　文　件

C 语言提供了丰富的系统文件，称为库文件。C 语言的库文件分为两类。一类是扩展名为.h 的文件，称为头文件，在前面的包含命令中已多次使用过。在.h 文件中包含了常量声明、类型声明、宏声明、函数原型以及各种编译选择设置等信息。另一类是函数库，包括了各种函数的目标代码，供用户在程序中调用。通常在程序中调用一个库函数时，要在调用之前包含该函数原型所在的.h 文件。

Turbo C 的全部.h 文件如下。

ALLOC.H：说明内存管理函数（分配、释放等）。

ASSERT.H：定义 assert 调试宏。

BIOS.H：说明调用 IBM-PC ROM BIOS 子程序的各个函数。

CONIO.H：说明调用 DOS 控制台 I/O 子程序的各个函数。

CTYPE.H：包含有关字符分类及转换的各类信息，例如 isalpha 和 toascii 等。

DIR.H：包含有关目录和路径的结构、宏定义和函数。

DOS.H：定义和说明 MS DOS 和 Intel 8086 处理器调用的一些常量和函数。

ERRON.H：定义错误代码的助记符。

FCNTL.H：定义在与 open 库子程序连接时的符号常量。

FLOAT.H：包含有关浮点运算的一些参数和函数。

GRAPHICS.H：说明有关图形功能的各个函数，图形错误代码的常量定义，正对不同驱动程序的各种颜色值，以及函数用到的一些特殊结构。

IO.H：包含低级 I/O 子程序的结构和说明。

LIMIT.H：包含各环境参数、编译时间限制、数的范围等信息。

MATH.H：说明数学运算函数，还定了 HUGE VAL 宏，说明了 matherr 和 matherr 子程序用到的特殊结构。

MEM.H：说明一些内存操作函数，其中大多数也在 STRING.H 中说明。

PROCESS.H：说明进程管理的各个函数，spawn() 和 EXEC() 函数的结构说明。

SETJMP.H：定义 longjmp() 和 setjmp() 函数用到的 jmp buf 类型，说明这两个函数。

SHARE.H：定义文件共享函数的参数。

SIGNAL.H：定义 SIG_IGN 和 SIG_DFL 常量，说明 raise() 和 signal() 两个函数。

STDARG.H：定义读函数参数表的宏。例如 vprintf()、vscarf() 函数。

STDDEF.H：定义一些公共数据类型和宏。

STDIO.H：定义 Kernighan 和 Ritchie 在 UNIX System V 中定义的标准和扩展的类型和宏。还定义标准 I/O 预定义流：stdin，stdout 和 stderr，说明 I/O 流子程序。

STDLIB.H：说明一些常用的子程序，如转换子程序、搜索/排序子程序等。

STRING.H：说明一些串操作和内存操作函数。

SYS\STAT.H：定义在打开和创建文件时用到的一些符号常量。

SYS\TYPES.H：说明 ftime() 函数和 timeb 结构。

SYS\TIME.H：定义时间的类型 time_t。

TIME.H：定义时间转换子程序 asctime、localtime 和 gmtime 的结构，ctime、difftime、gmtime、localtime 和 stime 用到的类型，并提供这些函数的原型。

VALUE.H：定义一些重要常量，包括依赖机器硬件的和为与 UNIX System V 相兼容而说明的一些常量，包括浮点和双精度值的范围。

本 章 小 结

本章主要学习要点如下。

（1）了解文件类型和文件缓冲区及文件指针的概念。

（2）掌握打开和关闭文件的方法。

（3）掌握文件的读写的方法。

（4）掌握文件定位与随机读写的方法。

（5）熟悉文件检测函数。

习 题 10

1. 找出一个文件 file.txt 中数字字符的个数（文件自己设定）。

2. 求一个任意给定文件的行数。

3. 两个文件 f1.txt、f2.txt 中分别存着任意一个数字字符串，试打印出两个数字字符串和两数之和。

4. 打开文件 file1.txt，读取其中的字符并计其个数，打印读取的字符以及字符个数。

5. 打开文件 file.txt,读取从第一行的第 4 个字符开始后的所有字符并计其个数,打印读取的字符以及字符个数(注意,file.txt 中字符至少有两行,每行不得少于 4 个字符)。

6. 将从磁盘文件 f1.txt 中读取的字符输入磁盘文件 f2.txt 后,打印 f2.txt(注意,f1.txt 的位置和字符均由自己定)。

7. 将磁盘文件 f1.txt 和 f2.txt 中的字符按先后顺序输入磁盘文件 f3.txt 中(注意,f1.txt、f2.txt 的位置和字符均由自己定)。

8. 给定一个含有 n 个字符的文件 f1.txt,在这 n 个字符的第 1 行第 4 个字符处插入一个给定的字符串并打印修改后文件中的字符串。例如,源文件里面的内容是"12345",插入"abc"后,结果为"123abc45"。

9. 给定一个含有 n 个字符的文件 f1.txt,将这 n 个字符按照数字、大写字母、小写字母、其他字符的顺序进行排序,并打印出来。例如,源文件里面的内容是"1a23b45C-",结果为"12345Cab-"(注意,f1.txt 的位置和字符均由自己定)。

10. 将磁盘文件 f1.txt 和 f2.txt 中的字符读出,按照数字、大写字母、小写字母,其他字符的顺序输入磁盘文件 f3.txt 中,并打印出来(注意,f1.txt、f2.txt 的位置和字符均由自己定)。

第11章 位 运 算

在 C 语言出现之前,操作系统的各种开发工具为汇编语言,汇编语言体积小,运行速度快,C 语言提供了位运算的操作,以致 C 语言能部分地取代汇编语言,位运算能用来操作表示数据值的位序列,运算所用的运算符就被称为位运算符。程序中,所有的数值在计算机内存里都是以二进制的形式储存的,位运算符只能用于整型操作数(带符号或无符号的 char、short、int、long 类型),即位运算只对整数在内存中的二进制位进行操作。

本章知识体系如图 11-0 所示。

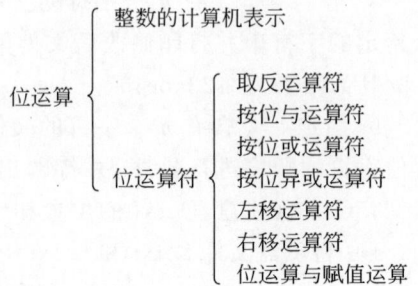

位运算 {
  整数的计算机表示
  位运算符 {
    取反运算符
    按位与运算符
    按位或运算符
    按位异或运算符
    左移运算符
    右移运算符
    位运算与赋值运算
  }
}

图 11-0　本章知识体系

11.1　整数的计算机表示

计算机处理的数据均以二进制形式存储,并且采用二进制进行运算可以很直观地分析程序运行的结果。由于一个较大的整数对应的二进制数位数太长了,因此为了方便记录,常使用八进制数或者十六进制数来表示二进制数。前面章节中已经介绍过整数可分成有符号数和无符号数,在 C 语言中,有 8 位长、16 位长和 32 位长的表示形式。本章只以 16 位整数为例来讨论整数的表示。

整数的表示依赖实现,并且决定于程序所运行的计算机的体系结构,本章讨论的是在 Intel 80x86 微处理器体系结构制约下的整数内部表示问题。

类似表 11-1 中的表示方法,在以二进制形式表示整数值时,值的最低有效位(least significant bit,LSB)列在最右边,称为第 0 位,其他位顺序从右向左排列,最左边的位被称为最高有效位(most significant bit,MSB),如图 11-1 所示。

表 11-1　十六进制与二进制位的对应关系

十 六 进 制	二 进 制	十 六 进 制	二 进 制
0	0000	8	1000
1	0001	9	1001
2	0010	A	1010
3	0011	B	1011
4	0100	C	1100
5	0101	D	1101
6	0110	E	1110
7	0111	F	1111

对于 16 位的无符号整数,最高有效位是第 15 位。对于有符号整数,最高有效位是第 14 位,第 15 位是符号位,如图 11-1(b)阴影部分所示。如果符号位为 1,则表示一个负数,如果符号位为 0,则表示是一个正数。

负数在表示时,除符号位之外,其余各位是由该负数的绝对值的二进制表示的位序列求反(0 求反之后为 1,1 求反之后为 0)之后的结果值进行二进制加 1 运算之后的位序列。下面是 +7 和 −7 的二进制表示。如图 11-2 所示。

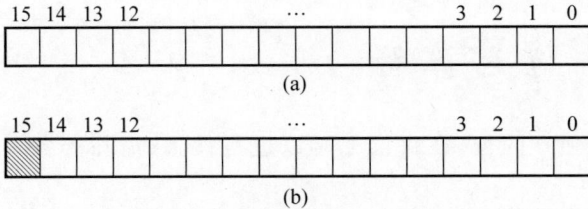

图 11-1　无符号整数和有符号整数　　　　图 11-2　+7 和 −7 的二进制表示

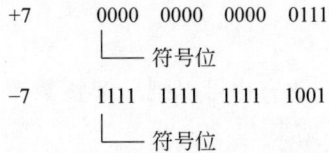

当不同类型的整数参与计算时,要进行类型转换。当一种长度的有符号整数转换为相同长度的无符号整数时,表示数据值的位序列不变,而只是将符号位作为数据的有效位对待。类似地,当将一种长度的无符号数转换为相同长度的有符号数时,只简单地将原数据值的最高有效位作为符号位对待。这种策略使得将一个有符号数转换为无符号数,然后再由转换后的无符号数转换为有符号数时,值的大小和符号不变。

当将一种长度的有符号数转换为更长(例如 32 位)的整数时,转换是通过复制符号位进行的。例如,将 −7 转换为 long 类型的过程如图 11-3 所示。

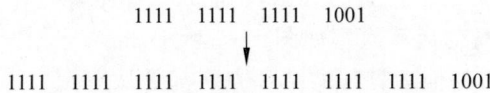

图 11-3　将 −7 转换为 long 类型的过程

这里,由于符号位为 1,所以,增加的位使用 1 填补。

将 7 转换为 long 类型的过程如图 11-4 所示。

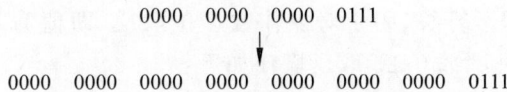

图 11-4　将 7 转换为 long 类型的过程

这里,由于符号位为 0,所以,增加的位使用 0 填补。

这种转换策略既不改变值的大小,也不改变符号位。

如果将 −7 转换为 unsigned long 类型的整数,那么,也是先转换为 long,再由 long 转换为 unsigned long。

当将一种长度(例如 16 位)的整数转换为较短的整数时,转换过程只是简单地将被转换的值的位序列截短为所需要的位数,将这个位序列解释为所需要类型的数据值。例如,将 long 类型的 −7 转换为 int 类型的过程如图 11-5 所示。

这种转换在不超出结果类型的值域的情况下,总可以保持值的大小和符号位不变。

$$1111 \quad 1111 \quad 1111 \quad 1111 \quad 1111 \quad 1111 \quad 1111 \quad 1001$$

$$\downarrow$$

$$1111 \quad 1111 \quad 1111 \quad 1001$$

图 11-5 将 long 类型的 -7 转换为 int 类型的过程

后续会看到,由于符号位扩展机制的特性,在进行位运算时必须考虑程序在不同字长计算机系统间的可移植性问题。

11.2 位 运 算 符

C 语言中可以把一个整数看成若干独立的位,在每位上可以进行设置、清除等各种运算,详见表 11-2。

表 11-2 位运算

运 算 符	含 义	运 算 符	含 义
&	按位与	~	取反
|	按位或	<<	左移
∧	按位异或	>>	右移

说明:

(1) 位运算符中除"~"外,均为二元位运算符。

(2) 操作数只能是整型或字符型的数据,不能是实型数据。

6 种位运算符从低到高的运算次序如图 11-6 所示。

除取反运算符"~"外,其他运算符的结合方向都是从左到右。

在学习位运算时,应关注运算的逻辑性、功能性,而不应从数值上找答案。不同的运算符具有不同的功能。

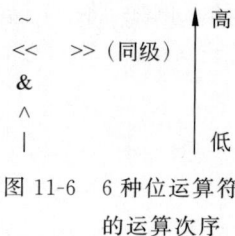

~ 高
<< >> (同级)
&
∧
\| 低

图 11-6 6 种位运算符的运算次序

11.2.1 取反运算符~

取反运算符又称位非运算符,用于对操作数逐位取反,即值为 0 的位变为 1,值为 1 的位变为 0。例如,对十六进制数 0x23 取反操作如下:

$$C = 0x23 \quad 0010\ 0011$$

$$\sim C = 0xDC \quad 1101\ 1100$$

主要用于间接构造一个数,以增强程序的可移植性。

例 11-1 对整数对应的二进制数进行取反,并输出取反后对应的整数。

程序代码如下:

```
#include<stdio.h>
int main()
{
  int a=076;
  printf("%d",~a);
```

```
    return 0;
}
```

运行结果如下：

```
-63
```

11.2.2 按位与运算符 &

按位与运算的规则是只有对应位上均为1时其结果才为1,否则为0。例如对整数3和9进行按位与操作,如下：

$$
\begin{array}{r}
3 = 0011 \\
\&\ 9 = 1001 \\
\hline
1 = 0001
\end{array}
$$

注意：如果参与 & 运算的数是负数(如 $-3\&-9$),则要以补码形式表示为对应的二进制数,在进行对应位上的"与"运算。

与运算通常用于二进制的取位操作,例如一个数 & 1 的结果就是取二进制的最末位。这可以用来判断一个整数的奇偶,二进制的最末位为 0 表示该数为偶数,最末位为 1 表示该数为奇数。

例 11-2 对两整数按位进行与运算,并输出运算结果。

程序代码如下：

```
#include<stdio.h>
int main()
{
    int a,b;
    a=0x45;
    b=0x71;
    printf("Result of %x & %x=%x\n", a, b,(a&b));
    return 0;
}
```

运行结果如下：

```
Result of 45 & 71=41
```

与运算可以实现对数据的某些位进行清"0"或者保留部分位的操作。例如,实现对数据 a 的高 8 位清"0",保留低 8 位,则只需要作 a&255 即可(255 的二进制数为 0000000011111111)。又如,对二进制数 10100011,要保留其中从左至右的第 2、3、4、6、8 位,则需要找一个数其对应为上为 1,其他为 0 与之进行按位与操作如下：

$$
\begin{array}{r}
1010\ 0011 \\
\&\quad 0111\ 0101 \\
\hline
0010\ 0001
\end{array}
$$

11.2.3　按位或运算符

按位或运算是指对应位上均为 0 时结果才为 0。例如,9 和 5 按位或运算如下:

$$9 = 0000\ 1001$$
$$|\quad 5 = 0000\ 0101$$
$$\overline{\quad\quad\quad\quad 0000\ 1101}$$

按位或运算主要用于把某些位置 1。例如,对十进制数 9 的低 4 位置 1,其他位上维持不变,则只需要将 9 与 00001111 进行按位或的运算即可。

按位或运算通常用于二进制特定位上的无条件赋值,例如一个数 or 1 的结果就是把二进制最末位强行变成 1。如果需要把二进制最末位变成 0,对这个数 or 1 之后再减 1 就可以了,其实际意义就是把这个数强行变成最接近的偶数。

例 11-3　对两个整数进行按位或运算,并输出运算结果。

程序代码如下:

```
#include<stdio.h>
int main()
{
    int a=060;
    int b=017;
    printf("%d",a|b);
    return 0;
}
```

运行结果如下:

```
63
```

对于以上程序,其计算过程如下:

$$00110000\quad(060)$$
$$|\quad 00001111\quad(017)$$
$$\overline{\quad 00111111\quad(063)}$$

11.2.4　按位异或运算符 ∧

两个操作数进行按位异或运算时,对应位上相同时结果为 0,不同则结果为 1。表 11-3 给出了异或运算真值表。

表 11-3　异或运算真值表

输入 1	输入 2	输入 1 ∧ 输入 2	输入 1	输入 2	输入 1 ∧ 输入 2
0	0	0	1	0	1
0	1	1	1	1	0

例如进行两个数的异或操作如下:

$$\begin{array}{r} 0000 \quad 1001 \quad 1011 \quad 1001 \\ \wedge \quad 0000 \quad 0000 \quad 1000 \quad 0011 \\ \hline 0000 \quad 1001 \quad 0011 \quad 1010 \end{array}$$

异或运算可以实现一个数的某(些)位翻转,即原来为 1 的位变为 0,为 0 的变为 1,要想实现哪几位翻转就将其与对应为上为 1 的数进行按位与的操作。例如,实现对二进制数 11010101 低 4 位的翻转而其他位保持不变,只需将其与 00001111 进行异或操作,如下:

$$\begin{array}{r} 1101 \quad 0101 \\ \wedge \quad 0000 \quad 1111 \\ \hline 1101 \quad 1010 \end{array}$$

另外,利用异或运算实现两个数的交换在实际应用中也比较常见。例如,若 a＝6,b＝7,想使 a 和 b 的值进行互换,可用以下赋值语句实现:

```
a=a∧b;
b=b∧a;
a=a∧b;
```

此时,a＝7,b＝6。读者可自行验证结果的正确性。下面给出对应的解释。

① 执行前两个赋值语句:

```
a=a∧b;
```

和

```
b=b∧a;
```

相当于

```
b=b∧(a∧b);
```

② 再执行第三个赋值语句:

```
a=a∧b;
```

由于 a 的值等于(a∧b),b 的值等于(b∧a∧b),因此,相当于 a＝a∧b∧b∧a∧b,即 a 的值等于 a∧a∧b∧b∧b,等于 b。

异或运算的逆运算是它本身,也就是说两次异或同一个数最后结果不变,即(a∧b)∧b ＝a,所以 xor 运算可以用于简单的加密。

11.2.5 左移运算符＜＜

左移运算是双目运算符,一般使用形式如下:

操作数 1<<操作数 2

其中,操作数 1 是待左移的数据,操作数 2 表示左移的次数。在左移过程中,右边空出的位补 0,左边移出的位被舍弃。例如,a＜＜2 表示 a 的各二进位向左移动 2 位。例如 a＝00001101(十进制 13)左移 2 位后为 00110100(十进制 52)。

二进制数左移 1 位相当于乘以 2,就像十进制数左移一位相当于乘以 10。

11.2.6 右移运算符＞＞

与左移运算类似,右移运算符的使用形式如下:

操作数 1 >>操作数 2

这个表达式的运算结果为将"操作数 1"的值的位序列右移"操作数 2"的值所表示的次数之后的值。右边移出的位被舍弃。对于无符号数,左边空出的位补 0;对于有符号数,左边空出的位按符号位复制。

例如,a＝15,a＞＞2 表示把 000001111 右移为 00000011(十进制 3)。需要注意的是,对于有符号数,在右移时,符号位将随同移动。换句话说,当为正数时,符号位为 0,空出的位补 0,而为负数时,符号位为 1,最高位是补 0 或是补 1 取决于编译系统的规定。Turbo C 和很多系统规定为补 1。

二进制数右移 1 位相当于除以 2。

11.2.7 位运算与赋值运算的结合

位运算符与赋值运算符可以组成复合赋值运算符,包含 &＝、|＝、>>＝、<<＝、∧＝。
例如,a&＝b 相当于 a＝a&b,a<<＝2 相当于 a＝a<<2。

11.2.8 位运算举例

例 11-4 从键盘上输入一个正整数,并输出其 6～9 位对应的整数。

基本思路如下:对输入的数右移 6 位,用二进制数 00001111 对应的整数(即 15)与之进行按位与操作,结果即为原数其 6～9 位对应的整数。

程序代码如下:

```
#include<stdio.h>
int main()
{
    int a,b;
    printf("Input an integer number:");
    scanf("%d",&a);
    a>>6;
    b=~(~0<<4);
    printf("The result is:%d\n",a&b);
    return 0;
}
```

运行结果如下:

```
Input an integer number:123↙
The result is:11
```

例 11-5 从键盘上输入一个八进制数 a,按给定的次数右循环移动 n 次(右移出去的位依次补充到最高位),结果保存至 c 中。

基本思路如下：首先将 a 的右端 n 位存放到 b 中的高 n 位中，然后将 a 右移 n 位，并在其左高位补 0，最后将 b 与 c 进行按位或运算即的结果。

程序代码如下：

```
#include<stdio.h>
int main()
{
    unsigned a,b,c;
    int n;
    scanf("a=%o,n=%d",&a,&n);
    b=a<<(16-n);
    c=a>>n;
    c=c|b;
    printf("The result is:%d\n",c);
    return 0;
}
```

运行结果如下：

```
a=36521,n=2↙
The result is:257183572
```

本 章 小 结

本章主要学习要点如下。

（1）了解位的基本概念。

（2）熟悉二进制数的运算方法。

（3）掌握各种位运算的方法和技巧。

（4）掌握数值的转换方法和技巧。

习 题 11

1. 编写程序，实现由键盘任意输入一个整数，判断这个数的第 0 位是否为 1（最右边为第 0 位）。

2. 编写程序，实现由键盘任意输入一个整数，将其低 4 位翻转后打印出来。

3. 编写程序，实现由键盘任意输入一个整数，将其左移 3 位后，打印出结果。

4. 编写程序，实现由键盘任意输入一个整数，使其低 4 位全部为 1，其他位不变。

5. 编写程序，实现由键盘任意输入一个整数，将其二进制的第 3 位到第 7 位取反，然后打印出这个数。

6. 编写程序，实现由键盘任意输入一个整数，将其与 8 异或后左移 3 位，再将低 2 位取反，然后打印出这个数。

7. 编写程序，通过移位计算 2^5。

8. 阅读以下程序，判断变量 len 的值。

```c
struct test1 {
    char a:1;
    char :2;
    long b:3;
    char c:2;
};
int len=sizeof(test1);
```

9. 阅读以下程序，给出程序输出结果。

```c
struct BitSeg1 {
    int a:4;
    int b:3;
};
struct BitSeg2 {
    char a:4;
    char b:3;
};
int main()
{
    struct BitSeg1 ba1;
    ba1.a=1;
    ba1.b=2;
    printf("第一次赋值后：a 的值为%d\tb 的值为:%d\n",ba1.a,ba1.b);
    ba1.a=100;    ba1.b=30;
    printf("第二次赋值后：a 的值为%d\tb 的值为:%d\n",ba1.a,ba1.b);
    char str[]="0123";
    memcpy(&ba1,str,sizeof(BitSeg1));
    printf("第三次赋值后：a 的值为%d\tb 的值为:%d\n",ba1.a,ba1.b);
    printf("BitSeg1 的字节数为%d\n",sizeof(BitSeg1));
    printf("BitSeg2 的字节数为%d\n",sizeof(BitSeg2));
    return 0;
}
```

第 12 章 编译预处理

预处理是指在编译前根据编译预处理指令对源程序的一些处理工作。C 源程序中加入一些预处理命令,可以提高编程效率,有利于模块化程序设计。

C 语言提供的预处理功能主要有宏声明、文件包含、条件编译 3 种,分别用宏声明命令(♯define)、文件包含命令(♯include)、条件编译命令(♯ifdef…♯endif 等)实现,这些命令以"♯"开头。预处理命令是由 ANSI C 统一规定的,它们不是语言本身的组成部分,不能直接对它们进行编译。必须在对程序进行常规的编译之前,先根据预处理命令对程序作相应的处理,通常是进行宏声明的替换及包含文件的嵌入等操作。经过预处理后程序不再包括预处理命令,最后再由编译程序对预处理后的源程序进行常规的编译处理,得到可供执行的目标代码。

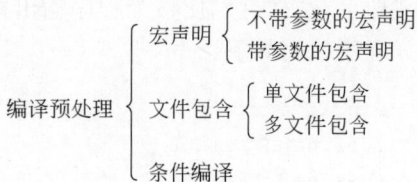

本章知识体系如图 12-0 所示。

编译预处理 {
宏声明 { 不带参数的宏声明 / 带参数的宏声明 }
文件包含 { 单文件包含 / 多文件包含 }
条件编译
}

图 12-0 本章知识体系

12.1 宏 声 明

在 C 语言源程序中允许用一个标识符来表示一个字符串,称为宏。被声明为宏的标识符称为宏名。在编译预处理时,对程序中所有出现的宏名,都用宏声明中的字符串去代换,称为宏展开。C 语言用 ♯define 命令进行宏声明,宏声明分为不带参数的宏声明和带参数的宏声明两种。

12.1.1 不带参数的宏声明

1. 不带参数的宏声明形式

♯define 标识符 字符串

例如:

```
♯define PI 3.14
…
s=PI * r * r;
```

其中,♯define 为宏声明命令,PI 是宏名,为了与一般的变量名或函数名区别,宏名常用大写字母表示。在编译预处理时,程序中该命令以后出现的所有标识符 PI 都用 3.14 代替。如果程序要求 PI 精确到小数点后 7 位,只需修改为

```
♯define PI 3.1415926
```

采用宏声明进行常量置换,可以减少程序出错,提高程序通用性。宏声明还常用于声明

数组大小：

```
#define ARRAY_SIZE 100
int score[ARRAY_SIZE];
```

先指定数组大小 ARRAY_SIZE 为 100，然后声明一个大小是 100 的整型数组 score，当要改变 score 数组大小为 2000 时，只需修改为

```
#define ARRAY_SIZE 2000
```

宏声明也可用于字符串置换。

例 12-1 用宏声明输出格式。

基本思路：先用宏声明输出格式，在程序中要求输出时，根据需要选择已声明好的输出格式即可，这样可以使整个程序输出格式得到统一。

程序代码如下：

```
#include<stdio.h>
#define PR printf
#define D "%d\n"
#define F "%5.2f\n"
int main()
{
    int a=10,b=13,c=19;
    float f1=18.2, f2=10.5, f3=37.69;
    PR(D F,a,f1);
    PR(D F,b,f2);
    PR(D F,c,f3);
    return 0;
}
```

运行结果如下：

```
10
18.20
13
10.50
19
37.69
```

2. 相关说明

（1）不能重复进行宏声明。

（2）宏声明是用宏名来表示一个字符串，在宏展开时仅以该字符串取代宏名，预处理程序对它不作任何检查。字符串中可以含任何字符，可以是常数，也可以是表达式。例如：

```
#define AMULB a * b
y=AMULB;
```

（3）宏声明不是 C 语句，在行末不必加"；"。如有"；"，则连"；"一起替换。例如：

```
#define PI 3.14;
area=PI*r*r;
```

宏展开后变为

```
area=3.14; *r*r;
```

在编译时会出现语法错误。

（4）宏声明可以嵌套，即在宏声明的字符串中可以使用已经声明的宏名。例如：

```
#define PI 3.14
#define R 3
#define S PI*R*R        /* PI,R是已声明的宏名 */
```

若有语句

```
y=S;
```

则在编译时被替换为

```
y=3.14*3*3;
```

（5）程序中，""" """中的字符串，即使与宏名相同，也不会被替换。例如：

```
#define A 3
```

若

```
printf("A=",A);
```

则""" """内的 A 不被替换，将原样输出。

运行结果如下：

```
A=3
```

（6）宏声明必须写在函数之外，通常将＃define 命令放在程序的开头，其作用域为宏声明命令起到源程序结束。可使用＃undef 命令结束前面声明的宏，使它的作用域到此为止。

例 12-2 宏声明的作用域。

程序代码如下：

```
#include<stdio.h>
#define PI 3.14
int main()
{
    float l,r;
    scanf("%f",&r);
    #undef PI
    l=2*PI*r;
    printf("r=%5.2f  l=%8.3f\n",r,l);
    return 0;
```

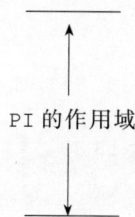

PI 的作用域

}

由于使用了♯undef命令,PI 的作用域如上所示,使得该命令后的 PI 无声明。

(7) 宏声明与变量声明不同,只作字符替换,不分配内存空间。

12.1.2　带参数的宏声明

1. 带参数的宏声明形式

宏声明还允许带参数。在调用中,不仅要进行宏展开,还要用实参去替换形参。带参数的宏声明一般形式如下:

#define 宏名(参数表) 字符串

在带实参的宏声明中,实参替换形参是按照♯define 命令行中指定的字符串从左到右进行置换。如果串中包含宏声明中的形参,则将程序中相应的实参代替形参,其他字符原样保留,形成了替换后的字符串。例如:

```
#define S(x) x * x
...
y=S(3);
```

此命令中,x 是形式参数,在程序中将会被实参 3 替换,赋值语句展开为

```
y=3 * 3;
```

例 12-3　用带参数的宏声明两数中的小数。

程序代码如下:

```
#include<stdio.h>
#define MIN(a,b) (a<b)?a:b
int main()
{
    int x,y,min;
    printf("Please input two numbers: ");
    scanf("%d%d",&x,&y);
    min=MIN(x,y);
    printf("min=%d\n",min);
    return 0;
}
```

运行结果如下:

```
Please input two numbers: 15 39↙
min=15
```

例 12-4　宏调用中的实参是表达式。

程序代码如下:

```
#include<stdio.h>
```

```
#define SQ(r) (r)*(r)
int main()
{
    int x,y;
    printf("Please input a number: ");
    scanf("%d",&x);
    y=SQ(x+1);
    printf("y=%d\n",y);
    return 0;
}
```

运行结果如下：

```
Please input a number: 3↙
y=16
```

宏调用中实参为表达式 x+1,在宏展开时,用 x+1 替换 r,再用(x+1)*(x+1)代换
SQ,得到如下语句：

```
y=(x+1)*(x+1);
```

这与函数调用不同,它对实参表达式不作计算,直接照原样替换。

2. 相关说明

(1) 带参数宏声明中,宏名和形参表的"()"之间不能有空格出现,否则编译程序会将空
格后的字符都作为替代字符串的一部分。

例如：

```
#define S (r) PI*r*r
area=S(6);
```

由于 S 与"("之间加了空格,将被认为是无参宏声明,S 是宏名,它代表字符串"(r)PI*
r*r"。赋值语句被展开为

```
area=(r) PI*r*r(6);
```

显然是错误的。

(2) 对于宏声明不仅应在参数两侧加"()",也应在整个字符串外加"()"。

例 12-5 宏参数不加括号导致出错。

程序代码如下：

```
#include<stdio.h>
#define SQ(r) r*r
int main()
{
    int a=2,b=3;
    int y;
    y=SQ(a+b);
```

```
    printf("y=%d\n",y);
    return 0;
}
```

运行结果如下：

```
y=11
```

为什么出错呢？宏调用 SQ(a+b)被扩展为 a+b＊a+b，由于操作符的优先级，它并不等同于(a+b)＊(a+b)。现 a、b 的值分别为 2 和 3，故 SQ 的值为 11。显然与编程者的原意不符。

例 12-6 宏参数两侧加括号仍导致出错。

程序代码如下：

```
#include<stdio.h>
#define SQ(r) (r)＊(r)
int main()
{
    int a=2,b=3;
    int y;
    y=100/SQ(a+b);
    printf("y=%d\n",y);
    return 0;
}
```

运行结果如下：

```
y=100
```

宏调用语句在展开后变为 SQ=100/(a+b)＊(a+b)，它不等同于 SQ=100/((a+b)＊(a+b))。此时先进行除法运算得到 20，再做乘法运算得到结果 100。要想得到正确结果，应在宏声明中的整个字符串外也加"()"。

例 12-7 带参数宏的正确声明。

程序代码如下：

```
#include<stdio.h>
#define SQ(r) ((r)＊(r))
int main()
{
    int a=4,b=5;
    int y;
    y=SQ(a+b);
    printf("y=%d\n",y);
    return 0;
}
```

运行结果如下：

```
y=81
```

（3）宏声明也允许包含多个语句。此时只需在每行的最右边加上"\\ "，最后一行可省去"\\"但"{}"必须向前移一行。

例 12-8 使用包含多语句的宏。

程序代码如下：

```
#include<stdio.h>
#define Exchange(a,b) {              \
    int t;                           \
    t=a;                             \
    a=b;                             \
    b=t;                             \
}
int main()
{
    int x=40;
    int y=85;
    printf("x=%d    y=%d",x,y);
    Exchange(x,y);
    printf("\nAfter exchange ...\n");
    printf("x=%d    y=%d",x,y);
    return 0;
}
```

运行结果如下：

```
x=40    y=85
After exchange ...
x=85    y=40
```

（4）带参数宏可以嵌套。

例 12-9 求 4 个数中的最小值。

程序代码如下：

```
#include<stdio.h>
#define min(x,y) ((x)<(y))?(x):(y)
#define MIN(a,b,c,d) min(min(a,b),min(c,d))
int main()
{
    int a,b,c,d,min2;
    printf("Please input four numbers: ");
    scanf("%d%d%d%d",&a,&b,&c,&d);
    min2=MIN(a,b,c,d);
```

```
        printf("min=%d\n",min2);
        return 0;
    }
```

运行结果如下：

3. 带参数的宏与函数的区别

带参数的宏和带参函数很相似，但有本质上的不同。

（1）函数调用时，是先求出实参的值，然后再复制给形参；而带参数的宏展开时只是将实参简单地置换形参，参见例 12-4。

（2）函数定义和调用中使用的形参和实参都受数据类型的限制，而带参数宏的形参和实参可以是任意数据类型。

（3）调用函数只可得到一个返回值，而使用宏可以得到几个结果。

例 12-10　使用宏得到几个结果。

程序代码如下：

```
#include<stdio.h>
#define PI 3.1415926
#define CIRCLE(R,L,S,V) L=2*PI*R;S=PI*R*R;V=4.0/3.0*PI*R*R*R
int main()
{
    float r,l,s,v;
    printf("Please input r: ");
    scanf("%f",&r);
    CIRCLE(r,l,s,v);
    printf("r=%.2f,l=%.2f,s=%.2f,v=%.2f\n",r,l,s,v);
    return 0;
}
```

运行结果如下：

（4）函数调用是在程序运行时处理的，需分配临时的内存单元；而宏展开则是在编译时进行的，只进行字符串替换，不分配内存单元，也没有返回值。

（5）宏展开后使源程序变长，而函数调用不会使源程序变长。

（6）函数调用中存在参数的传递过程，要占用程序运行的时间，会使程序的执行效率降低。宏替换则是在编译前进行的，不占用程序运行的时间，其执行效率要比函数高。所以有很多函数都可以来用宏替换提高程序的运行效率。

注意：同一个表达式用函数处理与用宏处理的结果有可能不同。

例 12-11 表达式作为实参的函数调用。

程序代码如下：

```
#include<stdio.h>
int SQ(int r)
{
    return((r) * (r));
}
int main()
{
    int i=1;
    while (i<=5)
        printf("%d\n",SQ(i++));
    return 0;
}
```

运行结果如下：

```
1
4
9
16
25
```

例 12-12 表达式作为实参的宏调用。

程序代码如下：

```
#include<stdio.h>
#define SQ(r) ((r) * (r))
int main()
{
    int i=1;
    while (i<=5)
        printf("%d\n",SQ(i++));
    return 0;
}
```

运行结果如下：

```
1
9
25
```

在例 12-11 中，函数调用把实参 i 的值传给形参 r 后自增 1，然后输出函数值，因而要循环 5 次，输出 1～5 的平方值。在例 12-12 中，宏调用只作替换，将 SQ(i＋＋) 替换为 ((i＋＋) * (i＋＋))。在进入第 1 次循环时，i＝1，表达式中 i 初值为 1，因此表达式中第 2

个 i 初值为 1,两数相乘的结果是 1,然后 i 自增两次变为 3。在进入第 2 次循环时,i＝3,相乘后为 9,然后 i 再自增变为 5。进入第 3 次循环,i＝5,相乘为 25。i 值再自增两次变为 7,不再满足循环条件,停止循环。

12.2　文件包含

在前面的章节中,已多次使用过文件包含命令#include。文件包含命令的功能是将指定的被包含文件的全部内容插到该命令行的位置处,从而把指定的文件和当前的源程序文件连成一个源文件参与编译。文件包含命令一般形式有两种。

形式 1:

#include<文件名>

形式 2:

#include"文件名"

使用"＜＞"表示预处理程序直接到系统指定的"包含文件目录"(由用户在配置环境时设置)去查找。使用""""则表示预处理程序首先在当前文件所在的文件目录中查找被包含文件,若未找到才到系统指定的"包含文件目录"去查找。一般情况下,系统提供的被包含文件用"＜＞"方式的文件包含命令;用户自己编写的被包含文件多用""""方式的文件包含命令,如果被包含文件不在当前目录中,在包含命令中应给出文件路径。

图 12-1(a)和图 12-1(b)分别表示编译前的 file1.c 和 file2.c,其中 file1.c 包含了文件 file2.c。编译预处理时,把 file2.c 的全部内容复制插入#include "file2.c"命令出现的位置,生成一个新的文件,如图 12-1(c)所示。然后对经编译预处理的 file1.c 进行编译,而 file2.c 不发生变化。如果被包含文件有修改(如 file2.c),则所有包含它的文件都得重新编译(如 file1.c)。

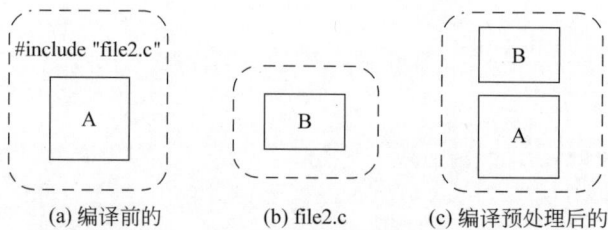

图 12-1　文件包含

在程序设计中,文件包含是很有用的。一个大程序通常分为多个模块,由多个程序员分别编程。一些公用的常量声明、数据类型定义、外部变量声明或宏声明等可单独组成一个文件,一般称这类没有执行代码的文件为头文件,并以.h(head)作为文件名的后缀。在其他文件的开头用#include 命令将它们包含进去即可使用。这样,可避免重复声明,减少出错,也便于修改。

例 12-13　在头文件声明输出格式,把它包含在用户程序中。

程序代码如下:

（1）头文件 format.h：

```
#define PR printf
#define NL "\n"
#define F "%9.3f"
#define F1 F NL
#define F2 F F NL
#define S "%s"
```

（2）用户文件 example.c：

```
#include<stdio.h>
#include "format.h"
int main()
{
    float x,y;
    char str[]="My Book";
    x=3.7; y=26.8;
    PR(F1,x);
    PR(F2,x,y);
    PR(S,str);
    return 0;
}
```

运行结果如下：

```
3.700
3.700   26.800
My Book
```

用户文件 example.c 使用了 #include"format.h"命令，预处理时先把头文件 format.h 的内容复制到此命令出现的位置，再对 example.c 进行编译。

注意：

（1）#include 命令常放于文件的开头。

（2）一个 #include 命令只能指定一个被包含文件，若有多个文件要包含，则需用多个 #include 命令。例如：

```
#include<stdio.h>
#include<math.h>
```

（3）文件包含命令可以嵌套，在一个被包含的文件中又可以包含另一个文件。

例如，文件 file1.c 包含 file2.c，文件 file12.c 包含 file3.c，如图 12-2 所示。

（4）在有多个文件包含命令的情况下，必须注意文件包含命令的出现顺序。如果文件 file1.c 包含文件 head1.h 和 head2.h，且 head2.h 要引用文件 head1.h 中声明的常量或数据类型，则可在文件 file1.c 中用两个 include 命令分别包含文件 head1.h 和文件 head2.h，而且文件 head1.h 应出现在文件 head2.h 之前，即在 file1.c 中声明：

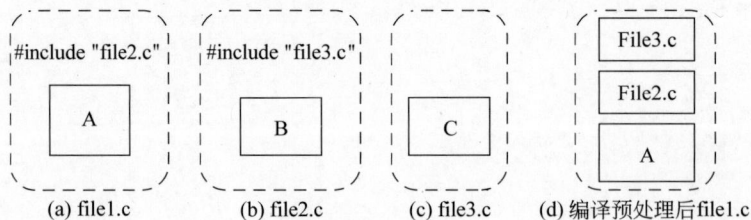

图 12-2　多文件包含

```
#include "head1.h"
#include "head2.h"
```

例 12-14　多文件包含。

程序代码如下：

```
/* file1.c   求两个整数中最小数 */
int  min1(int a, int b)
{
    if (a>b)
        return(a);
    else
        return(b);
}
/* file2.c   求 3 个整数中最小数 */
int  min2(int a, int b, int c)
{
    int z,m;
    z=min1(a,b);
    m=min1(z,c);
    return (m);
}
/* file3.c 主函数 */
int main()
{
    int x1,x2,x3,min;
    scanf("%d,%d,%d",&x1,&x2,&x3);
    min=min2(x1,x2,x3);
    printf("min=%d\n",min);
    return 0;
}
```

以上 3 个源程序单独编译是不能成功的，因为它们都不是一个完整的 C 源程序。现通过文件包含命令将 3 个源程序合并成一个完整的 C 源程序，将文件 file3.c 修改如下：

```
#include<stdio.h>
#include "file1.c"
#include "file2.c"
```

```
int main()
{
    int x1,x2,x3,min;
    scanf("%d,%d,%d",&x1,&x2,&x3);
    min=min2(x1,x2,x3);
    printf("min=%d\n",min);
    return 0;
}
```

运行结果如下：

```
15 63 48↙
min=15
```

12.3　条件编译

预处理程序还提供了条件编译的功能。一般情况，C源程序中的所有代码都应参加编译。但有时希望只对其中的一部分代码进行编译，可以使用条件编译来进行。条件编译是指根据条件来选取需要的代码进行编译。条件编译能够按不同的条件去编译不同的程序部分，因而产生不同的目标代码文件，供不同用户使用。这对于程序的移植和调试是很有用的。条件编译也用于对程序的调试。

条件编译命令有以下3种形式。

形式1：

```
#ifdef　标识符
    程序段 1
#else
    程序段 2
#endif
```

其作用是，若标识符已被#define命令声明过，则对程序段1进行编译，否则编译程序段2。命令中的#else部分可以省略，即

```
#ifdef　标识符
    程序段 1
#endif
```

例 12-15　程序调试信息显示。

在例12-12中，可能会对输出结果不明白，可在调试时，每次循环后输出i的值。修改如下：

程序代码如下：

```
#include<stdio.h>
#define SQ(r) ((r) * (r))
#define DEBUG
```

```
int main()
{
    int i=1;
    while (i<=5)
    {
        printf("%d\n",SQ(i++));
        #ifdef DEBUG
            printf("i=%d\n",i);
        #endif
    }
    return 0;
}
```

运行结果如下：

```
1
i=3
9
i=5
25
i=7
```

由于 DEBUG 已经由 #define 命令所声明,printf()语句被编译,每次进入循环,都能输出 i 的值。当程序调试完成后,不需要显示 i 的值,只需删除命令 #define DEBUG 即可。当然,也可以直接使用 printf()语句显示调试信息,在调试结束后再删去 printf()语句。但如果调试时在程序中加入了大量的 printf()语句,则修改的工作量会很大,既麻烦又容易出错,而使用条件编译则方便得多。

形式 2：

```
#ifndef   标识符
    程序段 1
#else
    程序段 2
#endif
```

其作用是,如果标识符没有被 #define 命令所声明过,则编译程序段 1,否则编译程序段 2,命令中的 #else 部分也可以省略。这与第一种形式的功能正好相反。

例 12-16 将例 12-15 改用 #ifndef 条件编译命令。

程序代码如下：

```
#include<stdio.h>
#define SQ(r) ((r) * (r))
int main()
{
    int i=1;
    while (i<=5)
```

```
    {
        printf("%d\n",SQ(i++));
    #ifndef DEBUG
        printf("i=%d\n",i);
    #endif
    }
    return 0;
}
```

运行结果如下：

```
1
i=3
9
i=5
25
i=7
```

由于未对 DEBUG 声明，每次进入循环，程序都输出 i 的值。当调试完成后，需要加上以下命令行：

```
#define DEBUG
```

这样就不会输出 i 的值。

#ifdef 与 #ifndef 两种形式的用法相近，使用哪一种视个人喜好。但所有的程序使用的形式最好统一。

形式 3：

```
#if  表达式
    程序段 1
#else
    程序段 2
#endif
```

其作用是，如果表达式的值为"真"（非 0），则编译程序段 1；否则，编译程序段 2，命令中的 #else 部分也可以省略。在使用中，表达式通常是一个符号常量，利用宏声明该符号常量时所给的值来确定条件是否成立。

在例 12-15 中，也可以采用第三种形式。只需将 #define DEBUG 和 #ifdef DEBUG 命令行分别改为

```
#define DEBUG  1
```

和

```
#if DEBUG
```

例 12-17 翻译密码电文。电文加密方法是，字母按原字符的 ASCII 码加 4 变换而得到的，如 A→E，B→F，…，W→A，X→B，Y→C，Z→D，a→e，b→f，…，w→a，x→b，y→c，z→

d,其他字符不变。现要求将密文原样输出或解密成原文后输出,其他字符不变。

基本思路:用一个字符串数组来保存密文,由条件编译来确定密文是原样输出还是解密文后输出。解密时,依次读出字符串的字符,如果字符是非英文字母,则原样输出;如果字符是英文字母,则将它的 ASCII 码减 4,然后再判断结果是否已超出字母的 ASCII 码值,如果是则将 ASCII 码加 26(主要是针对 A、B、C、D、a、b、c、d 这几个字母)。

程序代码如下:

```c
#include<stdio.h>
#define Y 1                      /* Y 用于控制条件编译 */
int main()
{
    char str[]="M eq e wxyhirx,csy evi e asvoiv! ",ch;
    #if Y                        /* Y 是真,则编译从 #if 到 #else 的语句,即进行密码翻译 */
    int i=0;
    while ((ch=str[i])!='\0')
    {
        if ((ch>='a'&&ch<='z')||(ch>='A'&&ch<='Z'))
        {
            ch=ch-4;
            if ((ch<'a'&&ch>='a'-4)||(ch<'A'&&ch>='A'-4))
                ch=ch+26;
        }
        i++;
        printf("%c",ch);
    }
    #else                        /* Y 是假,密文原样输出 */
        printf("%s\n",str);
    #endif
    printf("\n");
    return 0;
}
```

运行结果如下:

```
I am a student,you are a worker!
```

有时在调试时,希望某段语句不进行调试,可以将这段语句放在注释中。例如下面的语句段 2 不需要调试:

语句段 1
    /*
    语句段 2
    */
语句段 3

如果语句段 2 的代码也包含有注释,这将会导致语法错误。此时应采用条件编译:

```
语句段 1
    #if 0
语句段 2
    #endif
语句段 3
```

条件编译也可以使用 if 语句处理。但是使用 if 语句将会使生成的目标代码程序很长，因为它是对整个源程序进行编译的。而采用条件编译，则根据条件只编译其中的某个程序段，其生成的目标程序较短，从而减少运行时间。

本 章 小 结

本章主要学习要点如下。
(1) 了解什么是预处理。
(2) 熟悉变量式宏定义的方法。
(3) 掌握各种宏定义的方法。
(4) 熟悉文件的包含。
(5) 掌握文件包含的使用方法。
(6) 掌握条件编译的方法。

习　题　12

一、选择题

1. 以下叙述中正确的是(　　)。
    A. 在程序的一行上可以出现多个有效的预处理命令行
    B. 使用带参的宏时，参数的类型应与宏声明时的一致
    C. 宏替换不占用运行时间，只占用编译时间
    D. 在以下声明中"C R"是称为"宏名"的标识符
       ♯define C R 045

2. 在"文件包含"预处理语句的使用形式中，当 ♯include 后面的文件名置于"＜ ＞"中时，找寻被包含文件的方式是(　　)。
    A. 仅仅搜索当前目录
    B. 仅仅搜索源程序所在目录
    C. 直接按系统设定的标准方式搜索目录
    D. 先在源程序所在目录搜索，再按照系统设定的标准方式搜索

二、编程题

1. 写出下列程序的运行结果：
(1)
```
#define MIN(x,y) (x)<(y)?(x):(y)
int main()
```

```c
{
    int i=10,j=15,k;
    k=10 * MIN(i,j);
    printf("%d\n",k);
    return 0;
}
```

（2）

```c
#define X 5
#define Y X+1
#define Z Y * X/2
int main()
{
    int a;a=Y;
    printf("%d\n",Z);
    printf("%d\n",-a);
    return 0;
}
```

（3）

```c
#include<stdio.h>
#define F(y) 3.84+y
#define PR(a) printf("%d",(int)(a))
#define PRINT(a) PR(a);
int main()
{
    int x=2;
    PRINT(F(3) * x);
    return 0;
}
```

（4）

```c
#define DEBUG
int main()
{
    int a=60,b=4,c;
    c=a/b;
    #ifndef DEBUG printf("a=%o,b=%o ",a,b);
    #endif
    printf("c=%d\n",c);
    return 0;
}
```

2. 编写程序，实现求 $a^2+b^2+c^2$ 的值（要求使用宏）。

3. 声明一个带参的宏 swap(x,y)，实现两个整数的互换，并利用它将一维数组 a 和 b

的值进行交换。

4. 设 $x=3.4$、$y=2.0$、$z=9.1$,试写出一个宏 $\text{Prin}(x,y,z)$,要求此宏能输出如下:

```
x=3.4
y=2.0
z=9.1
```

第 13 章　C 语言的实际应用

C 语言是当前最流行的程序设计语言之一。它像其他高级语言一样,面向用户,面向解题过程,所以不必熟悉具体的计算机内部结构和指令;C 语言又可以像汇编语言一样对机器硬件进行端口 I/O 操作、位操作、地址操作等操作。因为 C 语言具有这些特点,所以既可以编写 UNIX、PC-DOS 等大型操作系统软件,又可以编写各种应用程序。

本章从 C 语言的程序设计步骤入手,结合实际应用中常见的模块设计方法,并给出两个 C 语言实际应用实例,为读者编写实际应用程序提供参考。

本章知识体系如图 13-0 所示。

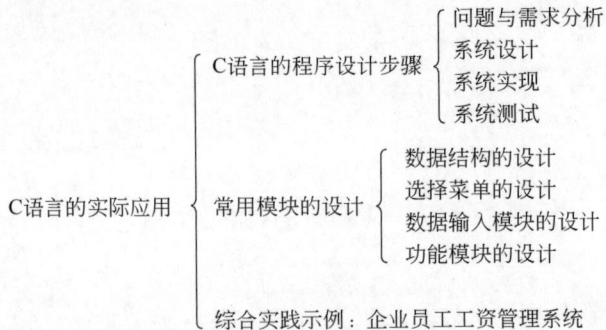

图 13-0　本章知识体系

13.1　C 语言的程序设计步骤

实际的应用程序设计就是针对给定的具体问题进行设计、编写和调试计算机程序的过程。要设计一个好的程序,除了掌握程序设计语言本身的语法规以外,还必须学习程序设计的方法和技巧,并不断实践以提高程序设计的能力。进行应用程序设计时一般应遵循以下步骤。

1. 需求分析

简单地说,需求分析就是在程序设计之前弄清楚用户的需求,即用户需要一个什么样的软件系统,以及实现该软件系统所需的资源情况等。在该环节中,根据用户的具体要求进行以下的分析工作。

(1) 用户的需求分析。用户的需求分析包括功能需求、性能需求、可靠性和可用性需求、将来可能提出的需求等。功能需求主要是明确用户需要哪些功能模块,务必详细理解用户的功能需求,并不断与用户沟通交流并确认无误。性能需求需要由程序设计者根据用户的需求进行分析,达到什么样的要求,如程序运行时间的限制。可靠性和可用性需求是指程序在实际运行中遇到特殊情况该怎样处理以保证用户的程序能够可靠运行。在对用户的需求进行分析中还需要考虑用户将来可能提出的需求,预留程序接口以满足将来程序的升级。

总之,用户需求分析就是要务必详细具体地理解用户要解决的问题,明确用户要求和系统的需求,系统必须做什么,系统必须具有哪些功能。

(2) 系统的数据要求。任何一个软件系统本质上都是信息处理系统,而信息本质上就是数据,因此对于数据要求的分析是程序设计的重要任务。通过分析需要处理的实际问题,了解已知或需要的输入数据、输出数据,以及数据需要进行哪些处理。

(3) 可行性分析。对于用户的需求需要进行全面分析,用户提出的问题是否值得去解,在现有的技术水平或软、硬件条件下是否具有可行的解决办法。

(4) 软、硬件环境分析。需要对系统的硬件环境和软件环境进行分析,确定设计软件和软件将来运行的软、硬件环境。

2. 系统设计

系统设计包括总体设计和详细设计,总体设计通常用结构图描述程序的结构,包括各个模块以及模式之间的关系,图 13-1 是总体设计结构常见图。详细设计就是给出各个模块的详细设计步骤,以及怎样实现各功能模块的描述。在详细设计中最重要的是模块化,模块是构成程序的基本构件。将每个功能划分成各个独立的模块,如果某个功能较大也可细分成多个模块。简单地说,模块化设计就是把复杂的问题分解成许多容易解决的小问题,然后对各个小问题逐个解决。

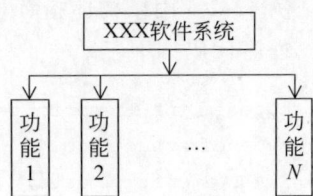

图 13-1 总体设计结构常见图

3. 系统实现

系统实现就是编码工作,即编写代码,根据前面详细设计中对各个模块的实现描述,选择合适的程序设计语言实现各个模块的代码编写,形成源程序,并上机进行测试。在现代化的软件工程开发中,代码编写通常采用分工合作的方式进行,每个人编写一个或几个模块,然后组装形成一整套系统。需要注意,在分工中必须确定各个模块的独立性,定义好接口。

4. 系统测试

代码实现后必须进行系统测试,以确保程序能够正确运行以及尽可能多的发现问题并解决。在系统测试中需要注意选择典型测试数据,以避免测试数据选择不当造成程序计算出现偏差,并且需要对各种可能出现的意外情况进行充分测试,以避免运行错误。

上述只是针对 C 语言进行程序开发中给出的一般简单步骤,对于大型软件项目远比这个复杂得多。

13.2 实际应用中常见的模块设计

C 语言实际应用中,会遇到一些常见模块的开发,本节给出输入模块、选择菜单、数据结构设计、功能模块设计中的一些常见模块的开发方法和技巧,通过这些方法的学习,可以迅速掌握 C 语言开发实际项目的技能。

13.2.1 数据结构的设计

在设计程序时,需要设计数据结构对问题涉及的数据进行组织,常用组织形式包括用结构体数组构造的顺序表和用结构体指针构造的链表。结构体数组和链表的相关知识详见第

9章复合数据类型。如果数据量预先能够估计且不是太大时可以选用顺序表存储,而数据量不能预先估计或是非常大时可选用链表进行表示。使用顺序表进行数据的组织可见例13-1,使用链表进行数据组织可见例13-2。

例 13-1 用结构体数组构造顺序表数据类型。

程序代码如下:

```
#define N 50
typedef int Elementtype;                    /*待处理数据类型,可将 int 替换为所需类型*/
typedef struct sequencelist {
    Elementtype data[N];                    /*长度为 N 的数组*/
    int length;                             /*有效数据长度*/
}SeqList;
```

例 13-2 用结构体指针构造链表数据类型。

程序代码如下:

```
typedef int Elementtype;                    /*待处理数据类型,可将 int 替换为所需类型*/
typedef struct Node {
    Elementtype data;                       /*结点的数据域*/
    struct Node next;                       /*结点的后继指针域*/
}LinkList;
```

在解决实际问题时,参考上述两种数据类型,用户只需按照需求设计所需数据类型,将

```
typedef int Elementtype;
```

语句中的 int 替换为所需数据类型即可。

13.2.2 选择菜单的设计

用 C 语言开发 Windows 控制台程序时,为方便用户操作,需要将文本菜单打印显示在屏幕上,以便提示用户正确地操作程序。如例 13-3 所示,模拟 ATM 存取款界面时,利用printf()函数打印各菜单选项,然后用 switch 语句设计多个分支,分别模拟实现查询余额、存款、取款、退出等功能。

例 13-3 选择菜单设计。

程序代码如下:

```
void print(float sum)                        /*查询余额函数*/
{
    printf ("Your balance is %10.2f\n",sum);
}
float deposit(float sum,float amount)        /*存款函数*/
{
    return (sum+amount);
}
float withdraw(float sum,float amount)       /*取款函数*/
{
```

```c
    return (sum-amount);
}
void menu()
{
    printf("********************** ATM ***********************\n");
    printf(" *                 1  check balance                * \n");
    printf(" *                 2  deposit money                * \n");
    printf(" *                 3  withdraw money               * \n");
    printf(" *                 0  exit Calculate               * \n");
    printf("***************************************************\n");
}
int main()
{
    float amount,sum=10000;
    int Select,flag;
    do {
        flag=1;
        menu();
        while (flag )                    /* 输入选择数字,只能为 0-3,否则需重新输入 */
        {
            printf("Please select(0-3):");
            scanf("%d",&Select);
            if (Select>3||Select<0)
                flag=1;
            else
                flag=0;
        }
        switch (Select)
        {
        case 1: print(sum);
            break;
        case 2: printf("Please enter your deposit amount:");
            scanf("%f",&amount);
            sum=deposit(sum,amount);
            print(sum);
            break;
        case 3: printf("Please enter your withdrawal amount:");
            scanf("%f",&amount);
            sum=withdraw(sum,amount);
            print(sum);
            break;
        }
    } while (Select!=0);
    return 0;
}
```

运行结果如下：

```
*********************** ATM ***********************
*                  1  check balance        *
*                  2  deposit money        *
*                  3  withdraw money       *
*                  0  exit ATM             *
***************************************************
Please select(0-3):1
Your balance is   10000.00
*********************** ATM ***********************
*                  1  check balance        *
*                  2  deposit money        *
*                  3  withdraw money       *
*                  0  exit ATM             *
***************************************************
Please select(0-3):2
Please enter your deposit amount:500
Your balance is   10500.00
*********************** ATM ***********************
*                  1  check balance        *
*                  2  deposit money        *
*                  3  withdraw money       *
*                  0  exit ATM             *
***************************************************
Please select(0-3):3
Please enter your withdrawal amount:2000
Your balance is   8500.00
*********************** ATM ***********************
*                  1  check balance        *
*                  2  deposit money        *
*                  3  withdraw money       *
*                  0  exit ATM             *
***************************************************
Please select(0-3):0
```

上述程序可以作为选择菜单的框架，读者只需修改菜单输出语句中表示选项的字符串，编写特定自定义函数，并在 switch 结构的各 case 子句中调用对应函数即可。

13.2.3　数据输入模块的设计

数据输入和输出模块是程序设计的重要组成部分。数据可以从文件中读取，也可以从键盘输入，有些数据不需要保存，有些需要保存，数据不合法会导致程序运行出错。因此，在输入模块设计时，要重点考虑数据的存取和合法性检测两方面。

如果数据输入不需要保存，则只需用变量接收输入并保存到内存中即可，而数据需要保存则一般会保存到文件中。输入合法性的检测主要对数据输入类型是否正确,数据输入范围是否合理进行检查。下面以一个学生成绩的输入为例,设计一个函数,输入数据并对数据合法性检查(要求成绩是整数且必须为0～100),将合法数据保存到文件中;再设计一个函数从文件中的读取数据。

例 13-4 输入模块设计。

程序代码如下:

```c
#include<stdio.h>
#include<stdlib.h>
#define N 50
typedef struct Student {              /*学生数据类型 Stu*/
    int Student_ID;                   /*学生学号*/
    char Student_Name[32];            /*学生姓名*/
    int score;                        /*学生分数*/
}Stu;
typedef struct sequencelist {         /*顺序表类型 SeqList*/
    Stu stu[N];                       /*长度为 N 的数组*/
    int length;                       /*有效数据长度*/
}SeqList;
void InputData(FILE * fp,SeqList * L);
/************************************************************************/
/* InputData:输入数据模块*/
/* fp:*/
/* L:顺序表指针,可带回值*/
/************************************************************************/
void InputData(FILE * fp,SeqList * L)
{
    int i=0;                          /*记录学生人数*/
    int flag=1;                       /*判断是否输入结束,如为 0,则输入结束*/
    int err=1;              /*判断输入是否合法,如为 1 表示合法,如为 0 表示不合法*/
    while (flag)
    {
        printf("input %d student\n",i+1);
        while (err==1)
        {                             /*输入学号,如输入学号不合法,则重新输入*/
            printf("Input Studen_ID:");
            err=scanf("%d",&(L->stu[i].Student_ID));
            if (err==1)               /*如果输入学生学号合法,则退出学号输入*/
                err=0;
        }
        if (L->stu[i].Student_ID<=0)
            break;                    /*如果输入学号小于或等于 0,则退出整个输入模块*/
        printf("Input Studen_Name:");
        scanf("%s",L->stu[i].Student_Name);   /*输入学生姓名*/
        err=0;
```

· 301 ·

```
        while (err==0)
        {
            printf("Input Student Score:");
            scanf("%d",&L->stu[i].score);          /*输入学生成绩*/
            if (L->stu[i].score>=0 && L->stu[i].score<=100)
                err=1;                              /*输入成绩合法,则退出成绩输入*/
        }                                           /*将数据保存到文件*/
        fprintf(fp,"%d %s %d\n",L->stu[i].Student_ID,L->stu[i].Student_Name,
            L->stu[i].score);
        i++;
    }
    L->length=i;
}
int main()
{
    char FileName[32];                             /*文件名*/
    FILE * fp;                                      /*文件指针*/
    SeqList L;                                      /*学生信息顺序表*/
    int i;
    L.length=0;                                     /*学生人数初始为0*/
    printf("Input FileName:");
    scanf("%s",FileName);
    if ((fp=fopen(FileName,"wt"))==NULL)
        printf("open %s is error!\n",FileName);
    InputData(fp,&L);
    for (i=0;i<L.length;i++)                        /*输出结果*/
        printf("%d,%s,%d\n",L.stu[i].Student_ID,L.stu[i].Student_Name,
            L.stu[i].score);
    return 0;
}
```

运行结果如下:

```
Input FileName:student.txt↙
Input 1 student
Input Studen_ID:2301↙
Input Studen_Name:zhangsan↙
Input Student Score:85↙
Input 2 student
Input Studen_ID:2302↙
Input Studen_Name:lisi↙
Input Student Score:70↙
Input 3 student
Input Studen_ID:2303↙
Input Studen_Name:wangwu↙
```

```
Input Student Score:90↙
Input 4 student
Input Studen_ID:-1↙
2301,zhangsan,85
2302,lisi,70
2303,wangwu,90
```

说明：scanf()函数的返回值表示接收到的变量值的个数，例如

```
scanf("%d,%d",&a,&b);
```

语句执行过程中，如果输入正确，则返回值应为 2，表示接收到了两个变量的值。上述

```
err=scanf("%d",&stu[i].Student_ID);
```

语句中，如果 err＝1 表示输入的学生学号是整型数据。

另外，上述实例只是给出了一个常见的输入合法性与输出合法的检查，关于输入合法性的检查还有很多，这需要在实践中不断摸索。输入合法性检查是非常烦琐的，一般程序设计中都会省略，当程序对数据要求较高时一定要做合法性检查。

13.2.4　功能模块的设计

在实际应用程序设计中，涉及非常多的功能模块，此时必须采用模块化的程序设计思想将各个功能模块进行分解，然后对各个分解后的功能模块进行开发，即编写模块函数。在编写模块函数时需要注意模块接口。例如，函数的输入输出，而这些输入输出体现在函数的形参和返回值上。例如，例 13-1 中已经输入了每个学生的学号、姓名、成绩，如果需要对成绩进行排序，则需要编写一个排序的功能模块，此时需要设计该函数的接口，并画出流程图，编写该函数。

首先分析该函数的接口，由于该函数的功能要求是将无序的学生数据输入，然后输出是排好序的数据，因此可将学生信息数组即作为输入（无序），也可将该学生信息数组作为输出（有序），而排序必须知道学生的人数，因此学生人数也要作为输入参数，此时形参包括学生人数、学生信息（数组表示，因为在函数调用中是地址传递，既可作为输入也可作为输出）。函数原型如下：

```
void SortScore(struct Student stu[], int n)
```

排序模块可选用冒泡或选择排序算法（此处采用冒泡排序法，算法流程图与冒泡排序法相似，此处略），此处的排序需要注意只是比较结构体变量中的成绩这个成员，但在交换操作时需要将结构体变量整体进行交换。

由于例 13-1 中已将数据输入并存储到了文件，因此本处只需将数据从文件中读出来装载到学生信息结构体数组中，然后对结构体数组进行排序即可。因此本处还需设计一个从文件中读取数据的模块，该模块需要从文件中获取到学生信息，并且需要知道学生的人数，可将学生人数作为函数的返回值，而学生信息可通过结构体数组带回，函数还需要知道文件指针变量，函数的原型如下：

```
int ReadData(FILE * fp, struct student Stu[])
```

例 13-5 功能模块设计。

程序代码如下：

```c
#include<stdio.h>
#include<stdlib.h>
#define N 50
typedef struct Student {                         /*学生数据类型 Stu*/
    int Student_ID;                              /*学生学号*/
    char Student_Name[32];                       /*学生姓名*/
    int score;                                   /*学生分数*/
}Stu;
typedef struct sequencelist {                    /*顺序表类型 SeqList*/
    Stu stu[N];                                  /*长度为 N 的数组*/
    int length;                                  /*有效数据长度*/
}SeqList;
void ReadData(FILE * fp, SeqList * L);
/*********************************************************************/
/* ReadData:读取数据*/
/* fp:文件指针 */
/* L:顺序表指针,可带回值*/
/*********************************************************************/
void ReadData(FILE * fp, SeqList * L)
{
    int i=0;
    int err;
    do {
        err=fscanf(fp, "%d %s %d\n", &(L->stu[i].Student_ID),
            L->stu[i].Student_Name, &(L->stu[i].score));
        i++;
    } while (err!=EOF);                          /*一直读取到文件尾*/
    L->length=i-1;
}
void SortScore(SeqList * L);
/*********************************************************************/
/* SortScore:排序学生成绩(从高到低)*/
/* fp:文件指针*/
/* L:顺序表指针,可带回值*/
/*********************************************************************/
void SortScore(SeqList * L)
{
    Stu temp;
    int i,j;
    int n=L->length;
    for (i=0;i<n-1;i++)
        for (j=0;j<n-i-1;j++)
```

```
        {
            if (L->stu[j].score>L->stu[j+1].score)
            {
                temp=L->stu[j];
                L->stu[j]=L->stu[j+1];
                L->stu[j+1]=temp;
            }
        }
}
int main()
{
    char FileName[32];                              /* 文件名 */
    FILE * fp;                                      /* 文件指针 */
    SeqList L;                                      /* 学生信息顺序表 */
    int i;
    printf("Input FileName:");
    scanf("%s",FileName);
    if ((fp=fopen(FileName,"rt"))==NULL)
        printf("open %s is error!\n",FileName);
    ReadData(fp,&L);
    SortScore(&L);
    for (i=0;i<L.length;i++)
        printf("i=%d:%-10d%-10s%10d\n",i,L.stu[i].Student_ID,
            L.stu[i].Student_Name,L.stu[i].score);
    fclose(fp);
    return 0;
}
```

说明：假设通过例 13-4 已生成文件名为 Student.txt 中的数据，其数据如图 13-2 所示。

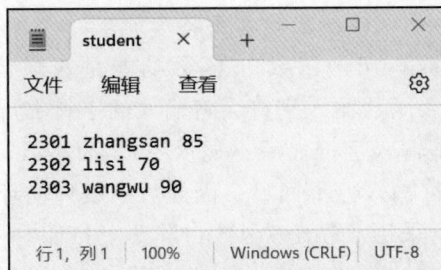

图 13-2　Student.txt 中的数据

运行结果如下：

```
Input FileName:student.txt↙
i=0:2302      lisi           70
i=1:2301      zhangsan       85
i=2:2303      wangwu         90
```

13.3 综合实践实例：企业员工工资管理系统

采用 C 语言开发企业员工工资管理系统，按照 C 语言程序设计步骤，首先进行需求分析，然后进行系统设计，再进行代码编写与调试，最后进行系统测试。

1. 需求分析

（1）功能需求分析。设计开发一个企业员工工资管理系统，对员工基本信息、工资信息进行管理。从系统的使用者即用户的角度进行分析，系统应该为用户提供用户登录和密码修改功能、信息添加、浏览、查询、删除与修改和排序等功能。

（2）系统数据需求。设计企业员工信息数据类型，应该包含员工的工号、ID 编号、基本工资、奖励工资、补贴金额、扣除金额、实发总工资等基本信息（也可以根据实际情况进行扩充，比如工资发放日期等）。

（3）扩展功能。对系统功能进行必要扩展。例如分类统计功能、分类查询功能等。

2. 系统设计

根据需求分析，首先设计系统总体结构图，然后对各个功能模块进行详细设计。

（1）系统总体设计。系统必须包含添加、浏览、查询和排序、删除与修改等功能模块，其总体结构如图 13-3 所示。

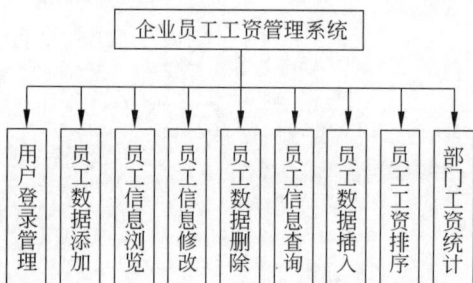

图 13-3 企业员工工资管理系统总体结构图

（2）功能详细设计。

① 用户登录管理功能：包括用户密码校验和密码修改两部分。用户密码校验是从文件中读取加密后的密文，在读取文件时，首先判断是否存在该文件，如果存在则直接读取，如果不存在，则创建密码文件，并将初始化密码（初始为 123456，用户也可在程序中修改）加密后存储到文件中。

注意：在登录管理模块中，有两个操作需要特殊处理。

输入密码操作（InputPassword() 函数）：函数功能是在屏幕上输入密码以"＊"显示。用 scanf() 或 getchar() 等输入函数输入字符会将输入的字符在屏幕上显示出来。为隐藏输入的字符，常见的处理方法是输入字符之后不显示明文，而是以"＊"代替。C 语言中提供了 getch() 函数，它可以接收字符输入但不回显。因此可以设计循环结构，采用 getch() 函数输入字符，并在输入一个字符后采用 printf() 函数在屏幕上打印"＊"。因为 getch() 函数接收字符中如遇到回车符和退格符也会正常接收，因此必须在输入每个字符后进行判断，如果是回车符，则密码输入结束；如果是退格符，则该字符不接收且屏幕上的光标退回一格。其代码在系统实现部分给出。

字符串加密操作（StringEncrpt() 函数）：从安全性角度出发，密码不能明文存储，必须加密。字符串加密算法有很多，最常见的是对各字符进行加减一个值进行变换，此处采用先加字符在字符串的位置，再加一个偏移值常量。即 $ch = ch + position + offset$，$ch$ 为字符，$position$ 为该字符在字符串的位置，$offset$ 为偏移值常量，可以在程序中设定。由于字符 ASCII 码最大值为 255，为防止加密后的字符越界，最后对 255 进行求余运算。即 $ch=(ch+$

position+offset)%255。代码在系统实现部分给出。

  用户访问系统登录界面,输入 1 进行密码验证,输入 2 进行密码修改。密码验证时,首先输入密码并进行加密处理,密码正确则进入系统,用户登录成功;密码错误则重新输入,如果连续输入 3 次错误密码,则直接退出程序,用户登录失败,密码验证流程如图 13-4 所示。修改密码时,首先需要输入原密码并进行密码验证,当原密码通过验证之后,输入两次新密码,如果两次新密码相同,则将新密码存储到密码文件中,密码修改成功,密码修改流程如图 13-5 所示(此图中原密码验证流程与图 13-4 相同,因此在绘制时做了一定简化)。图中的圆圈是连接点,表示可连接到系统的其他功能模块。

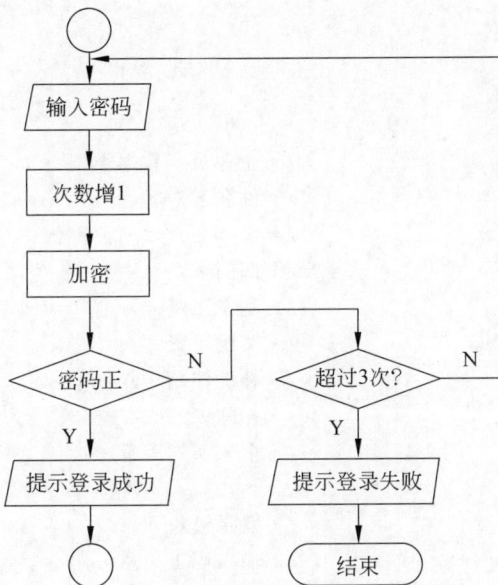

图 13-4　登录管理模块——密码验证流程图　　图 13-5　登录管理模块——密码修改流程

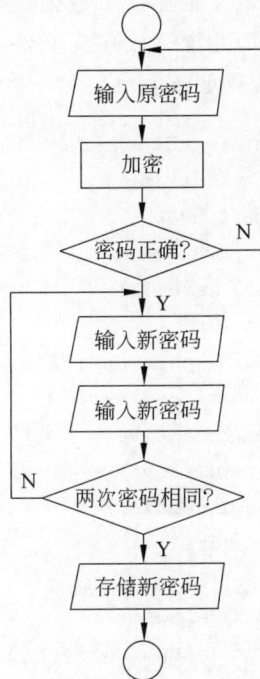

  ② 员工数据添加功能:录入员工姓名、工号、部门、各项工资等信息;并设定按员工工号进行校验,录入信息时,若此工号已经存在不能成功录入。

  ③ 员工信息浏览功能:将文件中的员工信息全部输出,供用户浏览。

  ④ 员工信息修改:通过工号找到对应员工信息进行修改;如果该员工不存在,则不能被修改。

  ⑤ 员工信息删除功能:通过工号找到对应员工信息进行删除;如果该员工不存在,则不能被删除。

  ⑥ 员工信息查询功能:通过工号找到对应员工信息,并将其信息输出。

  ⑦ 员工数据插入功能:将待插入的数据插到员工序列的指定位置。

  ⑧ 员工工资排序功能:按照员工个人工资总额,进行升序或者降序排列。

  ⑨ 部门工资统计功能:以部门作为统计条件,计算同一部门全部员工的工资总额。

  ⑩ 拓展功能:参考本例中的查询和统计函数,可以设计多种查询方式和工资统计方

式,通过比较字符串或数值大小比较,实现其他查询方式或统计方式。例如,分别依据员工的姓名、部门等信息进行查询或者进行统计。

3. 系统实现

在 C 语言程序中,函数代表特定功能。因此,可以将企业员工工资管理系统的各功能模块设计成一个个功能独立的函数。首先,定义企业员工工资管理系统抽象数据类型,包括数据结构和基本操作;然后确定各个功能模块的接口,并确定模块与模块之间的关系。系统实现过程中,可采用结构体数组或者链表表示和存储数据,下文将以采用结构体数组为例进行系统程序的设计和实现。

首先,定义企业员工数据类型,指定数组大小不超过指定的 N;然后,定义各个功能模块函数的接口,并统一放在头文件 EmployeeSalary.h 中。

程序代码如下:

```c
#include<stdio.h>
#include<string.h>
#define N 5000
struct employee {                                          /* 企业员工数据类型 */
    char name[32];                                         /* 姓名 */
    int ID;                                                /* 员工 ID */
    char department[32];                                   /* 部门 */
    int basicsalary;                                       /* 基本工资 */
    int incentive;                                         /* 奖励工资 */
    int subsidy;                                           /* 补助津贴 */
    int deduction;                                         /* 扣除 */
    int total;                                             /* 个人实发工资 */
};
extern int Login();                                        /* 登录模块 */
extern int InputData(struct employee emp[]);               /* 输入职工信息 */
extern int ReadData(char * FileName,struct employee emp[]);
                                                           /* 打开文件,返回员工人数 */
extern void SaveData(char * FileName,struct employee emp[],int n);
                                                           /* 写入文件 */
extern void ShowMenu();                                    /* 主界面菜单 */
extern int Insert(struct employee emp[],int n);            /* 添加信息 */
extern void Browse(struct employee emp[],int n);           /* 浏览信息 */
extern int Search(struct employee emp[],int ID,struct employee * Result,int n);
                                                           /* 按工号查找 */
extern int Delete(struct employee emp[],int ID,int * n);   /* 按工号删除 */
extern void Department_Salary(struct employee emp[],int n);
                                                           /* 按部门统计职工工资 */
extern int  Modify(struct employee emp[],int ID,int n);    /* 按工号修改 */
extern void SortTotal(struct employee emp[],int n);        /* 职工工资排序 */
```

根据系统的详细设计,分别定义多个函数实现增、删、改、查等功能;根据函数所属功能模块,可将函数分别写入以下 5 个源文件。

（1）文件操作模块：FileIO.c

（2）输入输出模块：inputOutput.c

（3）主要功能模块：Function.c

（4）登录管理模块：Login.c

（5）主调函数模块：main.c

将 4 个 C 语言源文件和一个头文件载入 VC 工程中，如图 13-6 所示。

下面分别对这 4 个源文件进行解析。

（1）登录模块 Login.c。登录模块包括 ShowMenu()、InputData()、Browse()这 3 个函数。LoginMenu()函数打印登录菜单 ，InputPassword()函数实现密码输入并将每个字符回显为"＊"，Browse()函数实现数据输出到屏幕。

程序代码如下：

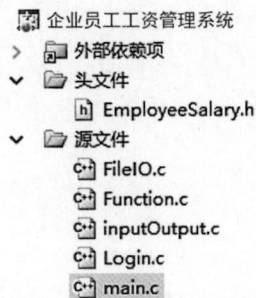

图 13-6　企业员工工资管理系统文件结构图

```c
/**********************************************************************/
/* Login.c 登录模块                                                   */
/**********************************************************************/
#include"EmployeeSalary.h"
const char FileNamePW[32]="password.txt";
const int Offset=5;              /*加密算法中的偏移值*/
char InitialPW[32]="123456";
/**********************************************************************/
/* LoginMenu:登录菜单                                                 */
/**********************************************************************/
void LoginMenu()
{
    printf("********** * 欢迎登录企业员工工资管理系统*************** \n");
    printf("*                    1 登录                          * \n");
    printf("*                    2 设置密码                       * \n");
    printf("*                    0 退出                           * \n");
    printf("*         注意:初始密码为%s\n",InitialPW);            * \n");
    printf("************************************************** \n");
}
/**********************************************************************/
/* InputPassword: 输入密码,密码字符小于 50,采用" * "显示              */
/* pw:              返回输入的密码                                    */
/**********************************************************************/
void InputPassword(char * pw)
{
    char p[50];                      /*密码最多 50 个字符*/
    int i=0;
    while (i<50)
    {
        p[i]=getch();                /*接收字符但不回显*/
```

```
        if (p[i]=='\r')
            break;                          /*遇到回车符,则退出输入*/
        if (p[i]=='\b')                     /*遇到退格符,则不接收字符,且光标退回一位*/
        {
            i=i-1;
            printf("\b\b");
        }
        else                                /*接收字符并在屏幕输入"*"*/
        {
            i=i+1;
            printf("*");
        };
    }
    printf("\n");
    p[i]='\0';
    strcpy(pw,p);
}
/***********************************************************************/
/* WritePW: 将密码写入文件                                              */
/* pw:密码字符串                                                        */
/***********************************************************************/
void WritePW(char * pw)
{
    FILE * fp;
    fp=fopen(FileNamePW,"wt");
    fprintf(fp,"%s",pw);
    fclose(fp);
}
/***********************************************************************/
/* ReadPW:    将密码从文件中读出                                         */
/* pw:        密码字符串                                                 */
/***********************************************************************/
void ReadPW(char * pw)
{
    FILE * fp;
    fp=fopen(FileNamePW,"rt");
    fscanf(fp,"%s",pw);
    fclose(fp);
}
/***********************************************************************/
/* StringEncrpt:    字符串加密函数                                       */
/* pw:              密码明文                                             */
/* En_pw:           返回的密文                                           */
/* 加密算法采用加上字符在字符串中的位置,再加上一个偏移值(给定),            */
/* 最后对 255 求余,防止超出 ASCII 范围                                    */
```

```c
/***********************************************************************/
void StringEncrpt(char * pw,char * En_pw)
{
    int i=0;
    while (pw[i]!='\0')
    {
        /*字符+位置+偏移*/
        En_pw[i]=(pw[i]+i+Offset)%255;
        i++;
    }
    En_pw[i]='\0';
}
/***********************************************************************/
/*Login:登录函数                                                      */
/*返回值:若登录成功,则返回1;否则,返回0                                */
/***********************************************************************/
int Login()
{
    int select;
    char pw[50];                                /*密码明文*/
    char En_pw[50],En_pw1[50];                  /*密文*/
    int x=0,flag=0;
    char New_pw1[32],New_pw2[32];
    FILE * fp;
    if ( (_access(FileNamePW, 0 ))==-1)         /*密码文件不存在*/
    {
        fp=fopen(FileNamePW,"wt");
        StringEncrpt(InitialPW,En_pw);
        fprintf(fp,"%s",En_pw);
        fclose(fp);
    }
    ReadPW(En_pw);                              /*取出密码的密文*/
    do
    {
        LoginMenu();
        printf("请输入选项编号(0-2):");
        scanf("%d",&select);
        switch(select)
        {
        case 1:                        /*输入登录密码,如果输入错误超过3次就退出*/
            printf("请输入密码:");
            InputPassword(pw);                  /*输入密码*/
            StringEncrpt(pw,En_pw1);            /*加密*/
            if (strcmp(En_pw,En_pw1)==0)        /*验证输入的密码是否正确*/
                return 1;                       /*输入密码正确,直接退出登录*/
```

```
        do {                                      /* 如不正确,可输入三次 */
            printf("请再次输入密码:");
            InputPassword(pw);                     /* 输入密码 */
            x++;
            StringEncrpt(pw,En_pw1);               /* 加密 */
            if (strcmp(En_pw,En_pw1)==0)           /* 验证输入的密码是否正确 */
                return 1;                          /* 输入密码正确,直接退出登录 */
        }while (x<3);
        return 0;
        break;
    case 2:                                        /* 修改密码 */
                                                   /* 输入旧密码 */
        printf("请输入原密码:");
        InputPassword(pw);                         /* 输入密码 */
        StringEncrpt(pw,En_pw1);                   /* 加密 */
        if (strcmp(En_pw,En_pw1)!=0)               /* 验证输入的密码是否正确 */
        {                                          /* 不正确 */
            x=0;
            do {
                printf("请再次输入原密码:");
                InputPassword(pw);                 /* 输入密码 */
                x++;
                StringEncrpt(pw,En_pw1);           /* 加密 */
                if (strcmp(En_pw,En_pw1)==0)       /* 验证输入的密码是否正确 */
                {
                    flag=1;
                    break;
                }
            }while (x<3);
            if (x==3&&flag==0)
                select=0;                          /* 如果超过 3 次,重新登录 */
            else
                flag=1;
        }
        else
            flag=1;
        if (flag==1)
        {
            do {
                /* 验证两次密码是否相同,如果不相同,则一直进行下去,直到正确为止 */
                printf("请输入新密码:");
                InputPassword(New_pw1);
                printf("请再次输入新密码:");
                InputPassword(New_pw2);
            } while (strcmp(New_pw1,New_pw2)!=0);
```

```
        }
        if (strcmp(New_pw1,New_pw2)==0&&strcmp(En_pw,En_pw1)==0)
        {
            StringEncrpt(New_pw1,En_pw);        /*加密*/
            WritePW(En_pw);
            printf("密码修改成功!\n");
        }
        break;
        }
    }while (select!=0);
    return 0;
}
```

（2）输入输出模块 inputOutput.c，该模块包括 ShowMenu()、InputData()、Browse()三个函数。ShowMenu()函数实现菜单打印，InputData()函数实现数据输入、Browse()函数实现数据输出到屏幕。

程序代码如下：

```
/**********************************************************************/
/* inputOutput.c      输入输出模块                                   */
/**********************************************************************/
#include "EmployeeSalary.h"
/**********************************************************************/
/* ShowMenu: 菜单打印函数 */
/**********************************************************************/
void ShowMenu()
{
    printf("****************员工工资管理****************\n");
    printf("*              1 录入员工信息              *\n");
    printf("*              2 浏览员工信息              *\n");
    printf("*              3 修改员工信息              *\n");
    printf("*              4 删除员工信息              *\n");
    printf("*              5 查询员工信息              *\n");
    printf("*              6 插入员工信息              *\n");
    printf("*              7 员工工资排序              *\n");
    printf("*              8 部门工资统计              *\n");
    printf("*              0 退出系统                  *\n");
    printf("*******************************************\n");
}
/**********************************************************************/
/* InputData:输入数据函数                                           */
/* 返回值:员工实际人数                                               */
/* emp:员工信息结构体数组,可带回值                                   */
/**********************************************************************/
int InputData(struct employee emp[])
{
```

```c
    int i=0;                        /* 记录员工人数 */
    int flag=1;                     /* 判断是否输入结束,若为 0,则输入结束 */
    int err=1;                      /* 判断输入是否合法,若为 1 表示合法;若为 0,则表示不合法 */
    char ch;
    while (flag)
    {
        printf ("输入第%d个职工信息\n",i+1);
        printf ("姓名:");
        scanf ("%s",emp[i].name);
        printf ("工号:");
        scanf ("%d",&emp[i].ID);
        printf ("所属部门:");
        scanf ("%s",emp[i].department);
        printf ("基本工资:");
        scanf ("%d",&emp[i].basicsalary);
        printf ("奖励工资:");
        scanf ("%d",&emp[i].incentive);
        printf ("补贴金额:");
        scanf ("%d",&emp[i].subsidy);
        printf ("扣除金额:");
        scanf ("%d",&emp[i].deduction);
        emp[i].total=emp[i].basicsalary+emp[i].incentive+emp[i].subsidy+emp
            [i].deduction;
        i++;
        printf("是否继续?(Y是    N否)?");
        getchar();                              /* "吸收"前面输入的回车符 */
        scanf("%c",&ch);
        if (ch=='Y'||ch=='y')
            flag=1;
        else
            flag=0;
    }
    return i;
}
/*************************************************************************/
/* Browse:函数,从文件中读取数据并在屏幕上打印 */
/* FileName:文件名 */
/*************************************************************************/
void Browse(struct employee emp[],int n)
{
    int i=0;
    if (n<=0)
    {
        printf("没有找到职工信息 \n");
        return ;
```

```
    }
    else
    {
        printf ("以下是全部职工信息 \n");
        printf ("姓名 工号 部门   基本工资 奖励工资 补贴金额 扣款金额 总工资\n");
        while (i<n)
        {
            emp[i].total=emp[i].basicsalary+emp[i].incentive+emp[i].subsidy-
                emp[i].deduction;
            printf ("%s %d %s %d %d %d %d %d\n",emp[i].name,emp[i].ID,emp[i].
                department,emp[i].basicsalary,emp[i].incentive,emp[i].subsidy,
                emp[i].deduction,emp[i].total);
            i++;
        }
    }
}
```

(3) 文件输入输出模块 FileIO.c，该模块包括 SaveData( )和 ReadData( )函数，其中 SaveData( )函数实现将企业员工信息数据写入文件，此处文件采用文本文件存储，当数据写入后可以直接打开文件看到存储的数据。ReadData( )函数实现从文件中读取数据。SaveData( )和 ReadData( )中对于文件的读写采用格式式文件读写函数 fprintf( )和 fscanf( )函数。

程序代码如下：

```
/****************************************************************************/
/* FileIO.c    文件操作模块                                              */
/****************************************************************************/
#include "EmployeeSalary.h"
/****************************************************************************/
/* ReadData:从文件中读取数据函数                                          */
/* FileName:文件名                                                        */
/* emp:结构体数组,用于带回读取到的数据                                    */
/****************************************************************************/
int ReadData(char * FileName,struct employee emp[])
{
    int i=0;
    FILE * fp;
    int err;
    if ((access(FileName,0))==-1)               /* 数据文件不存在 */
    {
        printf("没有找到员工数据信息!请选择 1 输入员工数据信息!\n");
        return  ;
    }
    fp=fopen(FileName,"rt");
    if (fp==NULL)
```

```
        {
            printf("文件 %s 打开失败!\n",FileName);
            return  ;
        }
        do {
            err=fscanf(fp,"%s %d %s %d %d %d %d %d\n",emp[i].name,&emp[i].ID,&emp
                [i].depa rtment,&emp [i].basicsalary,&emp [i].incentive,&emp [i].
                subsidy,&emp[i].deductio n,&emp[i].total);
        i++;
        }while (err!=EOF);                          /* 一直读取到文件尾 */
        --i;
        //fclose(fp);
        return i;
    }
    /***************************************************************************/
    /* SaveData:保存数据函数                                              */
    /* FileName:文件名                                                    */
    /* emp:结构体数组                                                     */
    /* n:员工实际人数                                                     */
    /***************************************************************************/
    void SaveData(char * FileName,struct employee emp[],int n)
    {
        FILE * fp;
        int i;
        fp=fopen(FileName,"wt");                 /* 以文本写入方式打开文件 */
        if (fp==NULL)
        {
            printf("文件 %s 打开失败!",FileName);
            fclose(fp);
            return;
        }
        for (i=0;i<n;i++)
        {
            fprintf(fp,"%s %d %s %d %d %d %d %d\n",emp[i].name,emp[i].ID,emp[i].
                department,emp[i].basicsalary,emp[i].incentive,emp[i].subsidy,emp
                [i].deduction,emp[i].total);
        }
        fclose(fp);
    }
```

（4）主要功能函数模块 Function.c ，该模块中包含了所有满足功能需求的函数,各函数接口及功能如表 13-1 所示。

表 13-1 主要功能函数

函　　　数	功　　能	参　　数	返　回　值
Search()	查询功能,查找工号为 ID 的员工信息	ID:要查找的工号。 Result:找到的员工信息,带回。 n:员工人数	如果找到,则返回该员工信息在数组中的位置;否则,返回−1
Insert()	插入函数,将待插入的数据插到指定位置,插入后员工人数增 1	emp:结构体数组。 n:员工人数	插入成功,则返回 0;否则,返回−1
Delete()	删除函数,删除指定工号的员工信息	emp:员工信息结构体数组。 ID:待删除的员工工号。 n:指向员工人数的指针	若删除成功,则员工人数减 1,返回 0;否则,返回−1
Modify()	修改函数,找到要修改的工号,对其信息进行修改	emp:员工信息结构体数组。 ID:待修改的员工工号。 n:员工人数	若修改成功,则返回 0;否则,返回−1
Department_Salary()	统计部门员工工资总额	emp:员工信息结构体数组。 n:员工人数	如果找到,则输出该部门所有员工信息,并输出部门工资总额;否则,输出该部门不存在
SortTotal()	排序功能,排序总工资函数(从高到低)	emp:员工信息结构体数组。 n:员工人数	空

程序代码如下:

```
/************************************************************** /
/ * Function.c    功能模块                          */
/**************************************************************/
#include "EmployeeSalary.h"
/**************************************************************/
/ * Search 函数:在 emp 数组中找工号为 ID 的员工信息        */
/ * 返回值:     如果找到,则返回该员工信息在数组中的位置;否则,返回-1    */
/ * ID:         要查找的工号                          */
/ * Result:     找到的员工信息,带回                    */
/ * n:          员工人数                              */
/**************************************************************/
int Search(struct employee emp[],int ID,struct employee * Result,int n)
{
    int i,flag=1;
    for (i=0; i<n && flag==1 ; i++)
    {
        if (emp[i].ID==ID  )                    / * 找到工号为 ID 的员工 * /
        {
            * Result=emp[i];
            flag=0;                             / * 标识变量 flag 赋 0 * /
        }
    }
```

```
    if (flag==0)
        return i-1;                              /* 找到返回该员工在数组中的位置 */
    else
        return -1;                               /* 没找到返回-1 */
}


/*******************************************************************/
/* Insert:      插入函数,将待插入的数据插到指定位置                  */
/* 返回值:      若插入成功,则返回 0;否则,返回-1                     */
/* emp:         结构体数组                                        */
/* n:           员工人数                                          */
/*******************************************************************/
int Insert(struct employee emp[],int n)
{
    int i,Position;
    struct employee InsertInfo;
    printf("输入待插入位置:");
    scanf("%d",&Position);
    if (Position>n||Position<0)                   /* 检查插入位置的合法性 */
    {
        printf("待插入位置不合法!\n");
        return -1;
    }
    printf ("输入待插入职工信息\n");
    printf ("姓名:");
    scanf ("%s",InsertInfo.name);
    printf ("工号:");
    scanf ("%d",&InsertInfo.ID);
    printf ("所属部门:");
    scanf ("%s",InsertInfo.department);
    printf ("基本工资:");
    scanf ("%d",&InsertInfo.basicsalary);
    printf ("奖励工资:");
    scanf ("%d",&InsertInfo.incentive);
    printf ("补贴金额:");
    scanf ("%d",&InsertInfo.subsidy);
    printf ("扣除金额:");
    scanf ("%d",&InsertInfo.deduction);
    InsertInfo.total=InsertInfo.basicsalary+ InsertInfo.incentive+ InsertInfo.
        subsidy+ InsertInfo.deduction;
    for (i=n; i>=Position; i--)                   /* 移动元素 */
        emp[i]=emp[i-1];
    emp[i]=InsertInfo;                            /* 实现插入 */
    n=n+1;
    return n;
```

```
}

/******************************************************************* /
/* Delete:      删除函数,删除指定工号的员工信息                      */
/* 返回值:      若删除成功,则返回 0;否则,返回-1                     */
/* emp:         员工信息结构体数组                                  */
/* ID:          待删除的员工工号                                    */
/* n:           指向员工人数的指针                                  */
/*******************************************************************/
int Delete(struct employee emp[],int ID,int * n)
{
    int i,postion;
    for (i=0;i< * n;i++)
        if (emp[i].ID==ID)                      /* 找到要删除的工号 */
        {
            postion=i;
            break;
        }
        if (i== * n)                            /* 没有找到待删除的工号 */
        {
            printf("没有找到待删除的工号%d!\n",ID);
            return -1;
        }
        for (i=postion;i< * n-1;i++)            /* 实现删除操作 */
        {
            emp[i]=emp[i+1];
        }
        * n= * n-1;
        return 0;
}


/******************************************************************* /
/* Modify:      修改函数,找到要修改的工号,对其信息进行修改           */
/* 返回值:      修改成功返回 0;否则,返回-1                          */
/* emp:         员工信息结构体数组                                  */
/* ID:          待修改的员工工号                                    */
/* n:           员工人数                                            */
/*******************************************************************/
int Modify(struct employee emp[],int ID,int n)
{
    FILE * fp;
    int i,position ;
    for (i=0;i<n;i++)
    {
```

```
        if (emp[i].ID==ID)                          /*找到待修改的工号*/
        {
            position=i;
            break;
        }
    }
    if (i==n)
    {
        printf(" ID %d 不存在!\n",ID);
        return -1;
    }
    printf("待修改 ID %d 的各项数据为\n",ID);
    printf ("姓名 工号 所属部门 基本工资 奖励工资 补贴金额 扣款金额 总工资\n");
    printf ("%s %d %s %d %d %d %d %d\n",emp[i].name,emp[i].ID,emp[i].department,
        emp[i].basicsalary,emp[i].incentive,emp[i].subsidy,emp[i].deduction,
        emp[i].total);
    printf ("请重新输入该职工的工资信息\n");
    printf ("基本工资:");
    scanf ("%d",&emp[i].basicsalary);
    printf ("奖励工资:");
    scanf ("%d",&emp[i].incentive);
    printf ("补贴金额:");
    scanf ("%d",&emp[i].subsidy);
    printf ("扣除金额:");
    scanf ("%d",&emp[i].deduction);
    emp[i].total=emp[i].basicsalary+emp[i].incentive+emp[i].subsidy-emp[i].
        deduction;
    printf("\t=======>修改成功!\n");
}
/* ********************************************************************** */
/* Department_Salary: 统计部门员工工资总额                              */
/* emp:              员工信息结构体数组                                 */
/* n:                员工人数                                           */
/* ********************************************************************** */
void Department_Salary(struct employee emp[],int n)    //按部门统计
{
    char department[30];
    float sum=0;
    int i=0,flag=0;
    printf("请输入要查询的部门名称:");
    scanf ("%s",department);
    printf ("姓名 工号 所属部门 基本工资 奖励工资 补贴金额 扣款金额 总工资\n");
    for (i=0;i<n;i++)
    {
```

```
        if (strcmp(department,emp[i].department)==0)
        {
            flag=1;
            printf ("%s %d %s %d  %d %d %d %d\n",emp[i].name,emp[i].ID,emp[i].
                department, emp[i].basicsalary,emp[i].incentive,emp[i].subsidy,
                emp[i].deduction,emp[i].total);
            sum=sum+emp[i].total;
        }
    }
    if (flag)
        printf("该部门的总工资为:%.2f\n",sum);
    else
        printf("该部门不存在!\n");
}


/**************************************************************************** /
/ * SortTotal: 排序函数(按总工资从高到低)                                    */
/ * emp:        员工信息结构体数组                                           */
/ * n:          员工人数                                                     */
/**************************************************************************** /
void SortTotal(struct employee emp[],int n)
{
    int i,j;
    struct employee temp;
    for (i=0;i<n-1;i++)
        for (j=0;j<n-i-1;j++)
        {
            if (emp[j].total<emp[j+1].total)
            {
                temp=emp[j];
                emp[j]=emp[j+1];
                emp[j+1]=temp;
            }
        }
}
```

4. 系统测试

当系统各模块代码编写完成后,需要进行系统整体测试,检验系统设计和分析中是否存在错误。在调试过程中,需要选择典型的数据、位于边界条件的数据,并严格按照数据定义的格式进行输入,对多个分支进行全面的测试。下面对各个功能模块的测试结果逐一进行介绍。

1) 用户登录与密码管理

选中"1 登录",按提示输入密码,核验用户输入的密码是否正确。密码错误提示"请再次输入密码",密码正确则跳转到工资管理界面。选中"2 设置密码",按提示输入原密码和新密码,所录入的新密码将会被保存到密码文件中。

运行结果如下:

```
*********** * 欢迎登录企业员工工资管理系统*****************
*              1   登录                                 *
*              2   设置密码                             *
*              0   退出                                 *
*              注意:初始密码为 123456                  *
***********************************************
请输入选项编号(0-2):1↙
请输入密码:******↙
登录成功!
```

2)输入员工数据信息

选中"1 录入员工信息"进行数据的录入。一位员工的所有信息项录入完成之后,提示是否继续录入(Y 是,N 否),按 Y 键继续录入下一位员工信息,按 N 键退出录入;所录入的数据会被保存到员工信息文件中。

运行结果如下:

```
****************员工工资管理*****************
*              1 录入员工信息              *
*              2 浏览员工信息              *
*              3 修改员工工资              *
*              4 删除员工信息              *
*              5 查询员工信息              *
*              6 插入员工信息              *
*              7 员工工资排序              *
*              8 部门工资统计              *
*              0 退出系统                  *
*******************************************
请输入选项编号:(0-8):1↙
输入第 1 个职工信息
姓名:张三↙
工号:1010↙
所属部门:财务↙
基本工资:5000↙
奖励工资:2000↙
补贴金额:600↙
扣除金额:200↙
是否继续?(Y 是    N 否)?
```

3)浏览员工数据信息

选中"2 浏览数据",在屏幕上会显示所有员工信息。

运行结果如下：

········略去菜单········
请输入选项编号：(0-8)：**2**↙
以下是全部职工信息

姓名	工号	部门	基本工资	奖励工资	补贴金额	扣款金额	总工资
张三	1010	财务	5000	2000	600	200	7400
李四	1011	销售	5000	800	1500	400	6900
王五	1012	技术	5000	2000	600	200	7400
赵六	1013	后勤	5000	800	1500	400	6900

4）修改员工工资信息

选中"3 修改员工信息"，首先需要输入待修改员工 ID，如果 ID 不存在，则退回到主菜单，如果 ID 存在，则可修改该员工的各项信息。

运行结果如下：

请输入选项编号：**(0-8)：3**↙
输入待修改员工 ID：**1020**↙
ID 1020 不存在！
········略去菜单········
请输入选项编号：**(0-8)：3**↙
输入待修改员工 ID：**1011**↙
待修改 ID 1011 的各项数据为

姓名	工号	所属部门	基本工资	奖励工资	补贴金额	扣款金额	总工资
李四	1011	销售	5000	800	1500	400	6900

请重新输入该职工的工资信息
基本工资：**5000**↙
奖励工资：**1800**↙
补贴金额：**1500**↙
扣除金额：**200**↙
=======>修改成功！
········略去菜单········
请输入选项编号：**(0-8)：2**↙
以下是全部职工信息

姓名	工号	部门	基本工资	奖励工资	补贴金额	扣款金额	总工资
张三	1010	财务	5000	2000	600	200	7400
李四	1011	销售	5000	1800	1500	200	8100
王五	1012	技术	5000	2000	600	200	7400
赵六	1013	后勤	5000	800	1500	400	6900

5）删除员工信息

选中"4 删除员工信息"，首先输入要删除的员工 ID，如果 ID 不存在，则退回到主菜单；如果 ID 存在，则执行删除操作。调试过程中，为了查看是否删除成功，可以在删除前后选中"2 浏览员工信息"，对比前后两次的运行结果，可以发现成功删除了工号为 1010 的员工信息。

运行结果如下：

```
请输入选项编号：(0-8)：4↙
输入待删除员工 ID：1001↙
没有找到待删除的工号 1001！
······························略去菜单······························
请输入选项编号：(0-8)：4↙
输入待删除员工 ID：1011↙
······························略去菜单······························
请输入选项编号：(0-8)：2↙
以下是全部职工信息
姓名  工号   部门   基本工资   奖励工资   补贴金额   扣款金额   总工资
张三  1010  财务   5000      2000      600       200       7400
王五  1012  技术   5000      2000      600       200       7400
赵六  1013  后勤   5000      800       1500      400       6900
```

6）查询员工信息

选中"5 查询员工信息"，输入员工 ID，如果该 ID 不存在，则退回到主菜单，如果 ID 存在，可以查询到该员工的信息。

运行结果如下：

```
······························略去菜单······························
请输入选项编号：(0-8)：5↙
输入待查找员工 ID：：1001↙
工号 ID 1001 的信息未找到！
······························略去菜单······························
请输入选项编号：(0-8)：5↙
输入待查找员工 ID：：1010↙
查询结果为
张三   1010  财务  5000  2000  600  200  7400
```

7）插入员工信息

选中"6 插入员工信息"，输入工号 ID、姓名、基本工资、奖励工资、补贴金额、扣除金额，并计算其总工资；然后输入要插入的位置，即可实现插入操作；通过选中"2 浏览员工信息"可以查看到对应的员工信息是否成功插入。

运行结果如下：

```
······························略去菜单······························
请输入选项编号：(0-8)：6↙
输入待插入位置：15↙
待插入位置不合法！
······························略去菜单······························
请输入选项编号：(0-8)：6↙
```

输入待插入位置：**2** ↙

输入待插入职工信息

姓名：**孙七** ↙

工号：**1011** ↙

所属部门：**宣传** ↙

基本工资：**5000** ↙

奖励工资：**1800** ↙

补贴金额：**300** ↙

扣除金额：**100** ↙

·············· 略去菜单 ··············

请输入选项编号：(0-8)：**2** ↙

以下是全部职工信息

姓名	工号	部门	基本工资	奖励工资	补贴金额	扣款金额	总工资
张三	1010	财务	5000	2000	600	200	7400
孙七	1011	宣传	5000	1800	300	100	7000
王五	1012	技术	5000	2000	600	200	7400
赵六	1013	后勤	5000	800	1500	400	6900

8）员工工资排序

选中"7 员工工资排序"，可以按实际总工资从高到低排序，通过在操作前后选中"2 浏览数据"可查看到排序前后对比的结果。

运行结果如下：

·············· 略去菜单 ··············

请输入选项编号：(0-8)：**2** ↙

以下是全部职工信息

姓名	工号	部门	基本工资	奖励工资	补贴金额	扣款金额	总工资
张三	1010	财务	5000	2000	600	200	7400
孙七	1011	宣传	5000	1800	300	100	7000
王五	1012	技术	5000	2000	600	200	7400
赵六	1013	后勤	5000	800	1500	400	6900

·············· 略去菜单 ··············

请输入选项编号：(0-8)：**7** ↙

·············· 略去菜单 ··············

请输入选项编号：(0-8)：**2** ↙

以下是全部职工信息

姓名	工号	部门	基本工资	奖励工资	补贴金额	扣款金额	总工资
张三	1010	财务	5000	2000	600	200	7400
王五	1012	技术	5000	2000	600	200	7400
孙七	1011	宣传	5000	1800	300	100	7000
赵六	1013	后勤	5000	800	1500	400	6900

9）部门工资统计

选中"8 部门工资统计"，按照"部门"筛选出改部门员工信息，分类统计出各部门的实发工资总和。

运行结果如下：

```
················· 略去菜单 ·················
请输入选项编号:(0-8):8↙
请输入要查询的部门名称:财务↙
姓名   工号   部门   基本工资   奖励工资   补贴金额   扣款金额   总工资
张三   1010   财务   5000      2000      600       200       7400
该部门的总工资为 7400.00
```

本实例只实现了员工工资信息的基本增、删、改、查的功能,可以根据实际需要进行扩充。例如,在查询模块,稍加修改也可以按员工姓名进行查询;排序模块稍加修改也可以按某项工资或扣款金额进行排序。

本章小结

本章主要学习要点如下。
(1) C 语言实际应用程序设计步骤:需求分析、系统设计、系统实现、系统测试。
(2) 实际应用中常见模块的设计:输入模块设计、选择菜单设计、数据结构设计以及各种特定功能模块设计等。

附录 A　ASCII 编码表

字符	十进制	八进制	十六进制	字符	十进制	八进制	十六进制	字符	十进制	八进制	十六进制
nul	0	000	00	!	33	041	21	B	66	102	42
soh	1	001	01	"	34	042	22	C	67	103	43
stx	2	002	02	#	35	043	23	D	68	104	44
etx	3	003	03	$	36	044	24	E	69	105	45
eof	4	004	04	%	37	045	25	F	70	106	46
eng	5	005	05	&	38	046	26	G	71	107	47
ack	6	006	06	,	39	047	27	H	72	110	48
bel	7	007	07	(	40	050	28	I	73	111	49
bs	8	010	08	)	41	051	29	J	74	112	4a
ht	9	011	09	*	42	052	2a	K	75	113	4b
lf	10	012	0a	+	43	053	2b	L	76	114	4c
vt	11	013	0b	,	44	054	2c	M	77	115	4d
ff	12	014	0c	—	45	055	2d	N	78	116	4e
cr	13	015	0d	.	46	056	2e	O	79	117	4f
so	14	016	0e	/	47	057	2f	P	80	120	50
si	15	017	0f	0	48	060	30	Q	81	121	51
dle	16	020	10	1	49	061	31	R	82	122	52
dc1	17	021	11	2	50	062	32	S	83	123	53
dc2	18	022	12	3	51	063	33	T	84	124	54
dc3	19	023	13	4	52	064	34	U	85	125	55
dc4	20	024	14	5	53	065	35	V	86	126	56
nak	21	025	15	6	54	066	36	W	87	127	57
syn	22	026	16	7	55	067	37	X	88	130	58
etb	23	027	17	8	56	070	38	Y	89	131	59
can	24	030	18	9	57	071	39	Z	90	132	5a
em	25	031	19	:	58	072	3a	[	91	133	5b
sub	26	032	1a	;	59	073	3b	\	92	134	5c
esc	27	033	1b	<	60	074	3c	]	93	135	5d
fs	28	034	1c	=	61	075	3d	^	94	136	5e
gs	29	035	1d	>	62	076	3e	—	95	137	5f
rs	30	036	1e	?	63	077	3f	、	96	140	60
us	31	037	1f	@	64	100	40	a	97	141	61
sp	32	040	20	A	65	101	41	b	98	142	62

字符	十进制	八进制	十六进制	字符	十进制	八进制	十六进制	字符	十进制	八进制	十六进制
c	99	143	63	m	109	155	6d	w	119	167	77
d	100	144	64	n	110	156	6e	x	120	170	78
e	101	145	65	o	111	157	6f	y	121	171	79
f	102	146	66	p	112	160	70	z	122	172	7a
g	103	147	67	q	113	161	71	{	123	173	7b
h	104	150	68	r	114	162	72	|	124	174	7c
i	105	151	69	s	115	163	73	}	125	175	7d
j	106	152	6a	t	116	164	74	～	126	176	7e
k	107	153	6b	u	117	165	75	del	127	177	7f
l	108	154	6c	v	118	166	76					

附录 B ctype.h 文件中包含的字符函数

函数	格 式	功 能	返 回 值
isalnum( )	int isalnum(c) int c;	检查 c 是不是字母（大写或小写）或者是数字	返回值为 1，表示是； 返回值为 0，表示不是
isalpha( )	int isalpha(c) int c;	检查 c 是不是字母（大写或小写）	返回值为 1，表示是； 返回值为 0，表示不是
isascii( )	int isascii(c) int c;	检查 c 是不是一个 ASCII 码（c 为 0～0x7f）	返回值为 1，表示是； 返回值为 0，表示不是
iscntrl( )	int iscntrl(c) int c;	检查 c 是不是控制字符（控制字符 ASCII 码为 0～0x1f）	返回值为 1，表示是； 返回值为 0，表示不是
isdigit( )	int isdigit(c) int c;	检查 c 是不是数字 0～9	返回值为 1，表示是； 返回值为 0，表示不是
isgraph( )	int isgraph(c) int c;	检查 c 是不是可打印字符（可打印字符 ASCII 为 0x21～0x7e）	返回值为 1，表示是； 返回值为 0，表示不是
islower( )	int islower(c) int c;	检查 c 是不是小写字母 a～z	返回值为 1，表示是； 返回值为 0，表示不是
isprint( )	int isprint(c) int c;	检查 c 是不是可打印字符（包括空格），其 ASCII 码为 0x21～0x7e	返回值为 1，表示是； 返回值为 0，表示不是
ipunct( )	int ispunct(c) int c;	检查 c 是不是标点符号，即除字母数字和空格以外的所有可打印字符	返回值为 1，表示是； 返回值为 0，表示不是
isspace( )	int isspace(c) int c;	检查 c 是不是空白符（空格符、水平制表符和换行符）	返回值为 1，表示是； 返回值为 0，表示不是
isupper( )	int isupper(c) int c;	检查 c 是不是大写字母 A～Z	返回值为 1，表示是； 返回值为 0，表示不是
isxdigit( )	int isxdigit(c) int c;	检查 c 是不是一个十六进制的字符（即 0～9，或 a～f，或 A～F）	返回值为 1，表示是； 返回值为 0，表示不是
tolower( )	int tolower(c) int c;	将大写字母 c 转换为对应的小写字母，若为非大写字母，则不改变	若 c 是大写字母，则返回小写； 若 c 是非大写字母，则返回不变
toupper( )	int toupper(c) int c;	将小写字母 c 转换为对应的大写字母，若为非小写字母，则不改变	若 c 是小写字母，则返回大写； 若 c 是非小写字母，则返回不变

附录 C   math.h 文件中包含的数学函数

函数	格　式	功　能	返　回　值
acos()	double acos(arg) double arg;	计算 arccos (arg)，即求反余弦值 arg 为 $-1\sim 1$	计算结果
asin()	double asin(arg) double arg;	计算 arcsin (arg)，即求反正弦值 arg 为 $-1\sim 1$	计算结果
atan()	double atan(arg) double arg;	计算 arctan (arg)，即求反正切值 arg 为 $-1\sim 1$	计算结果
atan2()	double atan2(x, y) double x, y;	计算 arctan (x/y)	计算结果
cos()	double cos(arg) double arg;	计算 cos (arg)，即求余弦值 arg 用弧度表示	计算结果
cosh()	double cosh(arg) double arg;	计算 arg 的双曲余弦值 arg 用弧度表示	计算结果
cxp()	double exp(arg) double arg;	计算 e^{arg} 的值，即自然数为底的指数值	计算结果
fabs()	double fabs(num) double num;	求 num 的绝对值	计算结果
floor()	double floor(num) double num;	求出不大于 num 的最大数	返回该整数的双精度实数
fmod()	double fmod(x, y) double x, y	求整除 x/y 的余数	返回余数的双精度值
frexp()	double frexp(num, exp) double num; int * exp;	将 num 分为数字部分(尾数)x 和以 2 为底的指数部分 n，即 num$=x2^n$，指数 n 存放在 exp 指向的变量中，返回 x	返回数字部分 x, $0.5\leqslant x<1$
log()	double log(num) double num;	计算 $\log_e$(num)，即 ln (num)，以 e 为底的对数值	计算结果
log10()	double log10(num) double num;	计算 $\log_e$(num)，即 lg(num)，以 10 为底的对数值	计算结果
modf()	double mlog10(num, p) double num;int * p;	将 num 分为整数部分和小数部分，将其整数部分存在指针 p 所指向的变量中，返回其小数部分	返回 num 被分解后的小数部分
pow()	double pow(x, y) double x, y	计算 x^y 的值	计算结果
sin()	double sin(arg) double arg;	计算 sin(arg) 的值，即求正弦值，arg 用弧度表示	计算结果

函数	格　式	功　能	返　回　值
sinh()	double sinh(arg) double arg;	计算 arg 的双曲正弦值	计算结果
sgrt()	double sgrt(num) double arg;	计算 $\sqrt{num}$，其中 num≥0	计算结果
tan()	double tan(arg) double arg;	计算 tan(arg)的值，即求正弦值，arg 用弧度表示	计算结果
tanh()	double tanh(arg) double arg;	计算 arg 的双曲正切函数值	计算结果

附录 D C 语言运算符优先级详细列表

优先级	运算符	名称或含义	使用形式	结合方向	说 明
1	[]	数组下标	数组名[常量表达式]	左到右	
	()	括号	(表达式)/函数名(形参表)		
	.	成员选择(对象)	对象.成员名		
	—>	成员选择(指针)	对象指针—>成员名		
2	—	负号运算符	—表达式	右到左	单目运算符
	(类型)	强制类型转换	(数据类型)表达式		
	++	自增运算符	++变量名/变量名++		单目运算符
	——	自减运算符	——变量名/变量名——		单目运算符
	*	取值运算符	*指针变量		单目运算符
	&	取地址运算符	& 变量名		单目运算符
	!	逻辑非运算符	! 表达式		单目运算符
	~	按位取反运算符	~表达式		单目运算符
	sizeof	长度运算符	sizeof(表达式)		
3	/	除	表达式/表达式	左到右	双目运算符
	*	乘	表达式 * 表达式		双目运算符
	%	余数(取模)	整型表达式/整型表达式		双目运算符
4	+	加	表达式+表达式	左到右	双目运算符
	—	减	表达式—表达式		双目运算符
5	<<	左移	变量<<表达式	左到右	双目运算符
	>>	右移	变量>>表达式		双目运算符
6	>	大于	表达式>表达式	左到右	双目运算符
	>=	大于或等于	表达式>=表达式		双目运算符
	<	小于	表达式<表达式		双目运算符
	<=	小于或等于	表达式<=表达式		双目运算符
7	==	等于	表达式==表达式	左到右	双目运算符
	!=	不等于	表达式!= 表达式		双目运算符
8	&	按位与	表达式 & 表达式	左到右	双目运算符
9	∧	按位异或	表达式∧表达式	左到右	双目运算符

优先级	运算符	名称或含义	使 用 形 式	结合方向	说　明
10	|	按位或	表达式|表达式	左到右	双目运算符
11	&&	逻辑与	表达式 && 表达式	左到右	双目运算符
12	||	逻辑或	表达式||表达式	左到右	双目运算符
13	?:	条件运算符	表达式1? 表达式2：表达式3	右到左	三目运算符
14	=	赋值运算符	变量＝表达式	右到左	
	/=	除后赋值	变量/＝表达式		
	*=	乘后赋值	变量 * ＝表达式		
	%=	取模后赋值	变量%＝表达式		
	+=	加后赋值	变量＋＝表达式		
	-=	减后赋值	变量－＝表达式		
	<<=	左移后赋值	变量<<＝表达式		
	>>=	右移后赋值	变量>>＝表达式		
	&=	按位与后赋值	变量 &＝表达式		
	∧=	按位异或后赋值	变量^＝表达式		
	|=	按位或后赋值	变量|＝表达式		
15	,	逗号运算符	表达式,表达式,…	左到右	从左向右顺序运算

说明：同一优先级的运算符,运算次序由结合方向所决定。简单记为! ＞ 算术运算符 ＞ 关系运算符 ＞ && ＞ \|\| ＞ 赋值运算符。